위험한 유산

글리포세이트는
우리의 건강과 환경을
어떻게 파괴하는가?

위험한 유산 TOXIC LEGACY

1판 1쇄 인쇄 2022년 11월 11일

1판 1쇄 발행 2022년 12월 15일

지은이 스테파니 세네프

옮긴이 서효령 | **감수** 최웅

펴낸곳 마리앤미 | **펴낸이** 김가희 | **교정 및 교열** 고은희

전화 032-569-3293 | **팩스** 0303-3445-3293 | **주소** 22698 인천 서구 승학로506번안길 84, 1-501

메일 marienmebook@naver.com | **인스타그램** @marienmebook

등록 2020년 12월 1일(제2020-000053호)

ISBN 979-11-979347-1-1 03470

* 잘못 만들어진 책은 바꾸어 드립니다.

진실을 폭로하는 과학자의
10년의 추적과 기록!

위험한
유산

글리포세이트는
우리의 건강과 환경을
어떻게 파괴하는가?

스테파니 세네프 지음

서효령 옮김 | **최웅** 감수

TOXIC 　 LEGACY

마리앤미

내 생의 사랑, 빅터에게

《위험한 유산》은 글리포세이트의 실존적 위협을 과학으로 어떻게 확인할 수 있는지 보여주는 대담하고 영웅적인 작품이다. 세네프 박사는 업계의 심각한 방해 속에서도 자신의 견해를 용감하게 밝혔다. 이에 대해 우리는 감사해야 한다.

이 책은 레이첼 카슨의 《침묵의 봄》과 어깨를 나란히 할 것이다. 단순히 우리와 미래 세대에 만연한 위협을 규정하는 데 그치지 않고, 우리의 운명을 바꾸기 위해 지금 당장 할 수 있는 일을 분명하게 제시한다. 확신하건대 《위험한 유산》은 현재 우리 시대의 가장 중요한 책 중 하나다.

데이비드 펄머터 David Perlmutter, 《그레인 브레인》《장내세균 혁명》《클린 브레인》의 저자

인공 화학물질이 우리가 들이쉬는 공기, 우리가 마시는 물, 우리가 먹는 음식을 어떻게 교묘하게 침략하는지 읽기 쉽고 흥미진진하게 들여다본 책이다. 이 책은 과학적 사실을 폭로하면서 우리의 행동을 촉구한다. 인간 건강을 해치는 글리포세이트의 사악한 메커니즘을 밝히는 이 책을 통해 음식에 관한 관점을 바꿀 수 있을 것이다.

마크 하이만 Mark Hyman, 울트라웰니스 센터UltraWellness Center의 창립자이자 클리블랜드 기능 의학 병원Cleveland Clinic Center for Functional Medicine의 전략 혁신 책임자, 《혈당 솔루션》《신진대사 비만 OUT》의 저자

현재 성행하는 자폐증, 비알코올성 지방간과 30가지 이상의 질환은 물론, 대규모 만성질환의 근본 원인에 관해 《위험한 유산》에서 답을 찾을 수 있다.

라운드업과 글리포세이트 계열 제초제의 무분별한 사용이 빚어낸 비극에 대해, 세네프 박사는 생화학적·생리학적 변형 과정을 통해 단편적인 사실에서 포괄적이고 심층적인 결론을 도출해냈다. 복잡한 화학을 보다 쉽게 풀어냈으며 이에 대한 증거가 명료하게 제시되어 있다. 세네프 박사의 편안한 문체로 중요한 정보를 쉽게 읽고 이해할 수 있다.

돈 후버 Don M. Huber, 퍼듀대학교 명예 교수이자 전(前) 미 육군 의료 정보 대령

MIT의 선임 연구 과학자인 세네프 박사는 분자 생물학에 조예가 깊고 복잡한 전문 개념들을 이해하기 쉬운 말로 풀어내는 특출난 능력이 있다. 우리가 사는 생태계에서 독성으로 인한 위협 중 하나를 이해하려면《위험한 유산》을 반드시 읽어야 한다. 《위험한 유산》은 현대판《침묵의 봄》으로 역사상 가장 위대한 과학책 중 하나다.

조지프 머콜라 Joseph Mercola, 자연 건강 사이트 머콜라닷컴mercola.com 설립자,《코로나 3년의 진실》저자

글리포세이트와 다른 독성 화학물질, 산업형 농업의 GMO는 만성질환 확산의 주요 원인이다. 이러한 독성 화학물질을 몰아내고 유기농과 재생 농법으로 전환하기 전까지 어린이를 포함한 우리와 지구는 위험에 처해 있다. 글리포세이트는 21세기의 DDT이며,《위험한 유산》은 음식과 건강에 관심 있는 모두의 필독서가 되어야 한다.

로니 커민스 Ronnie Cummins,《코로나 3년의 진실》,《풀뿌리 폭동Grassroots Rising》저자

특출난 과학자인 세네프 박사는 마침내 세계에서 가장 널리 쓰이는 농약의 악영향에 관한 증거들을 열심히 조립하고 분류하고 제시했다. 세네프 박사의 과학적인 분석은 라운드업과 그것의 유효 성분인 글리포세이트가 지구의 생태계를 망가뜨리고 있음을 분명하게 입증한다.

누구나 이 책을 읽어야 한다. 미래 인류와 지구의 건강보다 더 중요한 문제가 있을까? 지속 가능한 푸드 트러스트The Sustainable Food Trust는 10년 이상 이러한 잠재적 해악을 부각해왔으며, 《위험한 유산》이 매스컴의 주목을 받기 바란다.

패트릭 홀든 Patrick Holden, 지속 가능한 푸드 트러스트의 설립자이자 최고 책임자

세네프 박사는 글리포세이트가 환경과 인간에 끼치는 해로운 영향을 통해 충격적인 생화학적 여행으로 우리를 이끈다. 전 세계에 끊임없이 대규모로 뿌려지는 글리포세이트의 음흉한 결과에 대해 과학적 증거가 계속 드러나고 있음을 명확히 알려준다. 또한 상냥하고 세심한 말투로 생화학 관련 지식을 정확하게 안내한다. 저자가 강조하는 가장 핵심적이고 충격적인 내용 두 가지는 다음과 같다.

첫째, 토양, 물, 심지어 공기에는 글리포세이트가 걱정스러울 정도로 널리 퍼져 있으며 어디에나 존재하므로, 가장 부지런한 사람도 거의 피하는 것이 거의 불가능하다.

둘째, 담배 산업과 마찬가지로 농업은 그 위험성을 은폐하기 위해 할 수 있는 것은 다 한다. 몬산토와 다른 기업들은 연구를 검열하고 쓰레기 과학을 퍼뜨리며, 글리포세이트 사용으로 인한 만성질환을 외면하며 이익을 챙긴다.

이 책은 《침묵의 봄》과 비교될 것이며 그래야만 한다. 이 책이 레이첼 카슨의 《침묵

의 봄》만큼 세상에 영향을 미치기를 바랄 뿐이다. 《위험한 유산》은 무시해서는 안 될 게임체인저다.

커커스 리뷰

현재와 미래 세대의 건강보다 중요한 것은 아무것도 없다. 우리의 건강을 위태롭게 하는 것보다 큰 대가를 치러야 하는 것도 없다. 건강하지 않다면 기후변화, 노숙자, 빈곤, 인종 차별, 중독 등 험난한 문제들과 싸울 수 없기 때문이다.

《위험한 유산》은 인간이 왜, 어떻게 우리 자신을 병들게 하며, 또 급증하는 수많은 건강 문제를 해결할 수 있는지를 제시한다. 귀담아 듣는다면 글리포세이트의 금지가 인류의 건강과 미래를 회복하는 방향으로 나아가게 할 것이다.

젠 허니컷 Zen Honeycutt, 미국 전역의 엄마들Moms Across America 창립 이사

격이 다른 비판적 사상가이자 연구가인 세네프 박사는 글리포세이트의 해로움에 관해 실용적인 메커니즘에서 분자 메커니즘에 이르기까지 명확하고 간결하게 글리포세이트 독성의 기초를 다진다. 생화학적 근거에 크게 기대어 글리포세이트의 작용 방식을 설명하지만, 이해하기 쉬운 정보를 제시하고, 탐구심이 많은 독자를 위해 신중하게 인용한다.

저자는 전 세계적으로 만연한 수많은 만성질환의 지도를 그리고, 그 만성질환이 어디에나 있는 글리포세이트 주변에서 어떻게 발병되는지 자세히 설명한다. 《위험한 유

산》은 소중한 분석 자료일 뿐 아니라 인간이 자초한 위험한 유산을 고발하고 되돌리기 위한 행동 촉구이기도 하다.

미셸 페로 Michelle Perro, 《무엇이 우리 아이들을 아프게 하는가?What's Making our Children Sick?》의 공동 저자이자 GMO 사이언스의 공동 설립자

지난 10년 동안 과학 및 건강 저널리스트들이 글리포세이트의 안전성에 대해 기업의 제한적인 논점들을 반복할 때 세네프 박사는 더 깊은 진실에 다가가고 있었다. 《위험한 유산》은 반박할 수 없는 증거, 본질적인 과학, 그리고 세네프 박사의 개인적인 여정을 엮어낸 가장 중요한 문학적 여행 중 하나일 것이다.

제프리 잭슨 Jefferey Jaxen, 건강 취재 기자

글리포세이트는 모든 사람이 사용하는 설탕과 비슷해졌다. 또한 농장, 정원, 공원 등을 거쳐 우리의 음식, 몸, 또 일상으로 아주 은밀히 퍼져 나갔다. 폭넓은 지식을 가진 과학자 세네프 박사는 어디에나 퍼져 있는 '유례없이 끔찍한' 이 화학물질과 그 제제가 어떻게 작용하는지 상세하고 전문적으로 설명한다. 그리고 인간에게 매우 중요한 장내 미생물부터 호르몬 교란과 DNA 손상까지, 글리포세이트가 우리 건강에 미치는 매우 불안하고 만성적인 영향을 설명한다. 또한 얽히고설킨 신체 기능, 구조, 효소, 화학물질에 관한 복잡하지만 흥미로운 사실도 함께 전한다. 글리포세이트는 생태계에 훨씬 더 큰 결과를 불러일으킬 일종의 토양 살균을 허용해왔다. 세네프 박사는 우리가 어

떻게 행동해야 하는지 분명하게 제시한다.

비키 허드 Vicki Hird, 영국 왕립곤충학회 회원이자 식품 및 환경 작가이자 운동가이며 《지구에 다시 곤충을Rebugging the Planet》의 저자

몬산토는 수십 년 동안 글리포세이트가 암과 치명적인 질병을 일으킨다는 것을 알고 있었다. 그러나 소비자에게 위험을 경고하는 대신 과학을 조작하고, 규제 당국을 사취하고, 저명한 연구자에게 뇌물을 주고, 미국 환경보호국 농약 부서를 부패 소굴로 전락시키고, 대중에게 치명적인 살충제가 안전하다고 조직적인 거짓말을 하며 세계적으로 선전했다. 그렇게 공공 건강을 해치고, 토양을 파괴하고, 생물 종을 몰살하고, 소규모 농가들을 전멸했으며, 사전에 알 권리를 대중에게서 박탈했다. 몬산토는 특별 프로젝트를 통해 이러한 사실을 폭로한 과학자, 환경 운동가들의 신임을 떨어뜨렸다. 이 중 가장 두드러진 영웅은 MIT 연구원인 세네프 박사였다. 2018년 나는 운 좋게도 몬산토를 법정에 세운 법무 팀의 일원이었다. 우리는 이 위대한 승리에서 세네프 박사의 연구에 크게 의존했다.

로버트 케네디 주니어 Robert F. Kennedy, Jr., 환경 변호사이자 《자연에 대한 범죄Crimes Against Nature》의 저자

차례

저자 서문

●

이 세상은 우리가 부모에게서 물려받은 게 아니라 아이들에게 빌려온 것이다.
아니, 빌려온 게 아니라 아이들의 미래를 훔쳤다. 그리고 지금도 훔치고 있다.
어떤 종교나 문화에 속해 있든 뭉칠 시간이다. 함께 뭉쳐 우리가 사랑하는
아이들에게 더 나은 세상을 남겨 줄 수 있도록 살아가는 방식 또는 태도를 바꿔야 한다.

제인 구달 Jane Goodall

글리포세이트glyphosate. 입에서 쉽게 나오는 단어는 전혀 아니다. 예
순넷이 될 때까지 내 단어 사전에도 있지 않았다. 2012년 9월 당시,
나는 인디애나폴리스에서 열린 한 영양학회에 스타틴 계열 약물(혈
중 콜레스테롤을 낮추는 데는 탁월하지만, 근육 문제 등 부작용이 더러 발생해서
복용에 주의를 요하는 약물-옮긴이)의 위험성을 주제로 강연 초청을 받았
다. 그때 퍼듀대학교에서 식물 병원균의 역학 및 통제에 관한 농업
연구를 하던 식물학자 돈 후버Don M. Huber의 글리포세이트 강연이 눈
에 띄었다. 비록 생소한 화학물질이었지만 왠지 알게 되면 내게 유용
할 수도 있겠다는 생각이 들었다.

당시 나는 미국 어린이 사이에서 증가하는 자폐증의 원인을 환경

에서 밝혀내고자 5년간 끈질기게 추적하고 있었다. 사회적 상호작용 장애, 반복적인 행동, 인지 능력 손상이 특징인 자폐 스펙트럼 장애 autism spectrum disorder는 비교적 가벼운 증상부터 평생 관리해야 할 만큼 심각한 증상까지 사람마다 증상이 다르게 나타난다.

많은 과학자와 마찬가지로, 나는 지난 몇십 년간 자폐 스펙트럼 장애 발생률이 진단 기준의 변화로는 설명하기 어려운 방식으로 매우 증가하고 있음을 알아차렸다. 2016년 미국 보건자원서비스부Health Resources and Services Administration가 실시한 조사에 따르면 미국에서 자폐증은 아동 40명 중 한 명꼴로 발생한다.[1] 미국 질병관리청Centers for Disease Control and Prevention에 따르면 12세 아동에서 자폐증이 54명 중 한 명꼴로 발생하며, 여자아이보다 남자아이 사이에서 네 배 더 많이 나타난다.[2]

후버 박사의 글리포세이트 강연에 참석했을 무렵, 나는 이미 장내 마이크로바이옴 균형 붕괴, 염증성 장 질환IBD 및 장 누수 증후군, 영양 흡수 장애, 음식 민감성, 비타민과 미네랄 결핍, 메틸화 및 황산화 경로 손상 등 종종 자폐증과 동시에 나타나는 복합 질병에 관해 많이 알고 있었다. 그리고 수은, 불소, 납, 알루미늄, 플라스틱, 폴리염화비페닐PCB, 폴리솔베이트80, 내분비교란물질, 발암물질 등 환경에 존재하는 다양한 금속 및 화학물질의 독성 작용을 열심히 연구하며 식단의 역할과 항생제의 남용을 조사하고 있었다. 나는 익히 알고 있는 뇌 기능 장애와 관련 증상들을 설명하기 위해, 자폐증이 급증한 과거 20년간 환경에서 무엇이 만연했는지를 찾으려 노력했다.

후버 박사에게서 글리포세이트가 라운드업Roundup이라는 제초제의 유효 성분임을 배웠다. 글리포세이트는 생소할지 몰라도 라운드업은 누구나 들어봤을 것이다. 자동차로 미국을 횡단하다 보면 '라운드업 레디Roundup Ready'라고 농작물 상표가 표시된 광대한 들판을 볼 수 있다. 미주리주에 본사를 둔 라운드업의 원래 제조사 몬산토Monsanto는 2018년 독일 기업 바이엘Bayer에 작물학 부서로 인수되었다. 몬산토는 글리포세이트가 매우 안전하다고 극구 칭찬해왔다. 글리포세이트의 주요 독성 기전이 인간 세포에 없는 식물 세포의 대사 경로(세포 내에서 효소가 촉매하는 생화학 반응—옮긴이)에 영향을 미치기 때문이다. 적어도 이론상 인간과 다른 동물은 해치지 않으면서 식물들을 죽이는 데 글리포세이트가 매우 효과적이라는 것이다.

하지만 그날 완전히 몰입한 청중에게 후버 박사가 지적했듯이 시킴산 경로shikimate pathway(방향족 아미노산을 생성하는 경로—옮긴이)는 **인간 세포**에는 없을 수 있지만, 거의 모든 **장내 미생물**에 있다. 장내 미생물은 주요한 생물학적 경로인 시킴산 경로를 통해 신진대사를 하며 우리 몸의 단백질을 구성하는 부호화 아미노산 20종 가운데 트립토판, 티로신, 페닐알라닌 세 가지를 합성한다. 정확히는 인간 세포에 시킴산 경로가 없어서 우리 몸은 필수 아미노산 공급을 위해 식단과 더불어 장내 미생물총gut microbiota에 의존한다.

어쩌면 장내 미생물이 인간 건강의 **많은** 측면에서 필수적이라는 점이 훨씬 더 중요할 수도 있겠다. 글리포세이트가 이러한 미생물을 해치면, 미생물은 숙주를 위해 필수 아미노산을 만드는 능력을 잃을

뿐 아니라 건강 면에서 인간을 돕는 능력도 손상된다. 유익한 미생물은 글리포세이트에 더 민감해서 병원균의 번성을 초래한다. 알다시피 장내세균 불균형은 우울증 및 다른 정신 질환과 관련된다.[3] 또한 미생물 분포의 변화는 면역 조절 장애와 자가면역질환을 유발할 수 있으며,[4] 파킨슨병은 염증 촉진성 장내 마이크로바이옴과 밀접한 관련이 있다.[5]

지난 10여 년간 주요 인체 마이크로바이옴 연구에서 명백히 밝혀졌듯, 행복한 장내 미생물은 아직 완전히 이해되지 않는 면까지 포함해 인간 건강에 필수적이다. 안전하다고 선언하며 라운드업이 시장에 출시된 때가 인체 마이크로바이옴에 관한 획기적인 연구가 수행되기 전이었음을 기억하자.

후버 박사는 글리포세이트가 금속 이온과 단단히 결합하는 작은 분자인 킬레이트제라고 설명했다. 식물생리학에서 글리포세이트의 킬레이트화는 식물이 토양에서 아연, 구리, 망간, 마그네슘, 코발트, 철 등 필수 미네랄을 흡수하는 것을 방해한다. 연구 결과에 따르면 글리포세이트에 노출된 식물들은 이러한 중요 미네랄을 조직으로 훨씬 적게 흡수한다.[6] 이렇게 영양이 결핍된 식물로 만든 음식을 먹으면, 인간도 영양이 부족해진다.

또한 글리포세이트는 식물 뿌리와 토양세균 사이의 공생 관계를 방해한다. 식물 뿌리 주변은 세균, 진균 등이 바글거리는 근권根圈(생장하는 뿌리가 물질을 섭취하고 저장함으로써, 결과적으로 구성 생물의 비율이 달라지는 등 다양한 변화를 일으키는 토양 환경–옮긴이)이라고 불리는 토양

대다. 뒤에서 자세히 설명하겠지만, 글리포세이트는 근권에 사는 생물체들을 죽이고, 이후 식물의 질소 흡수뿐 아니라 다른 많은 미네랄의 흡수를 방해한다.[7] 이러한 방해는 우리가 먹게 되는 음식의 미네랄 결핍으로 이어진다. 또한 글리포세이트에 노출된 식물들은 진균성 질병에 취약해진다.[8] 그리고 진균성 질병은 병원성 진균이 만든 미코톡신(곰팡이 독소)에 음식이 오염되는 결과로 이어질 수 있다.

나는 글리포세이트에 대해 더 알아야 할 필요가 있다고 확신하며 후버 박사의 강연장을 떠났다.

나는 세계에서 가장 혁신적인 연구 대학 중 하나인 매사추세츠공과대학교MIT의 선임 연구 과학자로, MIT에서 생물물리학 학사 학위, 전기공학과 컴퓨터공학에서 석사 학위, 엔지니어 학위 및 박사 학위 등, 네 개의 학위를 받았다. 그리고 40년 넘게 인간생물학과 컴퓨터가 교차하는 지점에서 일해왔다. 박사 학위 논문을 위해 인간의 청각 시스템을 위한 계산 모델을 개발했고, MIT에서 수십 년간 연구하면서 청각 모델링, 대화형 컴퓨터 인터페이스, 제2언어 학습에서부터 지구물리학, 유전자 구조 예측, 독성학, 인간의 건강과 질병에 이르기까지 동료 평가를 받은 학술 논문을 200편 넘게 발표했다.

1985년 박사 학위를 받았을 때 MIT가 제의한 연구 과학자직을 받아들였고, 인간과 컴퓨터 사이에 '자연스러운' 대화로 상호작용을 가능하게 하는 다중 대화 시스템을 개발하며 경력을 시작했다. 이 연구에는 애플의 시리와 아마존의 알렉사 같은 제품의 선구자 격인 대화형 시연 시스템의 구축이 뒤따랐다. 또한 학생들의 제2언어 학습을 돕는 대화 기반 컴퓨터 게임을 설계하고 개발했다. 구체적으로 말하면 중국어를 배우는 영어권 학생들에게 초점을 맞췄다.

나는 기술을 이용해 사람들의 삶을 풍요롭게 하고 정보에 대한 접근성을 향상하며 언어 능력 발달을 위한 재미있는 방법을 제공하고자 노력했다. 시간이 흐르면서 나는 수석 연구 과학자를 거쳐, 결국 MIT의 연구 궤도에서 가장 높은 단계인 선임 연구 과학자로 승진했다.

2008년부터 알츠하이머병, 심혈관 질환, 면역 기능 장애, 신경 질환 등 영양 결핍과 환경 독소가 인간 건강에 미치는 영향을 조사하고자 내 전문 분야인 통계 분석, 계산 모델, 생물학의 지식을 가져왔다. 나는 현재 동료 평가를 받은 건강 관련 주제의 학술 논문을 36편 이상 발표했다. 그리고 거의 10년 동안 글리포세이트에 관해 연구하고, 집필하고, 강의해왔다. 지금 여러분의 손에 든 이 책이 그 연구의 완성작이다.

같이 살펴보겠지만, 여러 신경 질환, 대사 질환, 자가면역질환, 생식기 질환, 종양 질환의 주요인이 글리포세이트라는 과학적 증거들이 늘어나고 있다. 이 유기화합물($C_3H_8NO_5P$)은 우리 예상보다 모든 생명체에 독성이 훨씬 강하다. 글리포세이트의 독성 기전은 독특하고 끔찍하다. 시간이 흐르면서 무력해지거나 생명을 위협하는 질병에 결국 쓰러질 때까지 건강을 서서히 강탈해가는 느린 살인자다. 단백질 합성 과정에서 글리신이라는 아미노산을 글리포세이트가 치환하며 간단히 시작되는 듯 보이는, 서서히 퍼지며 누적되는 이 독성 기전은 공통점이 없어 보이는 다양한 질병과의 상관관계를 설명한다.[9]

나의 부모님 두 분 모두 미주리주 남부에 있는 작은 마을의 가족 농장에서 자라셨다. 그 지역은 현재 환경적으로나 경제적으로나 불모지인데, 농약을 사용하는 대규모 농업이 소규모 농가들을 대부분 파산 상태로 몰아넣었기 때문이다. 어렸을 때 나는 조부모가 운영하는 농장을 찾아가 닭장에서 달걀을 줍고 들판의 젖소와 송아지들에 감탄하며 사과와 복숭아를 팔던 과일 판매대에서 조부모를 도왔다. 내가 13살이었을 때 할아버지는 트랙터에서 돌아가신 채 발견되었는데, 그 옆에는 DDT 포대가 열려 있었다.

1940~1950년대에 미국인들은 DDT 같은 제초제와 살충제가 안전하다고 들었다. DDT는 몸니, 가래톳 페스트(선페스트), 말라리아, 티푸스를 퇴치하기 위해 제2차 세계대전 동안 군대에서 먼저 사용된 유기염소계다.[10] DDT는 말라리아 예방에 효과적이었지만, 환경에 끼친 결과는 매우 파괴적이었다. 사람들이 병충해 방지를 위해 점점 더 광범위한 용도로 많이 사용하기 시작하면서 특히 그랬다.

1962년 나는 레이첼 카슨Rachel Carson의 《침묵의 봄 Silent Spring》을 출간되자마자 읽었다. 해양생물학을 전공한 카슨은 허위 정보로 무책임한 캠페인을 벌이는 화학 업계를 비난했다. 그는 지저귀는 새들이 없는 암울한 봄을 그리며 '내일을 위한 우화'라고 했는데 이 문구가 지금까지 내 머릿속을 떠나지 않는다. 《침묵의 봄》은 DDT와 다른 화학물질들이 흙 속 지렁이부터 강과 바다의 어린 연어에 이르기까지 야생 생물을 어떻게 중독시키는지 상세히 탐구한다. 카슨의 책은 내게 엄청난 영향을 미쳤고 할아버지의 때 이른 죽음을 이해하는 데 도움이 되었다.

거의 같은 시기에 나는 탈리도마이드 사건을 알게 되었다. 독일의 한 제약 회사가 제조한 탈리도마이드는 입덧과 수면 장애를 겪는 임산부에게 처방되었다. 제약 회사는 탈리도마이드가 안전하다며 공격적인 마케팅을 벌였다. 하지만 임신 중에 탈리도마이드를 복용한 산모에게서 태어난 수천 명의 아이가 팔다리가 없는 등 선천적 결손증이 있었다. 나는 잡지에 사진으로 실린, 이런 기형을 가진 불행한 아이들을 연구했다. 그리고 때로는 우리의 삶을 나아지게 한다고 주장하는 제품들이 심각한 악영향을 끼칠 수 있고, 그 제품들의 판매 회사가 제품의 위험성에 대해 무조건 진실을 말한다고 볼 수는 없음을 깨달았다.

미국은 프랜시스 올덤 켈시Frances Oldham Kelsey라는 용감한 과학자 덕분에 유럽에서 최소 1만 명 아이들의 삶을 짓밟았던 이 재앙을 피할 수 있었다.

캐나다 태생의 켈시 박사는 미국 식품의약국Food and Drug Administration: FDA의 심사관으로 미국 내 약물 배급 허가 신청에 대한 승인 여부를 담당했다. 거대한 압력에 직면한 켈시 박사는 탈리도마이드가 캐나다, 영국, 독일에서 이미 승인되었는데도 임신 중 사용하기에 안전하다는 증거가 충분하지 않다면서 신청을 기각했다.[11] 당시 어린 나는 낙천적이고 애국적이었다. 이러한 재앙에서 자국민을 지켜준 미국이라는 나라에 살 수 있다는 게 얼마나 행운인가 생각했던 기억이 난다.

1950년대 내가 자랐던 코네티컷주의 작은 해안 마을에는 살아 있는 보물이 어디에나 있었다. 무당벌레, 잠자리, 나비, 호박벌, 메뚜기, 반딧불이, 꼬집는 벌레라고 불렀던 거대한 장수풍뎅이, 두꺼비, 짹짹거리는 장난꾸러기 다람쥐 수십 마리 등이었다. 사마귀는 진귀한 즐거움이었지만, 반딧불이는 저녁에 그림자가 짙어지면 하늘 높이 박쥐와 함께 종종 찾아볼 수 있었다.

지금은 유년 시절을 보냈던 코네티컷 마을과 기후가 비슷한 보스턴 외곽에 산다. 하지만 지금은 교외 거리에서 야생 생물을 보는 일이 드물다. 가끔 다람쥐 한두 마리, 그리고 봄에 나비 한두 마리 보는 정도다. 이제는 여름날에 자동차 앞유리에 쌓인 죽은 벌레를 치울 일이 없다.[12] 물론 아이들은 자신이 무엇을 놓치고 있는지 알아차리지 못한다. 이 변화는 거의 아무도 알아차리지 못할 정도로 천천히 일어난 듯 보인다.

하지만 정확하게 명명하기는 어렵다고 하더라도 충격적인 일이 벌어지고 **있다**는 사실은 분명하다. 현재 멸종 속도는 과거 수천만 년 동안보다 수백 배, 아니 심지어 수천 배는 더 빠르다. 환경학자들은 이미 6차 대멸종에 진입했다고 경고한다.[13] 인간의 건강 역시 고통받고 있다. 지난 몇십 년 동안 전 세계적으로 만성질환이 우려할 만한 수준으로 증가했다. 산업형 농업에 기반을 둔 서구식 식단을 채택한 국가에서 특히 심했다. 이런 질환 중에는 알츠하이머병, 자폐증, 소아지방변증celiac disease(셀리악병), 당뇨병, 뇌염, 염증성 장 질환, 비만 등 자가면역질환이 많다.

끔찍한 무언가가 곤충과 동물, 그리고 아이를 포함한 인간의 건강 등 지구의 모든 생명체에 영향을 미치고 있는 것 같다. 코앞에 숨어 있는 무언가가 말이다. 환경과 건강에 관한 문제를 음흉한 어느 하나 탓으로 축소할 수는 없지만, 공통분모가 **있다**고 나는 믿는다. 그 공통분모가 글리포세이트다. 마지막까지 내가 옳다고 입증해 보이는 게 이 책의 목표다.

보다시피 내 주장은 동료 평가를 받은 개별적인 과학 연구에서 끌어낸 결론에 기초한다. 이 책에서 제시하는 일부 과학적 주장은 논쟁 대상이어서, 일부 전통적인 과학 연구자는 인정하지 않을 것이다. 하지만 글리포세이트가 인간과 지구의 건강을 약화하는 과정, 그리고 미래 세대가 씨름하게 될 위험한 유산이 유발되는 과정을 명확히 보여주는 10년에 걸친 연구를 한데 모았다. 무시할 수 없는 매우 중요한 문제다.

나는 이 책을 통해 음식을 섭취하는 사람, 아이를 둔 사람, 인간과 지구의 건강에 관심 있는 사람 모두에게 글리포세이트가 식량 공급과 그 이상에 미치는 영향을 훨씬 더 면밀하고 주의 깊게 살펴봐야 한다고 설득하고자 한다. 과학계와 규제 기관 모두 우리를 실망하게 했다. 글리포세이트의 사악함에 관해 세상을 설득하고, 글리포세이트가 어떻게 해악한지 밝혀내고, 우리 자신과 가족을 보호하기 위한 행동을 이해하고 필요한 도구를 스스로 갖춰서 어둠을 밝힐 시간이다.

1장과 2장에서는 글리포세이트의 역사를 밝힌다. 글리포세이트가 정확히 무엇이고 어떻게 그리고 왜 개발되었는지는 물론, 제초제로 어떻게 '작용'하는지도 밝혀낸다. 이 두 장에서 글리포세이트가 생태계와 야생 생물에 충격적인 영향을 끼친다는 것을 밝혀낸 과학 연구가 빠르게 늘어나고 있음을 알 수 있다. 3장에서 6장까지는 좀 더 구체적으로 글리포세이트가 인체에 정확히 어떤 영향을 미치는지로 옮겨간다. 장내 마이크로바이옴을 어떻게 손상하고, 단백질 합성 과정에서 어떻게 아미노산 글리신을 치환하는지, 그리고 매우 중요하지만 거의 알려지지 않은 인산과 황산의 역할을 어떻게 교란하는지 알아본다.

7장에서 10장까지는 글리포세이트의 독특한 독성 기전이 부분적으로 영향을 끼치는 특정 질환(간 질환, 불임, 신경 질환, 자가면역질환)에서 생화학적 과정이 어떻게 작용하는지 살펴본다.

마지막 장에서는 전 세계에 퍼져 있는 글리포세이트를 안전하게 제거하고, 지속 가능한 또는 (훨씬 나은) 재생 가능한 유기농 관행으로 돌아가기 위한 실천을 촉구한다. 인간 건강을 관리하는 방법에 관한 나의 최선의 조언도 담겨 있다.

최근 몇 년간 글리포세이트는 암과 연관된 소송으로 더욱 상당한 주목을 받고 있다. 학술 문헌을 읽어본 사람은 물론, 심지어 가장 전통적인 의사들도 이제 글리포세이트가 인체를 암의 먹잇감으로 준비시키는 발암물질임을 이해한다. 이 책에서는 글리포세이트가 일으키는 육체적 손상이 암으로 이어진다는 증거를 다루지만, 특별히 암에 한 장을 할애하지는 않았다. 암은 종착역이기 때문이다. 글리포세이트에 노출되면 심각한 대사장애로 인해 어떻게 암의 문턱에 이르게 되는지 이해하길 바란다.

우리 앞에 놓인 길은 두 가지다. 직설적으로 말하자면, 세계적으로 글리포세이트를 금지해야 한다. 이 독성 화학물질을 금지하는 것만이 우리가 소중히 여기는 것을 보호하는 유일한 방법이다. 그렇게 될 때까지, 적절한 규제 감독이 없는 상태에서 우리는 자신과 아이들의 건강을 보호해야 한다.

여러분은 인간이 토양, 수로, 식물, 동물을 서서히 중독시키며 지구를 파괴한다고 걱정하는 환경주의자일 수도 있다. 또는 농작물 산출량과 해충을 걱정하는 농부일 수도 있다. 나처럼 과학광일 수도 있고, 연구자이거나 의사이거나 컴퓨터과학자일 수도 있다. 아니면 매일 진료실에서 아이와 젊은 성인들을 마주하면서 그들 사이에 유행하는 질병과 나빠진 건강의 원인을 규명하고 싶어 하는 보건 의료 전문가일 수도 있다. 또는 왜 그렇게 많은 부부가 임신하지 못하고, 많은 아이가 만성질환을 앓는지 밝히기 위해 필사적인 부모(또는 곧 부모가 되길 희망하는 부부)일 수도 있다. 여러분이 누구든 이 책을 읽는다니 기쁘다.

이 책을 쓴 이유는 현재 독성이 가장 강한 화학물질 중 하나를 고발하고, 글리포세이트에 서서히 중독되는 과정을 과학적으로 풀어내고 이해를 고취하여 행동하게 하기 위해서다. 사람보다 이윤을 중시하는 화학 기업들의 탐욕 때문에 이렇게 엉망이 되었다. 우리는 사람과 지구가 더 중요하다고 주장함으로써 이 혼란에서 벗어날 수 있다. 과학은 우리가 가야 하는 곳으로 우리를 이끌 것이다. 나와 함께하는 이 여정에 여러분을 초대한다.

1장

해악의 증거

●

미래 역사가들은 지금을 돌아보며 이렇게 적을지도 모른다.
우리가 살충제를 얼마나 많이 사용했느냐가 아닌,
단지 이윤을 위해 잘못된 과학과 거짓 약속에 근거한
이 거대한 유전공학 실험에 우리 아이들과
미래 세대를 얼마나 기꺼이 희생시켰는지 말이다.

돈 후버 Don M. Huber

글리포세이트 계열 제초제는 식용작물, 주택용 잔디, 정원, 공원, 도로변, 보전 지역, 야생 보호 지구, 방목지, 숲, 수로 등지에서 다양한 잡초를 방제하는 데 사용된다.[1] 라운드업, 라운드업 울트라Roundup Ultra, 라운드업 프로Roundup Pro, 아쿠아 마스타Aqua Master, 아쿠아 니트Aqua Neat, 폴라도Polado, 어코드Accord, 로데오Rodeo, 터치다운Touchdown, 백드래프트Backdraft, 엑스퍼다이트Expedite, 이지젯EZ-Ject, 글리포스Glyfos, 라레도Laredo, 버커니어 플러스Buccaneer Plus, 랭글러Wrangler 등 많은 제품명이 있다. 이 제품들에는 다양한 화학물질이 들어 있다. 하지만 모두 제품의 36~48퍼센트를 차지하는 글리포세이트가 주성분이다.

요즘은 제초제로 사용되지만, 글리포세이트는 1961년 스타우퍼

화학Stauffer Chemical Company이 상업용 온수 시스템의 파이프와 보일러에서 광물 침전물을 제거하는 킬레이트제로 처음 특허를 냈다.[2]

1968년 몬산토는 완전히 다른 용도인 농업용 제초제로 특허를 냈다.[3] 이후 2000년대 초에 몬산토가 이번에는 경구용 항생제로 세 번째 특허를 냈다.[4] 킬레이트제, 제초제, 항생제 등의 용도는 전부 이 화학물질이 인간 건강에 독특하고 끔찍한 영향을 미치는 데 한 몫했다.

법적으로 농업에서 독점권을 가지고 있던 몬산토는 1970년대 중반 글리포세이트 계열 제초제인 라운드업을 판매하기 시작했다. 라운드업은 디캄바dicamba 및 이사디(2,4-D 또는 2,4-디클로로페녹시아세트산)처럼 다른 제초제보다 독성이 크게 낮고 토양에서 덜 지속되며, 사람, 동물, 환경에 더 안전하다고 광고되었다. 또한 라운드업은 경운의 필요성을 줄이면서 '역사상 제일 안전한 제초제……는 아니어도 그중 하나'라고 알려졌다.[5]

라운드업은 비선택성 제초제다. 따라서 라운드업과 접촉하는 거의 모든 식물이 죽을 수 있는 만큼 농부들은 조심해서 사용해야 했다. 1980년대에 몬산토는 아주 멋진 새로운 생명공학 연구 개발 프로그램에 투자하기 시작했다. 이 기업의 유전공학자들은 라운드업에 잘 견디도록 미생물의 유전자들을 보통작물에 주입했다. 일반적으로 이러한 종류의 작물을 **유전자 변형 작물**Genetically Modified Organism: GMO이라는 용어로 설명한다.

'라운드업 레디' 유전자 변형 작물 때문에 이 제초제는 1점 홈런에서 만루 홈런으로 탈바꿈했다. 1996년 글리포세이트 내성 작물은 농업과 생명공학의 주요한 발전이자 굶주림을 종식하고 세계를 먹여 살릴 약속의 작물로 발표되며 시장에 출시되었다. 이제 농부들은 글리포세이트를 세심하게 구분하여 사용하지 않고도 밭 전체를 흠뻑 적실 수 있었고, 라운드업 내성 작물이 아닌 잡초들만 죽일 수 있었다.

대두와 옥수수를 시작으로 카놀라, 사탕무, 목화, 알팔파로 이어진 라운드업 내성 씨앗의 판매가 급증했다. 라운드업 판매도 마찬가지였다. 2014년까지 미국에서 글리포세이트 사용량은 1억 2,500만 킬로그램으로 1970년대보다 15배 증가했다.[6] 현재는 매해 거의 15만 톤의 글리포세이트가 미국 작물에 뿌려진다. 미국 국민 1인당 1년에 약 453그램의 글리포세이트를 먹는 셈이다.[7]

업계 관점에서 글리포세이트의 영예로운 잡초 살인의 커다란 걸림돌은 하나뿐이있는데, 바로 생물들은 살아남고 싶어 한다는 점이다. 독을 견뎌내는 생물은 매우 번식하여 증식할 것이다. 글리포세이트가 잡초를 무분별하게 죽이는 동안 어떤 잡초는 덜 민감했거나 아니면 시간이 지나면서 그렇게 되었다. 이런 '슈퍼 잡초'들이 농작물을 몰아내며 생태계를 장악하기 시작했고, 그것들을 없애려면 점점 더 많은 글리포세이트 또는 완전히 다른 제초제가 필요해졌다. 해답은 글리포세이트를 더 많이 사용하는 것이었다! 1974년 이후 전 세계적으로 대략 86억 킬로그램의 글리포세이트가 뿌려졌다.[8]

GMO 기술은 다른 종(대개 미생물)의 유전자를 식물의 게놈(한 생물이 가지고 있는 모든 유전 정보—옮긴이)에 넣을 수 있게 하는 강력한 도구다. 이러한 새로운 유전자가 식물에 추위나 가뭄에 대한 저항력 등 이점들을 가져다주었다. 글리포세이트 내성을 만들어내기 위해 글리포세이트에 둔감한 EPSP 합성효소를 가진 세균의 유전자가 농작물의 게놈에 주입된다. 유전자 변형 작물에 사용되는 글리포세이트 사용량은 지난 20년간 급격하게 증가했다.

글리포세이트와 유전자 변형 작물 간의 긴밀한 협조 관계를 감안할 때, GMO 식품을 제외하면 글리포세이트를 쉽게 피할 것으로 생각할 수도 있다. 실제로 가장 높은 수준의 글리포세이트는 밀, 귀리, 콩과식물에서 유래된 **비GMO**(비유전자 변형 작물) 식품에서 계속 발견되었다. 대체로 이러한 작물에는 수확 직전에 이파리를 떨어뜨리고 말려서 한결 쉽게 수확할 수 있도록 글리포세이트를 건조제로 뿌리기 때문이다.

글리포세이트는 농작물이 죽어가면서 열매를 맺게 하여 종자 생산을 동기화하고 수확량을 증대시킨다. 보리, 호밀 같은 곡물과 카놀라, 잇꽃, 해바라기, 아마씨, 아마 섬유 등 식물성 기름을 생산하는 기름작물을 포함하여 여러 작물이 글리포세이트로 건조된다. 식물의 일생에서 이 시점에는 글리포세이트가 식물을 죽여도 별문제가 없다. 사실 그게 의도다.

영리한 구매자는 '비GMO'와 '유기농 인증'의 차이를 알고 있어야 한다. 법으로 글리포세이트는 유기농 인증 작물에 사용될 수 없다. 하지만 유기농 인증 식품이라 할지라도 글리포세이트가 무조건 없는 건 아니다. 검사에서 유기농으로 재배된 식품이 재래식으로 재배된 식품보다 글리포세이트 수치가 훨씬 낮게 나오지만, 토양, 동물 배설물, 빗물, 떠도는 바람 속에 있는 글리포세이트를 피하기는 거의 불가능하다.

글리포세이트 계열 제초제는 아주 만연해져서 글리포세이트가 뿌려진 곳에서 멀리 떨어진 농장의 식품조차 오염될 수 있다. 2017년 미국 식품의약국이 꿀 표본 28개를 검사했을 때 모두 글리포세이트 성분이 검출되었다.[9] 2년 후, 캐나다의 정부 소속 과학자들은 검사한 꿀 표본 200개 중 197개에서 제초제를 찾아냈다.[10] 꿀벌은 대지 경계를 이해하지 못하고 먹이를 찾아 꽃들 사이를 자유롭게 날아다니며 제초제와 살충제를 조금씩 주워서 집으로 가져온다.

유전공학적인 라운드업 내성 작물이 널리 사용되기 훨씬 전인 1993년부터 글리포세이트는 인간의 소변에서 나타나고 있었다.[11]

1993년에서 1996년까지는 미국인의 12퍼센트만이 글리포세이트 노출에 양성반응을 보였지만, 오늘날에는 최소 70퍼센트가 양성반응을 보인다.[12] 높은 수치처럼 들리지만, 저평가되었을 가능성이 크다. 오리건주 남부의 한 의사가 환자 수십 명을 대상으로 벌인 글리포세이트 검사에서 의사 자신을 포함해 모두 양성반응을 보였는데, 그들 대부분이 유기농 음식을 챙겨 먹는 자칭 건강 마니아였다.[13]

유기농 식품을 주로 섭취하는 사람들은 재래 식품을 주로 섭취하는 사람들보다 소변에 글리포세이트 농도가 꽤 낮고, 건강한 사람들은 만성질환을 앓는 사람들보다 소변에 글리포세이트 농도가 매우 낮다.[14] 그러나 글리포세이트를 완전히 피할 수는 없다.

우리 모두 글리포세이트에 노출되고 있다. 음식뿐 아니라 마시고 목욕하고 수영하는 물에서도 노출된다. 우리가 걷는 잔디와 아이들이 뛰노는 공원에서도 노출되고, 심지어 복용하는 약과 영양제에서도 노출될 수 있다. 글리포세이트는 대기에도 있으며(농업 지역 주민에게 특히 위험하다) 폐 손상, 천식, 알레르기 발생률 상승에 영향을 끼치는 것으로 드러났다.[15]

화학물질이 아주 만연하고 흔해져서 제일 부지런한 사람조차도 거의 피할 수 없을 때, 어려운 질문을 던지고 철저히 조사하며 청문회를 수행하고 주민의 건강과 안전을 최우선으로 하는 게 규제 기관과 선출된 관리의 의무다. 하지만 글리포세이트는 이런 일이 일어나지 않았다. 이는 책임 회피이자 민주주의의 수치다.

쓰레기 과학과
연구상의 오류

2020년 이탈리아의 심혈관 질환 전문의 팀이 몬산토의 이메일과 쪽지들을 분석하여 '글리포세이트 안전성 논쟁을 회사에 유리하게 조작하려는 조직적인 전략'이 있었음을 찾아냈다. 그들은 담배 업계가 만들고 홍보했던 쓰레기 과학과 유사한 이 조작을 두고 "근대 과학연구의 신뢰성을 심각하게 위태롭게 한다"고 결론지었다.[16]

2019년 캘리포니아에 본부를 둔 과학자 팀은 GMO 식품 자체가 해로운지, 아니면 GMO 식품에 자주 뿌려지는 글리포세이트가 실제 위협인지 분석하려고 했다.[17] 실험 결과 글리포세이트 처리를 한 GMO 식품을 먹은 초파리는 더 빨리 그리고 더 많이 죽었지만, 글리포세이트 처리를 하지 않은 GMO 식품을 먹었을 때는 그렇지 않았다.

문제는 유전자 변형 작물의 안전성을 평가하는 업계 자금 지원 연구가 글리포세이트 처리를 하지 않은 GMO 식품을 먹인 동물 대상으로 자주 이뤄지고 있다는 점이다.[18] 유전자 변형이라는 의미가 글리포세이트에 견딜 수 있게 작물을 조작하는 것임에도 글리포세이트 처리를 하지 않은 음식을 검사하는 것이다. 실제로 유전자 변형 작물은 거의 항상 글리포세이트에 노출된다. 이 음식의 안전성을 입증하려면 글리포세이트에 노출된 농작물을 검사해야 한다.

잘 설계된 독성학 연구는 실험군과 독성 노출 외에는 완전히 같은 피험자 집단, 즉 대조군을 포함한다. 하지만 글리포세이트에 노출되지 않았다고 알려진 대조군조차 종종 체내에 감지될 만한 수준의 글리포세이트를 가지고 있다.[19] 이는 동물의 먹이, 물, 잠자리 또는 이 세 가지 모두 글리포세이트에 오염되었기 때문일지도 모른다. 즉 글리포세이트에 노출된 피험자와 비교할 만한, 글리포세이트가 없는 대조군은 실제로 거의 없다. 글리포세이트에 노출된 동물의 실험군과 대조군을 비교하는 논문을 평가할 때는 이 점을 염두에 두어야 한다.

허용 가능한 양이
과연 존재할까?

미국에서 대기 오염 방지법Clean Air Act의 일환으로 1920년대부터 점
차 줄이기 시작해 1996년 마침내 사라졌을 때까지 휘발유에서 납은
핵심 첨가제였다.[20] 집은 납 페인트로 칠해졌고, 수도관은 납으로 만
들어졌다. 납은 매우 유용한 금속이지만 인간 건강에 매우 해롭다.
나의 네 아들이 어렸을 때 납은 어떤 의사의 레이더망에도 잡히지 않
았다. 1980년대 의사들은 어린이의 혈류 1데시리터당 20마이크로
그램의 납은 안전하다고 했다. 현재는 혈류에 5마이크로그램만 있어
도 위험하며 뇌 손상이 일어날 수 있다는 사실이 알려졌다. 어린이의
혈류에 안전한 양은 없다는 게 현재 과학적으로 합의된 내용이다.

미국 환경보호국Environmental Protection Agency에서는 평가와 규제를
통해 특정 살충제가 인간 건강과 환경에 안전한지 확인한다(살충제,
살균제, 제초제 모두 **농약**의 범주에 들어간다). 미국 식품의약국은 식품 속
화학 제초제 잔류물이 미국 환경보호국의 안전 허용치를 초과하지
않도록 감독한다. 미국 환경보호국에 처음 등록된 이래 글리포세이
트는 15년마다 안전성 심사를 거쳐왔다.[21] 2016년에 미국 환경보호
국은 글리포세이트의 일일 섭취 허용량ADI이 체중 1킬로그램당 1.75
밀리그램이라고 공표했다.[22] (유럽연합이 채택한 일일 섭취 허용량은 체중 1
킬로그램당 0.5밀리그램으로 훨씬 낮다.[23])

즉 미국 환경보호국에 따르면 체중 68킬로그램인 사람은 하루에

글리포세이트 120밀리그램을 '안전하게' 먹을 수 있다. 2020년 1월, 업계의 압력에 굴해 미국 환경보호국은 "현재 용법대로 글리포세이트를 사용하면 인간 건강에 우려할 만한 위험은 없다"며 글리포세이트는 "인간의 발암물질일 가능성이 적다"라고 공표했다.[24] 하지만 과학은 미국 환경보호국이 틀렸음을 보여준다. 이 책에서 설명하겠지만, 글리포세이트의 **안전량이 없음**을 강하게 암시하는 학술 문헌이 늘어나고 있다.

2018년 이탈리아·덴마크·미국의 연구팀은 인간에게 안전하다고 여겨지는 양을 설치류에게 맞는 용량으로 변환해 글리포세이트와 라운드업에 흰쥐를 노출하고 쥐의 장내 마이크로바이옴을 검사했다. 어미와 새끼 모두 장내 마이크로바이옴이 교란되었고, 새끼들은 어미들보다 피해가 더 심각했다. 노출된 쥐들은 락토바실러스*Lactobacillus*와 비피도박테리아*Bifidobacteria* 같은 유익균은 적었고 병원균, 특히 전염병과 자주 연관되는 프레보텔라*Prevotella*는 더 많았다.

락토바실러스는 대체로 장에 가장 먼저 대량 서식하며 유당 분해에 도움을 준다. 락토바실러스가 억제되면 병원균이 번성하기 시작한다. 글리포세이트에 노출된 쥐들은 호르몬 문제와 생식 기능 손상 등 건강에 악영향을 많이 받았다. 암컷 쥐는 테스토스테론(남성의 대표적인 성호르몬-옮긴이) 수치도 비정상적으로 높았다.[25]

설계가 잘된 또 다른 실험에서, 이탈리아 생물학자들은 인간 세포를 다양한 농도의 글리포세이트에 노출했다. 대부분 미국 환경보호국의 일일 섭취 허용량에 못 미치는 양이었다. 글리포세이트에 노출된 세포들은 최저 용량을 제외한 모든 용량에서 비정상적으로 높은 염색체 이상을 보였다.[26] 장어와 물고기 실험에서도 극소량의 글리포세이트 계열 제초제를 장어와 물고기에 노출하자 비슷한 DNA 손상이 나타났다.[27]

마찬가지로 스페인 연구진은 글리포세이트가 뇌혈관장벽을 넘어 뇌의 여러 영역에서 신경전달물질 수용체를 과하게 자극하여 신경세포를 손상해 죽이는, 신경세포의 흥분독성excitotoxicity이라는 병리학적 과정을 유발한다는 것을 발견했다. 또한 용량별로 각각 노출되었을 때 뇌의 다른 영역에서 글리포세이트와 주요 신경전달물질 사이에 용량의존적 관계가 있었다.[28]

1피피티(농도의 단위로, 1피피티는 10^{-12}을 의미함—옮긴이)로 측정되는 노출 수준에서조차 글리포세이트는 호르몬에 민감한 유방암 세포를 자극하여 제멋대로 증식시킨다.[29] 1피피티는 올림픽 경기장 규모의 수영장에 있는 물 한 방울로, 너무 적어서 우리 뇌가 개념화하기 어려운 양이다. 글리포세이트는 확립된 발암물질에 유방 세포가 더 민감해지도록 하여, 이러한 독성물질로 인한 암 유발 가능성을 높인다.[30] 연구 결과 인간의 폐 세포가 (농업 종사자가 직업상 노출되는 수준보다 낮은) 1밀리리터당 50~125마이크로그램의 라운드업에 노출되면, DNA 손상과 세포예정사(세포가 신호자극에 반응하여 스스로를 파괴하는 메커니즘—옮긴이)가 일어났다.[31] 시간이 흐르면서 DNA 손상은 암으로 이어질 수 있다.

인간과 다른 동물의 호르몬을 연구한 과학자들은 내분비교란물질이 "용량이 독성을 결정한다"는 격언을 거스르며, 종종 낮은 용량에서 더욱 급격한 효과를 일으킨다는 것을 발견했다.[32] 직관과 달리, 실제로 글리포세이트와 연관된 선천적 결손증은 임신 중에 낮은 용량에 노출되었을 때 **더 많이** 발생한다.

　미국과 한국의 연구팀은 비교적 고용량의 글리포세이트 제제에 새끼를 밴 어미 쥐들을 노출한 후, 노출 용량과 기형 유무 사이에 역비례 관계를 밝혀냈다. 간부전, 신부전, 심부전과 연관된 (전신부종이라 불리는) 몸 전체의 심각한 부종을 비롯해, 가장 많은 질병 문제를 보인 새끼 중에는 **최저** 용량의 글리포세이트에 노출된 경우가 가장 많았다. 동물을 사랑하는 사람이라면 자세한 내용을 읽기 어려운 이 실험에서 임신한 쥐의 절반이 독성 노출로 죽었다.[33]

우리를 서서히
잠식하는 위협

쥐와 다른 설치류는 생체의학 연구에 사용되는 모든 실험동물의 95퍼센트를 차지한다. 설치류가 좋은 선택지인 이유에는 여러 가지가 있다. 몸집이 작고 우리에서 관리하기 쉬우며 돌보는 비용이 비교적 저렴하다. 또한 시궁쥐rat와 생쥐mouse는 유전적 특징과 질병 과정 측면에서 인간과 공통점이 많다. 수명이 1년에서 2년 정도로 짧아서, 단기간에 여러 세대를 연구할 수도 있다.

또한 인간에 미치는 영향을 더 잘 이해하기 위해 정교한 생명공학으로 쥐의 게놈에 인간 유전자를 삽입하는 등, 설치류의 유전적 프로파일genetic profile을 창의적으로 설계할 수 있다. 쥐의 게놈은 특징이 잘 설명되어 있으며, 수십 년간 실험실에서 많은 종의 근친교배가 이루어졌다. 이로 인해 유전적 변이성이 거의 없고 예측 가능한 대사 특징을 지닌 특정 변종이 만들어졌다. 이러한 '생동일성' 설치류는 특히 환경 독성물질을 확인하고 연구하는 데 도움이 된다.

수백 건의 연구를 읽다가 하나가 눈에 띄었다. 캉노르망디대학교의 분자생물학 교수인 질 에릭 세랄리니Gilles-Éric Séralini가 이끄는 프랑스 연구진은 소량의 라운드업에 오래 노출된 쥐에게 상당한 악영향이 나타났음을 밝혔다. 세랄리니 팀은 본질적으로 몬산토가 수행했던 연구를 반복하면서 쥐들에게 라운드업 처리가 된 유전자 변형 옥수수를 먹였다. 하지만 몬산토와 달리 석 달에서 멈추지 않고 2년 동안 실험을 계속했다.[34]

이 기간이 중요한데, 농약 업계가 독성을 입증하기에 석 달이면 충분하다는 편법을 고안해냈기 때문이다. 3개월까지는 대조군과 실험군 사이에 명백한 차이가 없었다. 그러나 결국 암컷 쥐들은 거대한 유선종양이 생겼고, 수컷 쥐들은 간과 신장이 손상되었으며, 수컷과 암컷 모두 생식기 장애와 조기 사망을 겪었다. 실험군에서 처음 죽은 수컷 두 마리는 대조군에서 가장 먼저 죽은 수컷보다 1년 빨랐다. 라운드업에 노출된 옥수수를 먹은 집단의 암컷들은 대조군의 암컷들보다 2년 실험이 끝날 때까지 **세 배** 더 많이 죽었다.

2012년 《식품과 화학물질에 대한 독성학Food and Chemical Toxicology》 학술지에 이 연구가 발표되자, 몬산토는 연구에 쥐가 너무 적게 사용되었다고 주장하며 학술지에 철회 압력을 넣었다.[35] 전 몬산토 과학자인 리처드 굿맨Richard Goodman은 편집위원 지위를 이용해 전 몬산토 직원인 편집자에게 압력을 가해 이 연구의 신빙성을 떨어트렸다. 학술지의 철회 결정은 코미디나 다름없었다. 학술지 편집진은 "확실히 편집국은 사기 증거나 의도적인 허위 조작 증거를 발견하지 못했다"라고 설명했다. 하지만 "궁극적으로 (틀린 건 아니지만) 제시된 결과들은 결정적이지 못하다"라고 덧붙였다.[36]

과학적 결과는 항상 추가 정밀 조사의 가능성이 열려 있다. 그러나 결과가 '결정적이지 못하다'는 이유로 논문을 철회하는 것은 매우 불합리하다. 몬산토가 공격적인 캠페인을 벌여 연구 검열에 성공하고, 2013년 11월에 학술지 측이 철회를 발표했다는 사실은 과학적 논쟁과 공론에 대한 업계의 통제 수준이 충격적임을 입증한다. 세랄리니의 논문은 2014년 《환경 과학 유럽Environmental Sciences Europe》 학술지에 다시 발표되었다.[37]

2018년 세랄리니 팀은 글리포세이트 계열 제제 14종의 독성을 분석한 또 다른 논문을 발표했다.[38] 질량분광법을 이용하여 식물 세포의 글리포세이트 흡수력을 높이는 주요 첨가물이 폴리에톡실화 탈로 아민polyethoxylated tallow amine: POEA을 비롯한 석유계 산화 분자군이라는 사실을 확인했다. 또한 질량분광법으로 중금속인 비소, 크롬, 코발트, 납, 니켈을 검출했다. 식물 세포의 세포독성 임계치에 못 미치는 용량에서는 글리포세이트 제제가 식물 세포의 내분비교란물질로 작용했지만, 글리포세이트 단독일 때는 아니었다.

이러한 발견은 대단히 충격적이다. 글리포세이트 독성 평가를 위해 수행된 초기 연구뿐 아니라 지속적인 승인으로 이어진 재평가들이 글리포세이트만 따로 떼어내어 평가하기 때문이다. 배양 접시에서는 이 화학물질의 안전성이 과학적으로 정확할지 몰라도, 현실에서 쓰일 때는 그렇지 않을 수 있다. 실제로 글리포세이트는 절대 단독으로 사용되지 않기 때문이다.

세랄리니 연구팀은 글리포세이트 제제들이 글리포세이트만 있을 때보다 독성이 훨씬 강하다고 결론지었다. 급성 독성은 단일 노출 또는 단기간 반복된 노출 이후 물질에 작용하는 부정적 영향을 말한다. 나는 급성 독성을 초래하는 글리포세이트와 그 보조제를 걱정해야 한다는 이 과학자들의 말이 옳다고 믿는다. 차차 알게 되겠지만, 이와 동시에 그들의 장기 연구에서 관측된 느린 살상 효과는 다른 성분이 아닌 글리포세이트 때문일 가능성이 크다.

업계는 섭취된 글리포세이트가 대소변을 통해 체내에서 빠르게 배출된다고 믿게 했지만, 독립적으로 진행된 많은 연구에서 그렇지 않다는 사실이 입증되었다. 젖소의 신장, 간, 폐, 비장, 근육, 창자에서 글리포세이트가 검출되었으며 폐에서 가장 수치가 높았다.[39] 육계의 간, 비장, 폐, 창자, 심장, 근육, 신장에서도 잔류물이 발견되었다.[40] 그리고 기형 돼지의 심장과 폐에서 주로 글리포세이트가 검출되었지만 근육, 간, 신장, 뇌, 창자에서도 소량 검출되었다. 글리포세이트에 노출된 이 돼지들은 귀, 뇌, 다리에 선천적 기형을 갖고 태어 났다. 한 마리는 큰 눈 하나뿐이었고, 다른 한 마리는 혀가 코끼리만 했고, 셋째 새끼 돼지는 코가 없었다. 고환을 가지고 태어난 암컷 돼 지도 있었다.[41]

강력한 킬레이트제가
불러온 영향

저자 서문에서 언급했듯이, 킬레이트제는 금속 이온과 단단히 결합 하는 작은 분자다. 그리스어 켈레Chele는 집게발을 의미하므로, 킬레 이트제chelator를 금속에 '거는' 집게발을 가진 분자로 생각하자. 생리 작용에서 킬레이트화는 금속 이온을 살아 있는 세포에 접근하지 못 하도록 한다. 따라서 의사들은 생명을 위협하는 고칼슘혈증과 독성 금속 노출을 치료하고자 알루미늄, 아연, 마그네슘, 칼슘 등 많은 미 네랄과 금속에 결합할 수 있는 에틸렌디아민사아세트산ethylendiamine tetra-acetic acid: EDTA처럼 강력한 킬레이트제를 사용할 것이다. 데페록 사민은 철과 알루미늄에 결합한다. 따라서 종종 반복된 수혈로 혈액 에 축적된 철을 제거할 때 쓰이기도 한다. 1950년대 이후로 킬레이 트제 또한 납 노출 치료에 사용되었다.

유익한 용도가 있다고 해도, 킬레이트제가 살아 있는 세포에서 필 수적인 미네랄과 결합한다면 위험할 수도 있다. 글리포세이트는 강력한 킬레이트제다. 글리포세이트는 금속과 단단히 결합한다. 따라서 금속에 의존하여 적절한 기능을 하는 낯낯 세포가 촉매로 금속을 이용할 가능성을 떨어뜨린다. (촉매는 변형 없이 반응 속도를 높이는 것으로, 많은 미네랄이 효소 작용에서 촉매 역할을 한다.)

글리포세이트는 아연, 구리, 망간, 마그네슘, 코발트, 철 등 2가 양이온의 미네랄과 결합할 때 특히 효과적이다. 글리포세이트에 노출된 식물은 이러한 중요 미네랄을 더 적게 흡수하기 때문에, 이런 식물로 만들어진 음식들은 미네랄 결핍 상태가 될 것이다.[42] 아무리 식단에 매우 적은 미네랄이 필요하더라도, 이러한 결핍은 인간 건강에 심각한 악영향을 일으킬 수 있다.

예를 하나 들어보겠다. 췌장의 많은 소화효소는 아연에 의존한다. 아연 결핍은 면역 체계에 지장을 주어 불명확한 체중 감소와 브레인 포그(머리에 안개가 낀 것처럼 멍한 느낌이 지속되어 생각과 표현에 어려움이 있는 상태−옮긴이)를 불러오고 설사, 식욕 부진, 아물지 않는 피부 상처, 후각과 미각의 상실로 이어질 수 있다. 아연 결핍은 글리포세이트에 만성적으로 노출된 동물에게서 더 많이 나타난다. 독일의 한 연구에 따르면 아연이 결핍된 식단을 먹은 새끼 돼지들은 아연 결핍 증상이 나타나기도 전에 소화에 심각한 문제를 보였다.[43]

코발트와 망간 역시 글리포세이트의 영향을 받았다. 덴마크에서 실시한 연구에 따르면 목장 여덟 곳의 젖소에서 이 미네랄들의 수치가 일관적으로 **최소** 예상 범위에 훨씬 미치지 못했다.[44] 당신이 비타민B12라고 알고 있을지도 모를 코발아민은 촉매로서 코발트에 의존한다. 코발아민은 체내 주요 효소로, 많은 대사 경로를 조절하고 적혈구의 정상적 형성, 건강한 신경, 뇌 조직에 필수적이다. 코발아민에 의존하는 효소는 몇 개에 불과하지만, 각각 세포 기능에 필수적이며 3장과 9장에서 다시 다룰 것이다.

결핍과 독성이
동시에 일어나다

앤서니 삼셀Anthony Samsel은 특이한 과학자다. 우수하고 열정적이며 별나고 고집스러울 정도로 독립적이다. 그는 아서 디 리틀Arthur D. Little 싱크탱크(무형의 두뇌를 자본으로 하여 영위되는 기업이나 연구소-옮긴이)의 뛰어난 경력을 가진 화학자로, 화학 특허를 많이 보유하고 있다. 현재 은퇴한 앤서니는 뉴햄프셔주의 몇 제곱미터 땅에 살면서 유기농 작물을 재배하며 가족의 식량 대부분을 자신의 작은 농장에서 공급한다.

앤서니는 은퇴했지만 독성학 고문으로 여전히 활동하고 있다. 그의 전문 분야에는 독성물질에 노출된 식용작물의 영양 성분 평가와 함께 식품, 영양보조제, 의약품의 오염 연구가 포함된다. 그는 치아, 손톱, 담즙산, 소화효소 속 글리포세이트 수치에 관한 의미 있는 자료를 수집해왔다.

앤서니와 나는 2012년에 만났다. 그때부터 우리는 동료 평가를 받은 과학 논문 여섯 편을 협력했다. 그리고 글리포세이트가 유익한 미네랄을 유독성으로 만들 뿐 아니라 알루미늄과 비소처럼 유명한 독성 금속을 인체의 산성 영역으로 운반하여 전달한 후 유독성 화물을 방출한다는 것을 발견했다. 우리는 연구를 통해 글리포세이트가 망간을 교란해 결핍과 동시에 독성으로 만든다는 것을 알아냈다.[45]

스리랑카 과학자들은 글리포세이트가 비소를 신장으로 인도하여 산성 환경의 세뇨관에 내려놓음으로써, 신부전 유행에 기여하고 있을 가능성이 높다고 확인했다.[46] 젊은 나이에 발병하는 신부전은 현재 중앙아메리카의 사탕수수밭에서 일하는 근로자 사이에서 큰 문제로 떠올랐으며, 역시 글리포세이트가 주원인일 가능성이 크다.[47]

우리는 방금 EDTA가 강력한 금속 킬레이트제라는 것을 알게 되었다. 글리포세이트는 EDTA보다 100만 배는 더 쉽게 알루미늄과 결합한다.[48] 글리포세이트 분자 두 개가 알루미늄 원자 주변을 둘러싸면서 알루미늄의 전하를 감추고, 장벽을 쉽게 넘어가는 전하를 띠지 않는 작은 분자를 만든다.[49] 글리포세이트와의 결합으로 알루미늄은 장점막 방어벽을 넘어 뇌간핵으로 운반되고, 뇌간핵의 산성 환경이 글리포세이트로 하여금 알루미늄을 방출하게 한다.[50] 알루미늄이 절대 있지 말아야 할 곳이 뇌 속이다.[51]

2015년 12월, 앤서니는 나에게 전화를 걸어 글리포세이트가 단백질 부호화 아미노산인 글리신의 아미노산 유사체 역할을 하며 단백질 합성을 방해하고 있을지 모른다는 섬뜩한 생각이 떠올랐다고 흥분하며 이야기했다. 나는 처음엔 회의적이었지만, 일단 이 생각을 조사하기 시작하자 글리포세이트가 모든 생물 종에서 서서히 퍼져 나가는 끔찍한 전신성 물질대사의 교란 물질일 수 있다는 게 분명해졌다. 이 책의 중심 주제인 이 개념은 나중에 살펴보도록 하겠다.

글리포세이트로
빠르게 찾아오는 죽음

미국과 전 세계에서 농민의 자살이 기록적으로 증가하고 있다.[52] 농업 종사자들은 자신을 손쉽게 해칠 수 있는 수단을 가지고 있다. 자신이 농작물에 사용하는 독을 스스로 마시는 것이다. 글리포세이트 중독으로 인한 사망이 아르헨티나, 브라질, 캐나다, 미국에서 심각한 문제가 되었다.[53] 급성 글리포세이트 중독의 증상은 장의 통증, 구토, 폐부종, 폐렴, 의식 상실, 호흡 곤란, 근육 조절 상실, 경련, 적혈구 파괴, 사망 등이다.[54]

물론 이러한 자살과 자살 시도는 글리포세이트뿐 아니라 다른 성분이 포함된 글리포세이트 계열 **제제**를 마시는 것도 포함한다. 이러한 제제에는 글리포세이트가 잘 녹고 식물 세포벽에 잘 들어갈 수 있도록 염분 완충제와 POEA 같은 계면활성제 성분의 보조제가 첨가된다. 세랄리니의 연구에서 보았듯이, 이러한 성분은 독성이 매우 강할 수 있다. 실제로 글리포세이트보다 1,000배는 더 유독한 성분도 있다.[55]

글리포세이트는 인간을 매우 아프게 하지만, 글리포세이트 제제 섭취가 항상 치명적이지는 않다. 대만의 한 연구에 따르면 급성 노출을 겪은 사람 중 70퍼센트 이상이 살아남았다.[56] 대사성 산증, 비정상적인 흉부 엑스레이, 잦은 맥박, 신장 기능 저하는 칼륨 수치의 치명적인 증가, 기관 삽관이 필요할 정도의 심각한 호흡 문제, 그리고 사망 위험 증가와 관련이 있다. 2008년에 수행된 이 연구에 따르면 폐, 신장, 심장의 손상이 사망의 주요인인 듯 보인다.

다른 분석에서는 생존율이 낮게는 54퍼센트, 높게는 92퍼센트에 달했다.[57] 2011년 대만에서 131명의 환자를 연구한 결과, 환자 모두 몹시 아파졌다. 변성 의식(비일상적인 모든 의식 상태-옮긴이), 호흡 곤란, 불규칙한 심장 박동, 쇼크는 사망자 사이에서 더 빈번했다. 글리포세이트 계열 제초제를 마시는 행위는 심장의 전도와 수축을 억제하고 본질적으로 심장을 파괴하기 때문에 치명적일 수 있다. 2014년 한국에서는 이 방법으로 자살 시도를 했던 환자 150명 이상의 자료를 분석했다.[58] 대만 사례와 마찬가지로 사망에 앞서 심각한 심장 부정맥이 종종 나타났다.

발암물질로서
글리포세이트를 둘러싼 우려

2015년 4월, 글리포세이트에 관한 기존의 모든 문헌을 자세히 살펴본 후에 세계보건기구World Health Organization: WHO 산하 국제암연구소 International Agency for Research on Cancer는 글리포세이트가 유력한 발암물질이라고 선언했다.[59] 발암물질 지정은 몬산토의 거센 반발에 맞닥뜨렸다. 하지만 국제암연구소는 꿋꿋했다. 라운드업을 사용한 후에 암, 특히 비호지킨 림프종에 걸렸던 사람들은 몬산토로부터 보상을 받기 위해 대담해졌다.

캘리포니아의 어느 학교에서 관리인으로 일하던 드웨인 존슨 Dewayne Johnson은 42세에 비호지킨 림프종을 진단받았다. 그는 특정 업무에서 라운드업을 자주 사용했다. 어린 세 아들을 둔 아버지는 독일의 다국적 기업 바이엘 AG 소속이던 몬산토를 고소한 역사적인 소송에서 이 기업이 수십 년 동안 라운드업의 소문난 위험성을 은폐하여 자신의 목숨을 위협하는 암을 일으켰다는 혐의를 제기했다. 기념비적인 배심원 판결로 존슨은 2억 8,900만 달러의 배상금을 받게 되었으며(나중에 판사는 액수를 7,800만 달러로 낮췄다) 다른 피해자들이 대담하게 소송에 나설 수 있는 길을 닦았다.[60]

빈스 차브리아Vince Chhabria 판사는 2019년 3월 7일에 제출된 법정 서류에 "몬산토는 자사 제품이 실제로 사람들에게 암을 유발하는지는 특별히 신경 쓰지 않는다. 대신 여론을 조작하고 이 문제에 관해 진실하고 정당한 우려를 제기하는 사람들을 무력화하는 데 집중한다"고 기록했다.[61]

암은 발생하기까지 오래 걸릴 수 있다. 앞서 언급했듯이 암의 사전 단계는 과도한 DNA 손상이다. 과학자들은 세포를 화학물질에 노출하고 염색체 손상을 찾아냄으로써 발암물질로서의 가능성을 실험한다. 인간의 간세포는 환경에서 노출되는 것과 비슷한 소량의 글리포세이트에 노출되면 DNA 손상이 일어난다.[62] 글리포세이트에 노출된 인간의 백혈구 역시 DNA 손상을 겪는데, 여기에는 암 종양을 억제하는 유전자(p53 유전자)도 포함된다.[63] p53 유전자의 보호 혜택이 파괴되면 침습성 백혈병과 림프종을 위한 길이 열린다.[64] 연구실에서 볼 법한 것이 사람집단 연구population science에서도 나타난다. 에콰도르와 콜롬비아의 글리포세이트에 노출된 농업 종사자에게서 DNA 손상이 발견되었다.[65]

수년 동안 업계 옹호자들에게서 라운드업이 안전하다고 들어왔지만, 이제는 주류 언론조차 그동안 속았다는 것을 안다.[66] 2020년 6월 바이엘은 자사 제품 사용으로 암에 걸렸다고 주장하는 10만 건의 소송을 해결하기 위해 100억 달러 이상의 합의금을 지불하겠다고 발표했다.[67] 미국의 민사소송 역사상 최대 합의금 중 하나이지만, 그것으로는 충분하지 않다. 억만금을 준다고 해도 건강을 되돌려줄 수는 없다. 바이엘은 잘못이나 책임은 전혀 인정하지 않았다.

우리는 암이 글리포세이트 노출로 인한 전 세계적인 건강 적신호 중 하나일 뿐임을 인식해야 한다.[68] 글리포세이트는 토양과 토양에 의존하는 식물을 오염한다. 그리고 우리 음식과 물을 더럽힌다. 글리포세이트로 인한 건강 악영향은 여러 세대에 걸쳐 나타날 수 있다. 글리포세이트는 생난분해성biopersistent(어떤 물질이 생물체 안으로 들어온 후, 생물체 바깥으로 배출되거나 분해되지 않고 생물체 안에 남아 있으려는 성질–옮긴이)이며 특히 미국에서 거의 피할 수 없다. 인간에 대한 안전 허용치는 시대에 뒤떨어진 과학을 바탕으로 한듯 보인다.

가장 건강한 국가는 사람들이 아프거나 일찍 죽지 않고 천수를 누릴 수 있는 나라다. 미국의 기대수명률 life expectancy rate은 비슷한 위치의 산업 국가에 비해 크게 뒤처져 있다. 다른 산업 국가들의 기대수명률이 상승하는 데 반해 미국의 기대수명률은 2014년에서 2017년까지 하락했다.[69] 세계에서 가장 부유한 나라치고, 기대수명률이 가장 낮은 나라다. 심지어 미국 젊은이의 사망률도 잘못된 방향으로 가고 있다.[70]

대부분의 건강 지표에서 미국은 선진국 중 마지막이거나 끝에서 두 번째를 차지한다. 미국은 다른 선진국보다 1인당 글리포세이트 사용량이 많다. 물론 화학 업계의 많은 관계자와 현재 건강 위기를 못 본 체하는 사람들이 재빨리 지적하듯 상관관계와 인과관계는 항상 같지 않다. 하지만 글리포세이트의 경우에는 이 책에서 차차 살펴보겠지만 더 적절한 표현이 있다. 아니 땐 굴뚝에 연기 나랴.

TOXIC LEGACY

2장

몰락하는 생태계

●

멸종이 천천히 진행되어 그것을 자각하는 끔찍한 순간이 허락된다면,
그에 가담한 사람들은 자신이 실제로 세상을 파괴했음을 깨닫고
몹시 당황할 것이다.

엘리저 유드코프스키 Eliezer Yudkowsky, 기계 지능 연구소 연구원

생태학자 윌리엄 오펄스William Ophuls의 말이 내 머릿속에서 떠나지 않는다. 그는 《손주들에게 보내는 사과Apologies to the Grandchildren》라는 수필집에 다음과 같이 썼다. "운 좋은 소수가 사치와 자유를 풍족하게 누리지만, 온 세상을 도살하고 중독시키고 고갈시켜 얻는 것이다. 그래서 우리는 너희가 힘들게 살아가게 될 폐허가 된 행성, 어쩌면 완전히 전멸한 행성을 너희에게 물려준다."[1] 나는 아들이 넷, 손주가 11명이다. 이 글을 쓰고 있는 불과 며칠 전에 가장 어린 손주가 태어났다. 현재 지구에는 대략 78억 명의 사람이 있다. 나는 우리 아이들과 손주들에게 초토화된 지구를 물려주고 싶지 않다.

지구에는 바이오매스biomass(생물자원 에너지-옮긴이) 형태로 550기

가 톤의 탄소가 있다.[2] 폭발적으로 증가하는 인구에도 불구하고 인간은 그중 단 0.01퍼센트를 차지할 뿐이다. 만약 거대한 시소의 한쪽에는 지구상 모든 사람이, 반대쪽에는 지구상 모든 세균이 올라탄다면, 인간은 하늘 높이 다리를 달랑거리며 하늘로 발사될 것이다. 세균은 우리보다 훨씬 무겁고 수적으로 우세하다. 하지만 아주 적게 차지하는 유기물임에도 불구하고 인간은 대대적이고 특히 파괴적인 영향을 끼친다.

깨끗한 물, 건강한 토양, 오염되지 않은 공기의 손실은 인류와 많은 야생종에게 심각한 위협이 된다. 포유류, 조류, 어류, 파충류, 양서류의 개체 수는 불과 40년 만에 60퍼센트나 줄어들었다. 많은 종이 다음 10년 안에 멸종될 것이다. 이러한 생물 다양성의 손실은 처참한 결과를 가져올 것이다. 현재 관행을 유지한다면, 우리뿐 아니라 지구상에 우리가 아는 많은 생명이 오염되어 실제로 소멸할 수 있다.[3]

1장에서 언급했듯이, 과거 20년 동안 핵심 작물에 글리포세이트 사용이 크게 증가했다. 1990년대 말 유전자 변형 작물의 도입은 업계에 이익을 가져다주었다. 옥수수, 콩, 카놀라, 사탕무, 알팔파, 목화, 담배 등 라운드업 레디 작물들은 글리포세이트 내성의 5-에놀피루빌시킴산-3-인산5-enolpyruvylshikimate-3-phosphate: EPSP 합성효소 중 하나를 만드는 미생물 유전자 주입을 통해 유전적으로 변형된다. 글리포세이트가 방해하는 시킴산 경로의 효소다.

알다시피 많은 비GMO 작물 또한 글리포세이트에 흔히 노출된다.

대체로 이러한 작물에는 수확 직전에 후숙이나 건조 목적으로 글리포세이트를 뿌린다. 특히 캐나다처럼 식물의 생육기가 짧은 북부 지역에서는 서리가 내리기 전에 농작물을 강제로 익히기 위해 글리포세이트를 쓴다. 앞 장에서 언급했듯이 이러한 관행이 늘어난 배경에는 작물이 동시에 열매를 맺게 하면 수확량도 동시에 늘어난다는 것을 농부들이 알게 된 데 나름의 몫이 있다. 보통 수확 직전에 처리되는 농작물에는 밀, 귀리, 보리, 사탕수수, 해바라기씨, 그리고 병아리콩, 렌틸콩, 대두 같은 콩과식물이 포함된다.

미국과 캐나다와 마찬가지로 아르헨티나는 지난 20년간 주로 수출용으로 글리포세이트 내성을 지닌 유전자 변형 콩을 광범위하게 도입했고, 이로 인해 글리포세이트 사용량이 매우 증가했다. 1980년대에 도입된 글리포세이트 사용은 1996년에서 2012년 사이에 아르헨티나에서 네 배로 뛰었다. 가장 높은 글리포세이트 잔류물 중 일부가 콩의 주요 생산지인 팜파스 지역에서 매년 축적되어 왔다.[4]

몬산토는 글리포세이트가 사용 이후 환경에서 빠르게 사라진다고 주장한다. 글리포세이트가 2주 이내에 토양세균으로 인해 대부분 자연 분해된다는 것이다. 하지만 과학 연구는 다른 그림을 그린다. 핀란드의 사탕무 밭에 사용된 다섯 가지 제초제 중 글리포세이트는 두 번째로 오래 지속되며 가을에 뿌리면 봄까지 여전히 꽤 남아 있다고 밝혀졌다.[5]

또한 과학자들은 글리포세이트를 많이 사용한 곳에서, 시간에 따른 총사용량이 최근 도포에 쓰인 사용량보다 토양 속 글리포세이트 검출량과 상관관계가 더 크다는 것을 발견했다. 이는 라운드업 레디 대두가 자라는 아르헨티나의 팜파스 지역에서 사실로 드러났다. 실제로 한 농부가 매년 뿌리는 글리포세이트 사용량이 분해 속도를 넘어선다는 의미일 것이다. 다섯 번 뿌릴 때마다 토양 1킬로그램당 1밀리그램의 글리포세이트가 증가한다고 추산된다.[6]

글리포세이트는 실제로 자연 토양에서 얼마나 빠르게 분해될까? 답은 천천히다. 한 실험에서, 방사성 동위원소로 표지된 글리포세이트를 본래의 성질을 유지한 모래와 점토에 첨가했다. 그러고 나서 과학자들은 2년 이상 매주 표본을 채취해 분석했다. 그들은 748일 후 글리포세이트의 59퍼센트가 여전히 남아 있음을 알아냈다.[7]

오늘날 환경 위기가 진행 중이라는 사실을 아무도 부인하지 않는다. 균류에서 곤충류, 양서류, 조류에 이르는 다양한 생물 종이 급격하고 심상치 않은 개체 수 감소를 겪고 있다. 물론 모든 환경 파괴가 글리포세이트 탓은 아니다. 하지만 *제왕나비*Danaus plexippus 및 꿀벌의 급격한 붕괴와 동식물 및 다른 생물체 그리고 생태계 전반의 건강 악화를 비롯해 생물의 다양성 손실의 주요인이다. 글리포세이트는 동식물과 인간 사이에서 전염성 병원균의 빠른 확산을 유도하고 있다. 심지어 반려동물의 건강에 영향을 끼친다는 증거도 있다.

2017년 프랑스와 영국의 과학자 팀은 농업용 권장량보다 훨씬 적은 양의 글리포세이트에 노출되자 *아스페르길루스 니둘란스*Aspergillus nidulans라는 진균에 존재하는 단백질 82개의 발현에 변화가 있음을 발견했다. 발현이 변한 단백질 대다수가 해독 작용과 스트레스 반응에 관여했으며, 단백질 합성, 아미노산 대사, 시트르산 회로(고등동물의 생체 내에서 피루브산의 산화를 통해 에너지원인 ATP를 생산하는 회로의 약칭-옮긴이)와 연관된 것도 있었다.[8] 이 연구는 글리포세이트가 가장 원시적인 형태의 생물 세포까지도 복잡한 방식으로 교란해 비정상적으로 단백질 생산을 늘리거나 줄인다는 것을 밝혀냈다.

만연해진
진균증의 실체

흔히 사람들이 진균과 버섯을 병원균과 관련짓지만, 실제로 인간, 토양, 생태계 전체에 이로운 진균이 많다. 실제로 우리는 진균 없이는 살아남을 수 없다. 균근*Mycorrhizal fungi*(균근균이 식물 뿌리에 침입하여 원뿌리에 균근균의 균사가 연결된 구조-옮긴이)은 식물 뿌리 주변의 근권에 살면서 식물과 토양의 생태계에 다양한 방식으로 이득을 준다. 사상형 균사체로 광대하게 연결되어 있는 균근균은 영양분과 미네랄 흡수를 도와 가뭄, 염분, 곤충, 독성 노출에 대한 식물의 저항력을 높인다.[9] 균사체는 심지어 서로에게 위협을 알리기 위해 식물들 사이에 통신망을 형성하기도 한다.[10]

균근은 살아 있는 물질과 죽은 물질이 복잡하고 장대하게 조직되어 있는 지하 생태계의 일부다. 토양에는 진균, 세균, 선충, 원생동물뿐 아니라 지렁이, 개미, 땅속 곤충, 굴을 파는 동물처럼 비교적 큰 생물을 비롯해 수조 개의 미생물이 있다. 건강한 토양 생태계는 곧 다양한 생물이 서식하는 생태계다.

하지만 글리포세이트는 그 균형을 파괴한다. 글리포세이트는 병원균이 과잉 증식하는 길을 열어주는데, 이는 주로 푸사륨Fusarium과 아스페르길루스Aspergillus 계통으로 생성된 미코톡신이라는 독소 때문이다. 푸사륨 식물 병원균은 곡식의 가장 윗부분과 뿌리를 썩게 하며 이삭마름병을 일으킨다. 호주에서는 푸사륨 종에 의한 균핵병으로 수확량이 줄어들어 매출 손실이 거의 800만 달러에 달하는 것으로 추정된다.[11]

캐나다 서부에서 진행한 연구에 따르면 글리포세이트 사용이 병원성 진균 확산의 주요인 중 하나였다.[12] 이러한 병원균이 만들어낸 과도한 양의 옥살산은 식물 조직에 축적되어 식물의 수소 이온 농도pH를 떨어트린다. 이는 pH 5 이하에서 가장 잘 활동하는 효소를 가진 진균에 도움이 된다. 하지만 이러한 진균의 효소가 방출하는 대사물질들은 그 식물을 시들게 한다.[13]

병원성 진균은 인간뿐 아니라 박쥐, 양서류, 파충류의 건강을 위협한다.[14] 내 조카 하나가 최근에 칸디다증에 걸렸다. 혀는 하얀 막이 두껍게 끼고, 입안은 솜털 같은 느낌이 들어 음식을 삼키기가 어려웠다. 칸디다균에 감염되면 대개 고통스러울 정도로 발톱이 가렵다가 갈색으로 변하며 갈라진다. 중남미 농촌 지역의 야외 노동자들은 때때로 파라콕시디오이드 진균증paracoccidioidomycosis이라는 피부 및 폐 질환을 앓는다. 이 질환은 림프샘 부종, 발열, 체중 감소를 동반하며 입과 목에 병변을 일으킨다. 전반적으로 전 세계 10억 명 이상의 사람들 사이에서 피부, 손톱, 머리카락의 진균증이 발생한다.[15]

1억 5,000만 명이 넘는 사람들이 생명을 위협할 정도로 심각한 진균증을 앓는다. 매년 진균증으로 인한 사망자 수는 170만 명이다. 진균증 관련 전 세계 사망률은 결핵 사망률보다 높고 말라리아 사망률보다 세 배 더 높다.[16] 위중해질 수 있는 흔한 진균증에는 *아스페르길루스증*, *폐포자충 폐렴*pneumocystis pneumonia, *질 칸디다증*, *아구창(구강 칸디다증)*, 그리고 몸의 여러 기관이 *칸디다균*에 감염되는 *침습성 칸디다증* 등이 있다.[17]

토양과 물속 글리포세이트가 진균증 증가에 영향을 끼칠 가능성이 크다. 많은 병원성 진균이 글리포세이트를 양분과 에너지원으로 사용한다. 일부 진균이 글리포세이트가 존재하는 상태에서 번성한다는 사실에 과학자들은 누룩곰팡이*Aspergillus oryzae* 같은 특정 진균을 사용하면 토양에서 글리포세이트 **제거**를 도울 수 있다고 주장했다.[18] 병원성 진균의 증가와 글리포세이트의 남용 사이에 또 다른 연관이 있다. 1장에서 글리포세이트가 항생제로서 특허를 받았다고 말한 바 있다. 인간의 내장 속 다양한 세균이 글리포세이트에 민감하여 이 항생물질로 인해 손실된다. 이 때문에 *칸디다균* 같은 진균이 불균형적으로 확장할 기회가 된다.

아르헨티나의 과학자들이 글리포세이트에 노출된 토양에서 번성한 진균과 그렇지 않은 토양에서 번성한 진균을 비교하고, 효모의 야생종인 *칸디다 크루세이*Candida krusei가 글리포세이트에 노출된 토양에서 우세하다는 것을 발견했다.[19] 확실히 이 진균은 글리포세이트에 노출된 토양에서 글리포세이트를 잘 분해했다. *칸디다 크루세이*는 현재 사람 감염이 가능한 다제내성(여러 약물에 내성을 보이는 성질-옮긴이) 진균으로, 면역 체계 약화로 인해 백혈병과 림프종을 앓는 환자들에게 주요한 위협이 되어왔다.[20]

이 모든 연구에서 흥미로운 모순을 눈치챘을지도 모르겠다. 글리포세이트를 분해하는 병원성 진균은 인간 숙주 안에서 다른 종보다 분명한 우위에 있을 뿐 아니라, 글리포세이트를 제거함으로써 글리포세이트의 독성으로부터 숙주를 보호한다. 글리포세이트로 손상된 토양을 치료하는 데 있어 장차 진균이 필요할지는 모르지만, 치명적인 감염으로 이어질 수 있는 진균의 과잉 증식은 우려할 만하다.

2019년 11월 13일, 미국 질병관리청은 항생제 내성이 있는 진균의 출현을 경고하는 보고서를 발표하며, 10년 전 일본에서 처음 모습을 드러낸 칸디다속 신종인 *칸디다 아우리스*Candida auris를 선정했다.[21] 이 진균은 현재 여러 대륙의 병원들을 돌아다니고 있으며 알려진 모든 항진균제에 내성이 있다. 2020년 11월 25일 기준, 미국 일리노이주, 뉴욕주, 뉴저지주, 플로리다주에서 가장 많이 보고되는 *칸디다 아우리스* 관련 확인된 임상 사례가 총 1,364건이다.[22] 사망률이 30~60퍼센트에 이를 정도로 매우 치명적이다.[23] 누구나 진균증에 굴복할 수 있지만, 면역 체계가 손상된 사람은 특히 취약하다.

10장에서 살펴보겠지만 글리포세이트는 면역 체계를 위협한다. 진균의 내성이 가장 문제시되는 곳(북아메리카, 유럽, 호주, 브라질, 인도)

은 글리포세이트 사용이 가장 만연한 곳이기도 하다. 글리포세이트 사용이 과거에 그랬듯 계속 확대된다면 장차 진균증이 대유행하리라 예상해봄 직하다.

물 오염의
주범

과학자들은 미국 전역의 토양, 퇴적물, 배수로, 배수관, 빗물, 강, 하천에서 글리포세이트를 검출해왔다.[24] 캐나다의 세인트로렌스강 하계에서 채취한 물 표본 68개 중 84퍼센트에서 글리포세이트 오염이 발견되었다.[25] 한편 아르헨티나 코르도바 주변의 집약 농업 녹지에서 채취한 표본에 기초한 연구에서는 물, 퇴적물, 부유 퇴적물에서 글리포세이트 발견 빈도수가 높았다.[26] 수로의 글리포세이트는 다양한 방식으로 해를 끼친다.

플로리다주 중남부에 있는 오키초비호는 수확 직전에 글리포세이트가 뿌려지는 사탕수수 밭으로 인해 *남세균*이 번성하고 있을 가능성이 크다. 남조류로도 알려진 *남세균*은 담수, 염분이 섞인 물이나 해수에서 자라며 수온이 높고 인산염이 많은 물속에서 번성한다. 수로에서 인산염의 양은 지난 10년 동안 미국 전역에서 꾸준히 증가해왔다.[27] 인산염에 오염되지 않은 미국 전역의 하천 비율은 2004년 24.5퍼센트에서 5년 후 10.4퍼센트로, 2014년에는 단 1.6퍼센트만 감소했다. 한때 상대적으로 인산염이 없었던 하천들이 지금은 인산염으로 가득 차 있다.

미국 해양청National Ocean Service이 부영양화(수역 내 영양소와 미네랄의 과잉)를 미국 수로의 주요한 위협으로 보았지만, 영양분 오염은 국경을 따르지 않는 세계적 문제다. 그 영향은 호주 해안의 그레이트배리어리프에서 미국 미시시피강 유역 삼각주 바깥쪽에 있는 거대한 데드존(대부분의 생물이 생존할 수 없는 무생물대―옮긴이)까지 모든 곳에 이른다. 부영양화는 동물이 산소에 굶주리면서 남세균의 과잉 증식, 독성 조류의 번성, 물고기 폐사, 데드존으로 이어진다.[28] 물론 오염된 물은 어류뿐 아니라 다양한 해양 생물에 해를 끼친다. 인산염은 부영양화의 주요 공급원이다.[29]

인산비료가 명백한 인산염 공급원이지만, 많은 사람이 글리포세이트라는 또 다른 불길한 공급원을 간과한다. 수용성인 글리포세이트는 자신을 분해하는 미생물들 덕분에 수로에 자유로이 들어갈 수 있다. 글리포세이트를 분해할 수 있는 미생물은 많지 않지만, 남세균은 글리포세이트를 너무 좋아해 글리포세이트의 인을 이용하여 인산염을 만들어낸다. 남세균은 글리포세이트에 오염된 물에서 잘 자란다.[30]

이것은 플로리다 해안과 인근 수역을 비롯해, 글리포세이트가 많이 쓰이는 농업 지역을 둘러싼 얕은 바다에서 심각해지고 있는 거대한 문제다. 과학자들은 강, 하천, 수로는 말할 것도 없고 폭우, 홍수, 범람하는 물줄기가 용해된 글리포세이트를 해안가에서 멀리 대양으로 운반하고, 글리포세이트는 거의 분해되지 않은 채 오랫동안 지속될 수 있다고 믿는다. 글리포세이트는 31℃의 어두운 물속에서 315일까지 지속되며 햇빛이 없는 바닷물에서 존속한다. 25℃의 빛이 적은 좀 더 현실적인 조건에서는 47일 존속할 것이다.[31]

수로의 글리포세이트 문제는 부영양화로 그치지 않는다. 글리포세이트 자체로도 수중 생물에 영향을 미친다. 다프니아속*Daphnia* 물벼룩은 수중 먹이그물의 중심으로 전 세계 담수에서 흔히 볼 수 있다. 하지만 영국과 미국의 과학자들은 최근에 글리포세이트와 라운드업으로 미발달된 난자와 죽은 채 태어나는 어린 물고기가 증가했다는 사실을 발견했다.

또한 글리포세이트와 라운드업은 성숙 분열을 늦추고 출생 때 자손의 크기를 줄이며 DNA 손상을 유발하여 물벼룩의 장내 마이크로바이옴의 조성을 바꾼다. 2020년에 발표된 이 연구는 이 벼룩의 마이크로바이옴에 글리포세이트를 완전히 분해할 수 있다고 알려진 특정 미생물이 지나치게 많다는 사실도 밝혀냈다. 생태계에서 다프니아의 필수적인 역할을 고려해볼 때, 연구진은 "제초제가 잠재적으로 담수 먹이그물의 건강에 부담을 줄 수 있다"고 경고했다. 나는 이미 그렇다고 본다.[32]

이외에도 과학자들은 글리포세이트에 노출된 게들이 정자 개수 감소와 비정상적인 정자의 증가를 겪는다는 것을 알아냈다.[33] 아급성 농도의 글리포세이트에 노출된 민물 가재에 관한 철저하고 세밀하게 설계된 연구에서는 대조군에 비해 (혈액에 해당하는) 혈림프 내 다양한 효소의 활성 변화를 찾아냈다. 가재는 화학물질 노출에 아주 민감한 생물로, 글리포세이트에 노출되면서 간, 췌장, 혈구(혈액세포)에 세포 손상이 일어났다. 간과 췌장에서 주로 사용되는 여러 효소의 활성이 감소했는데, 이는 간과 췌장이 손상되었다는 증거다. 글리포세이트에 노출된 가재는 껍질도 이상하게 부드러웠다.[34] 과학자들이 관찰한 혈액세포 손상과 산화적 스트레스 증가는 면역 기능 장애와 관련이 있었다.[35]

하지만 이 연구에서 가장 충격적인 양상은 가재의 **행동**이었을 것이다. 노출 이전에 가재는 사회적 집단으로 모여 먹이를 나누었다. 노출 이후에는 "은신처를 차지하려고 서로 싸웠다."[36] 대조군에서는 관측되지 않은 행동이었다. 글리포세이트가 장내 마이크로바이옴의 시킴산 경로를 교란하여 세로토닌이 결핍된 탓이었을까?

세로토닌은 식물과 장내 미생물이 시킴산 경로를 통해 합성하는 세 아미노산 중 하나인 트립토판으로부터 생성된다. 글리포세이트의 시킴산 경로 차단은 식물을 죽이는 주요 메커니즘으로 여겨지고 있다. 체내에서는 세로토닌이 주로 내장에서 생성된다. 글리포세이트 노출로 인한 식량의 트립토판 결핍과 장내 미생물의 트립토판 합성 손상이 결합하면 공격적이고 폭력적인 행동과 관련된 전신 세로토닌 결핍이 일어날 수 있다.[37]

매우 충격적인 비보가 또 있다. 육지로 밀려와 좌초된 돌고래들의 뇌에 알츠하이머병 특유의 징후인 아밀로이드 베타 단백질의 플라크(응집)가 눈에 띈 것이다. 2019년 해양생물학자, 신경학자, 화학자, 심지어 법의학자까지 참여한 연구팀이 플로리다주와 매사추세츠주에 밀려온 돌고래 14마리를 검사했다. 이 중 13마리의 뇌에 베타-N-메틸아미노-L-알라닌β-N-methylamino-l-alanine: BMAA이 비정상적으로 높았다.[38] 이러한 돌고래 뇌의 93퍼센트에서 발견된 이 아미노산은 남세균으로 생성되며 신경독성이 있다고 알려져 있다.

물 없이 생존할 수 있는 생명은 지구에 없다. 수로 오염은 우리 자신을 독살하는 것이다.

사라져가는
곤충들

어렸을 때 나는 저녁이면 어두운 밖에서 반짝반짝 빛을 내는 반딧불이를 감탄하며 지켜보는 것을 정말 좋아했다. 지구에는 인간 한 명당 2억 마리가 넘는 곤충이 있다. 곤충은 다양성, 순수 개체 수, 총바이오매스의 관점에서 다른 동물보다 훨씬 우위에 있다. 야생식물의 80퍼센트가 수분受粉을 곤충에 의존하고, 조류의 60퍼센트가 식량을 곤충에 의지한다고 추정된다. 곤충의 풍부성과 다양성을 보존하는 일은 틀림없이 수로를 오염 없이 유지하는 일만큼 중요하다.

하지만 우리는 지는 싸움 중인 것 같다. 세계적으로 곤충의 수가 크게 줄어들고 있고, 현재 곤충 종의 최대 40퍼센트가 멸종 위기에 처해 있다.[39] 독일의 과학자들이 보호 지역 96곳에서 곤충 개체 수를 추적 관찰하여 1989년에서 2016년 사이에 날아다니는 곤충이 76퍼센트 줄어든 것을 발견했다.[40] 나방, 나비, 말벌, 꿀벌, 개미, 쇠똥구리가 가장 큰 영향을 받은 듯 보인다. 특히 수분을 하는 곤충이 크게 감소했다.

한때 북아메리카에서 상징처럼 흔히 볼 수 있던 *제왕나비*는 멸종 직전에 있다. *제왕나비*는 매해 가을 미국의 북부 평원에서 남쪽 멕시코시티까지 장대한 비행을 하고, 봄이 오면 돌아오는 여행을 한다. 동양에서 *제왕나비*의 개체 수는 80퍼센트 이상 감소했고, 캘리포니아 해안에서는 1980년대 450만으로 추산되던 것이 오늘날에는 2만 8,429마리로 99퍼센트 감소하는 등 불길한 상황이 벌어졌다.[41]

여기에는 몇 가지 원인이 있다. 농지 전환으로 인한 서식지 감소, 개체 수가 회복되기 전에 빠르게 *제왕나비*를 죽이는 포식자, 기후변화, 글리포세이트가 함유된 살충제가 대표적이다. 경험적 증거에 따르면 지역별 글리포세이트 사용률과 *제왕나비* 개체 수 사이에 반비례가 보인다.[42] *제왕나비* 유충이 주로 먹는 것은 GMO 라운드업 레디 옥수수와 대두 작물 사이에서 흔히 자라는 *아스클레피아스*라는 잡초다. 그동안 *아스클레피아스*의 손실이 *제왕나비* 감소의 원인으로 제기되어왔지만, 아직 알려지지 않은 원인은 *제왕나비*들이 아스클레피아스에서 발견된 글리포세이트에 독살되고 있다는 것이다.

멸종되고 있는 곤충은 나비뿐이 아니다. 물벼룩(*다프니아속*)이 상업용 농장 수확물을 통해 글리포세이트 잔류물이 포함된 라운드업 레디 대두를 먹으면, 성장이 멈추고 새끼를 적게 낳거나 아예 번식하지 못하고 어마어마하게 죽는다.[43] 건강에 미치는 악영향은 노출 수준이 높을 때 더 뚜렷하지만, 미국 환경보호국이 정한 잔류허용기준MRL에 훨씬 못 미치는 수준에서도 벼룩의 건강은 좋지 않다.

꿀벌의 개체 수 역시 과거 20년간 심상치 않은 감소세를 보였다. 환경운동가, 박물학자, 농부, 연구자들은 일벌 대다수가 벌집의 유충과 미성숙한 벌을 버리고 돌연 사라지며 군집의 붕괴를 불러오는 벌집 군집 붕괴 현상colony collapse disorder을 경고한다. 인간들은 벌이 없으면 살아남지 못할 수도 있다. 19세기 시인 에밀리 디킨슨Emily Dickinson이 윙윙거리는 해적이라고 불렀던 벌들은 수분 달인이다. 식용작물의 수정을 돕고 야생식물의 다양성에 큰 역할을 한다.

벌에게서 식량을 얻는 동물은 인간뿐이 아니다. 곰, 주머니쥐, 미국 너구리raccoon, 스컹크, 곤충의 먹이는 꿀, 벌집, 유충, 벌이다. 꿀벌은 잠자리, 거미, 사마귀 외에도 수십 종의 새들의 먹이가 된다. 병원균, 기생충, 유전학, 기후변화, 먹이 서식지 감소 모두 꿀벌의 감소에 한몫했다.[44] 네오니코티노이드neonicotinoid 계열 살충제, 특히 이미다클로프리드imidacloprid가 주범으로 확인되었다.[45]

네오니코티노이드는 살충제의 하나다. 가정집 정원 또는 골프 코스에서 진딧물, 가루이, 총채벌레처럼 원하지 않는 곤충들을 방제할 때나 농업에서 종자와 토양을 처리할 때 사용한다. 반려동물용 벼룩약과 진드기약으로도 쓰인다. 이러한 살충제는 닿거나 삼키면 중추신경계를 교란하여 곤충들을 죽인다. 벌의 유충이 네오니코티노이드에 노출되면, 유전자 발현에 변화가 나타난다.

한 예로, 과학자들은 이 살충제에 노출된 벌들에서 사이토크롬 P450cytochrome P450: CYP효소의 생산이 급격하게 증가한다는 것을 발견했다. CYP 효소는 많은 지용성 독성 화학물질과 독소의 해독에 중요하다.[46] 글리포세이트는 쥐와 닭 배아 모두에서 간의 CYP 효소들을 억제한다.[47] 네오니코티노이드 해독 작용은 글리포세이트가 억제하는 CYP 효소에 의존한다. 즉 네오니코티노이드와 글리포세이트에 동시에 노출될 때가 둘 중 하나에만 노출될 때보다 더 파괴적일 수 있으며, 과학자들은 두 살충제를 함께 썼을 때의 상승 효과에 주목해야 한다.

꿀벌 군집의 가장 중요한 기능 하나는 꽃식물을 수정하는 것이다. 그중 하나가 아몬드 나무다. 이른 봄이면 아몬드 나무는 다섯 장의 꽃잎으로 된 하얀색 또는 연분홍색의 꽃을 피운다. 어쩌면 초기 기독교인들은 이 나무가 꽃을 매우 일찍 피우기 때문에 이를 부활의 상징으로 여겼을지도 모른다. 중국에서는 새해를 기념하며 행운을 상징하는 아몬드 쿠키를 즐겨 먹는다. 하지만 수십억 마리의 벌이 글리포세이트로 처리된 아몬드 숲에 들어간 이후 대부분 죽어가고 있다. 양봉업자들을 대상으로 진행한 최근 설문 조사에 따르면, 2018~2019년 겨우내 상업용 벌집의 3분의 1이 넘는 약 500억 마리의 벌이 죽었다.[48]

과학자들이 벌에 관한 글리포세이트의 영향을 검사했을 때 무엇을 찾아냈을까? 좋은 건 없었다. 치사량에 가까운 글리포세이트에 노출된 성충 일벌들은 단기 기억력이 떨어지고 효과적인 먹이 찾기에 꼭 필요한 연상 학습이 저해된다.[49] 벌은 놀라운 곤충이다. 서로의 얼굴을 인식하고 심지어 인간을 인식하는 법도 배울 수 있다. 건강한 벌은 연습을 통해 집으로 돌아가는 최단 경로를 찾는다. 하지만 '안전해' 보이는 수준의 글리포세이트에 노출된 벌들은 집으로 돌아가는 데 더 오래 걸리고, 두 번째 날려 보냈을 때도 귀가 시간을 개선하지 못했다.[50]

심지어 벌이 즉사하지 않을 때조차 글리포세이트는 먹이를 찾는 벌의 능력을 손상한다. 2019년 아르헨티나의 연구팀은 실험실 환경에서 글리포세이트에 노출된 꿀벌의 먹이 찾기 행동의 변화를 조사했다.[51] 연구 결과 글리포세이트가 벌의 학습 능력, 인지 능력, 감각 능력에 부정적인 영향을 끼치고 있었다.

또한 글리포세이트는 꿀벌의 장내 마이크로바이옴의 균형을 무너뜨린다.[52] 벌에는 스노드그라셀라 알비*Snodgrassella alvi*라는 중요한 장내 마이크로바이옴이 있다. 이 장내 미생물에 속하는 것들은 글리포세이트에 민감한 EPSP 합성효소 중 하나를 부호화한다. 5일 동안 자당 시럽에 첨가된 소량의 글리포세이트에 노출된 일벌들은 유익한 스노드그라셀라 알비와 비피도박테리아, 락토바실러스 두 종의 수가 줄어들었다. 동시에 글리포세이트 노출로 인해 병원균 세라티아 마르세센스*Serratia marcescens*에 더 민감해졌다. 장내 마이크로바이옴이 손상된 벌들은 집을 버리고 기회감염(건강한 상태에서는 질병을 유발하지 못하던 병원체가 체내 기능이 저하되면 감염 증상을 유발하는 것–옮긴이)으로 죽을 확률이 더 높다.

땅속에서
몸부림치는 지렁이들

비벌리 클리어리Beverly Cleary의 사랑받는 소설 속 활기 넘치는 말썽꾸러기 라모나 큄비는 흙 속에서 지렁이를 뽑아 소년에게 약혼반지로 준다. 어린이, 농부, 어부 모두 지렁이를 아주 좋아한다. 찌르레기, 흑꼬리도요, 개꿩, 개똥지빠귀, 누른도요 등 벌레를 먹는 다른 새들도 마찬가지다.

지렁이는 건강한 토양을 유지하는 데 있어 가장 중요하다. 지렁이는 생태계의 기술자로, 죽은 식물의 부스러기를 잘게 부수고 장내에서 무기질을 포함하여 복잡한 영양소를 식물이 흡수하기 쉬운 간단한 형태로 분해한다. 지렁이가 배설하는 천연 거름은 훌륭한 비료이며, 지렁이의 땅굴은 식물의 뿌리 침투와 여과 기능을 향상한다. 1제곱미터의 땅에 지렁이 1,000마리가 살 수 있다.

그러나 아일랜드의 과학자들은 경작된 토양에서 지렁이 개체 수가 감소했음을 보고했다.[53] 최근 영국의 연구에서도 많은 농장에서 지렁이가 감소했다는 것을 발견했다.[54] 지렁이 감소가 영국이 가장 아끼는 새 중 하나인 노래지빠귀가 심상치 않게 줄어든 주원인일지도 모른다.[55]

2015년 오스트리아의 연구팀은 실험을 통해 흥미로운 사실을 밝혀냈다.[56] 먼저 온실에 잔디와 허브의 씨앗이 뿌려진 병을 설치하고 뚜렷하게 다른 지렁이 두 종을 그 안에 넣었다. 수직으로 굴을 파는 종과 땅속에서 생활하는 종이었다. 과학자들은 농업용 권장량의 절반 정도의 라운드업을 뿌린 다음 대조군과 비교하며 지렁이의 활동을 주의 깊게 수집했다. 그들은 부패하는 식물성 소재로 굴을 파는 지렁이들을 표면으로 유인하여, 제초제를 뿌린 이후 실험군보다 표면에 지렁이의 배설물이 더 많으리라고 예상했다.

실제는 그 반대로 드러났다. 단 일주일 만에 글리포세이트에 노출된 모든 지렁이, 즉 굴을 파는 종과 그렇지 않은 종 모두 배변율이 크게 하락했다. 3주 후 배변은 실질적으로 멈췄다. 글리포세이트에 노출된 지렁이들이 본질적으로 먹고 배설하는 것을 멈춘 것이다. 왜 그런지는 알 수 없다. 어쩌면 지렁이들이 글리포세이트를 감지하고 먹는 걸 거부하는 바람에 부패하는 식물성 소재 또한 거부했을 수 있다.

더욱 그럴듯한 훨씬 충격적인 가설은 글리포세이트가 지렁이의 근육 속 효소를 교란해 운동성이 손상되었다는 것이다.[57] 세 번째 가능성은 글리포세이트가 지렁이의 신경계를 손상했다는 것이다. 2012년 회충에 관한 어느 연구에서 밝혀졌듯, 글리포세이트가 도파민을 방출하는 벌레의 신경세포를 손상하여 파킨슨병과 유사한 상태를 불러온 것을 고려하면 분명히 그럴듯하다.[58] 두 종의 지렁이 모두 번식 능력이 크게 손상되었고, 제초제를 쓴 지 3개월 후에는 흙 속에 사는 지렁이의 번식 능력이 56퍼센트까지 감소했다.

침묵의
습지

나에게는 일곱 명의 형제자매가 있다. 우리가 어린 시절을 보낸 코네티컷주의 습지에는 개구리가 아주 많았다. 남자 형제 하나가 개구리를 잡아 와서는 우리를 부르면, 다 같이 차갑고 물컹거리는 개구리를 만지며 즐거운 시간을 보내곤 했다. 지렁이 같은 양서류는 축축한 피부를 가진 냉혈동물이다. 지렁이와 달리, 양서류는 두 단계의 삶을 겪는다. 올챙이라고 불리는 양서류의 유생은 물속에서 살며 아가미로 숨을 쉰다. 그리고 나서 믿기 힘든 형태학적 솜씨로 앙증맞은 꼬리와 아가미를 잃고 다리와 폐를 성장시키며 탈바꿈한다.

개구리, 두꺼비, 도롱뇽, 영원은 모두 양서류로 지렁이보다 더 광범위하게 연구되었다. 최근 연구 결과는 대체로 좋지 않다. 양서류는 지난 수십 년 동안 심각한 질병으로 대폭 감소했다. 항아리곰팡이 chytrid fungus 하나로 최소 501종의 양서류가 감소했고 약 90여 종이 멸종했다.[59] 현재 알려진 양서류의 41퍼센트가 멸종 위기에 처해 있다.[60] 알려진 바에 따르면, 양서류의 개체 수는 외래종 포식자, 기생충, 기후변화, 신종 질병, 저하된 서식지 때문에 위협을 받고 있다. 덜 알려진 사실은 양서류가 글리포세이트 같은 살충제에 특히 민감하다는 것이다. 양서류는 물을 마시지 않고 피부를 통해 물을 흡수한다. 흡수력이 높은 피부는 개구리, 두꺼비, 영원, 도롱뇽을 환경 오염물질에 취약하게 만든다.

2005년 과학자들은 라운드업을 뿌린 야외 연못과 주변 지역에서 올챙이의 96~100퍼센트가 3주 만에 죽었다는 것을 발견했다. 놀랍게도 육지의 어린 개구리와 두꺼비의 79퍼센트가 **불과 하루 만에** 죽었다.[61] 2019년 프랑스의 과학자들은 *제노푸스 라에비스Xenopus laevis*, 즉 아프리카발톱개구리의 알을 글리포세이트에 노출하고 발달 중인 배아에서 발달성 결함이 있는지 조사했다. 수정란이 성숙한 배아를 만들기 위해 분열하는 첫 단계에서 주목할 만한 배아 결함이 나타났으며, DNA 복제 및 세포분열 관련 과정이 심각하게 손상되었다. 이 결함에는 방추사 붕괴, 염색체 붕괴, 이소성 방추사, 방추사 또는 염색체 탈락이 포함된다. 연구 결과 독성 연구에 기록된 적 없던 '이중 방추사'와 '이중 성상체'가 발견되었다.[62]

올챙이에 관한 2019년 연구에 따르면, 아르헨티나 차코-팜파 평원의 지하수 속 글리포세이트와 비소에서 독성이 상승했다.[63] 그리고 두 화학물질이 모두 존재할 때 발달을 방해할 수 있는 갑상샘호르몬의 합성이 상당히 증가한다는 것을 발견했다. 과학자들은 글리포세이트와 비소가 조합하면 강력한 내분비교란물질이 되어서, 어느 한쪽의 영향을 받을 때보다 올챙이에 DNA 손상을 더 많이 일으킨다는 것에 주목했다.

반려동물에
끼치는 해악

가축 역시 높은 수준의 글리포세이트에 노출되고 있다.[64] 뉴욕주의 연구진은 개와 고양이의 소변에서 글리포세이트와 그 파생물인 아미노메틸포스폰산aminomethylphosphonic acid: AMPA이 광범위하게 나타난다는 것을 발견했다. 소변에서 N-메틸 글리포세이트(질소 원자에 메틸기(CH₃)가 붙어 있는 글리포세이트 분자)도 검출되었다. 글리포세이트와 N-메틸 글리포세이트는 둘 다 발암성이 있으며, N-메틸 글리포세이트는 실제로 글리포세이트보다 발암성이 높을지도 모른다.[65]

렌틸콩, 병아리콩, 누에콩 같은 콩과식물로 단백질을 채운 '곡물 없는' 개 사료가 점점 인기를 끌고 있다. 하지만 콩과식물에서 가장 높은 수준의 글리포세이트가 꾸준히 발견된다. 반려동물은 적어도 세 가지 형태로 글리포세이트에 과도하게 노출되고 있다. 먹고(반려동물 사료에 있는 제초제 잔류물), 마시고(마시는 물속에 있는 제초제 잔류물), 공원과 가정집 정원의 잔디를 통해 피부나 폐에 글리포세이트를 흡수한다.

2018년 7월, 미국 식품의약국은 개를 기르는 사람들에게 심근병증을 경고하는 성명서를 발표했다. 개 확장성 심근병증은 개들 사이에 비교적 새로운 질병으로 점점 독성이 심해지는 식단에서 유발된다고 여겨진다.[66] 고양이에게도 비슷한 심장병이 알려진 지 오래다. 흥미롭게도 고양이 사료의 타우린 함량이 증가하면서 질병의 위험성이 줄어들었고, 타우린 보충제 역시 심근병증을 앓는 개들의 증상을 개선하는 듯 보인다. 타우린은 심장에 고농도로 저장되며 심장 발작 후 심장에 황산염 공급을 재개하는 데 매우 중요하다. 타우린은 글리포세이트와 어떤 관련이 있을까? 글리포세이트는 타우린 흡수를 심하게 억제한다.[67] 타우린에 관해서는 6장에서 더 다룰 것이다.

반려동물 식품 속 다른 유해 첨가물이 글리포세이트의 독성을 심화할 수도 있다. 퓨리나Purina사의 고양이 사료에는 몬산토가 개발한 인공 방부제인 에톡시퀸ethoxyquin이 함유되어 있다. 에톡시퀸은 간과 콩팥을 손상하는 것으로 드러나 인간이 섭취하는 모든 식품(향신료 제외)에는 사용이 금지되었다. 미국에서는 반려동물 사료 회사들이 소위 '천연' 제품에 에톡시퀸을 계속 첨가한 반면,[68] 유럽연합은 2017년 모든 동물의 먹이에 에톡시퀸 사용을 금지했다.[69]

피터 폴 앤 마리Peter, Paul and Mary(1960년대 미국에서 활동한 혼성 트리오-옮긴이)는 내가 가장 좋아하는 노래 중 하나에서 꽃들이 전부 어디로 갔는지 묻는다. 어린 소녀들이 꽃들을 따서 젊은 청년의 무덤에 놓아두었다. 그 청년들은 전투에서 전사한 군인이었다. 피트 시거Pete Seeger가 쓴 노래로, 1955년 그는 전쟁에서의 무의미한 상실에 항의하고자 오벌린대학교에서 이 노래를 처음 불렀다.

현재 우리는 다른 종류의 전투를 치르고 있다. 흙을 휘젓고 다니며 양분을 공급해줄 지렁이가 없고 꽃을 수분해줄 벌과 나비가 없으면 꽃은 자랄 수 없다. 곤충에서 조류, 네 발 달린 포유류 친구들까지, 세상은 환경 오염물질로 고통받고 있다. 진균의 독성 증가, 일부 종의 심상치 않은 붕괴, 생태계 파괴, 독이 든 수로까지, 인간이 손쓰지 않고 무책임하게 계속 사용한다면 글리포세이트와 다른 인공 독성물질이 자연계를 파괴하고 있다고 해도 과언이 아니다.

3장

글리포세이트와 미생물

●

알츠하이머병, 파킨슨병, 자폐증, 죽상 동맥 경화증, 비만, 당뇨병, 그리고 병원에서 보이는 어떤 질병이든 면역 성분과 관련된 것이라면 마이크로옴이 영향을 미치고 있다고 본다.

제임스 로젠바움 James T. Rosenbaum, 오리건 보건과학대학교 의학박사

글리포세이트는 아주 안전하다고 여겨져서 미국 정부 기관은 식품 속 글리포세이트를 검사하지 않는다. 많은 집주인이 마당에 잡초 방제를 위해 아무 생각 없이 글리포세이트를 사용한다. 글리포세이트는 빗속에, 상수도 속에, 옷과 행주와 탐폰과 아기 기저귀의 면 속에 있다. 글리포세이트는 에어로졸화되어 공기 중에 흩어지는데, 이는 우리가 글리포세이트를 폐로 들이마신다는 뜻이다. 그리고 우리가 먹는 많은 음식에도 존재한다. 앞에서 말했듯이 유기농 식단을 먹더라도 여전히 글리포세이트에 노출되어 있을 가능성이 높다.

글리포세이트를 제조하고 판매하는 기업들은 벌과 나비들이 심상치 않게 죽어 나가기 시작했을 때도 자신의 막강한 힘을 통해 글리포

세이트는 매우 안전하므로 부분적인 책임이 있는지 조사하지 않아도 된다고 정부 당국과 많은 연구 과학자를 설득했다. 알다시피 현재 글리포세이트로 인한 오염이 인간이 의존하는 동식물을 해친다는 것이 잘 알려졌다.

미국의 과학자들은 지난 몇십 년간 더 만연해지고 있는 다수 질병의 시간별 추세를 조사하고 같은 기간 글리포세이트 사용 추세를 비교하여, 글리포세이트 사용 증가와 알츠하이머병, 자폐증, 당뇨병, 염증성 장 질환, 신장 질환, 간 질환, 비만, 췌장암, 갑상샘암의 증가의 매우 충격적인 상관관계를 발견했다.[1]

일각에서는 "상관관계와 인과관계는 같지 않다"라고 주장하며 이번 연구 결과를 일축한다. 괜찮다. 하지만 이 점을 고려해보자. p값은 두 곡선 사이의 상관관계가 우연히 발생할 확률의 수학적 측정치다. p값 0.05는 유의미하다고 간주한다. 낸시 스완슨Nancy Swanson 연구팀이 설명한 대로, "알려진 생물학적 영향으로 글리포세이트와 직접 연관될 수 있는 질병 목록에 대해 (p값 유의 수준이 0.00001보다 적은) 상관계수가 **0.95 이상**으로 계산되면, 그럴듯한 **인과관계**로 고려하는 편이다."[2]

만약 나의 예상대로 선진국에서 글리포세이트 노출 때문에 실제로 인간 건강이 저하된다면, 앞으로 어떻게 해야 할지 자문해볼 필요가 있다.

글리포세이트가
미생물의 대사 경로를 방해하는 법

식물이 글리포세이트 영향을 받으면 방향족 아미노산 트립토판, 티로신, 페닐알라닌 생성에 쓰이는 대사 경로인 시킴산 경로가 교란된다. 시킴산 경로로 생성되는 이러한 물질은 식물 내 단백질, 비타민, 색소, 호르몬, 신경전달물질 등 생리활성물질의 전구체다. 글리포세이트가 시킴산 경로를 교란하면 식물은 죽는다. 이렇게 글리포세이트는 매우 효과적인 제초제가 된다. 식물의 시킴산 경로가 교란되면 다른 생물체가 어떤 영향을 받는지는 현재 논쟁 대상이다.

몬산토 연구원과 업계 지원을 받는 과학자는 시킴산 경로가 인간 세포에는 없으므로 글리포세이트가 인간에 해가 되지 않는다고 단정한다. 하지만 알다시피 우리 몸속 많은 미생물이 시킴산 경로를 **가지고 있다**. 모든 세균이 글리포세이트에 똑같이 민감하지 않다. 핀란드의 연구진은 생물정보학 접근법을 사용하여 장 속 어떤 미생물 종이 글리포세이트 독성에 민감할지 예측했다. 연구 결과 장에서 찾아낸 종의 54퍼센트가 글리포세이트 민감성 EPSP 합성효소를 갖고 있었다.[3]

인간은 식단을 통해 이 세 가지 방향족 아미노산을 얻을 수 있다. 그러나 글리포세이트가 시킴산 경로를 **가진** 모든 것을 죽이고, 인간의 많은 마이크로바이옴이 여기에 포함된다는 건 매우 중요한 문제다. 영양분을 공급하고, 소화를 돕고, 건강한 장점막 방어벽을 유지하고, 건강한 면역 체계 발달을 촉진하기 위해 인간이 의존하는 미생물 말이다.

한 예로, 티아민B1, 리보플래빈B2, 니코틴산B3, 판토텐산B5, 피리독신B6, 비오틴B7, 엽산B9, 코발아민B12의 비타민B군은 미생물총의 게놈 평가에 따르면 인간 미생물의 협력으로 생성된다. 또한 체내에서 생성된 비타민B군은 음식으로 공급된 비타민B군을 크게 증강한다는 것이 추가로 드러났다. 인간 세포는 이 비타민을 만들어내지 못한다. 하지만 총체적으로 우리 몸의 미생물 편승자는 이러한 필수 영양소의 합성에서 다양한 단계에 특화된 효소를 많이 포함하고 있다. 그리고 이러한 미생물 중에는 시킴산 경로의 작동에 의존하는 것이 많다.[4]

글리포세이트가 식물, 진균, 세균의 시킴산 경로를 공격할 때는 주로 EPSP 합성효소라고 불리는 효소에 집중한다. 합성효소는 분자 두 개를 결합하여 세 번째 분자인 그 산물을 만드는 효소다. EPSP 합성효소에서는 포스포에놀피루브산phosphoenolpyruvate: PEP과 시킴산-3-인산shikimate-3-phosphate: S3P이 그 두 분자다.

EPSP 합성효소는 PEP에서 인산을 떼어낸다. 여기에서 생성된 에너지는 EPSP 합성효소가 남은 조각을 S3P와 함께 '봉합'하여 5-에놀피루빌시킴산-3-인산EPSP을 생성하는 것을 돕는다. 이 인산은 반응에 활력을 불어넣는 고에너지 인산 결합을 깨기 때문에 중요하다. 나중에 알게 되겠지만, 글리포세이트는 인산 부위에서 PEP와 EPSP 합성효소의 결합을 방해한다.

EPSP는 시킴산 경로에서 최종 결과가 아니라 중간대사물이다. 이 경로의 주목적을 달성하기 위해 EPSP는 다른 효소들로 인해 더 처리되어 트립토판, 티로신, 페닐알라닌의 세 가지 방향족 아미노산을 만든다. 인간 세포들은 EPSP 합성효소를 비롯해 시킴산 경로의 어떤 효소도 가지고 있지 않다. 이런 이유로 인간은 이러한 아미노산의 생산을 위해 음식과 장내 미생물에 의존한다. 이것이 **필수** 아미노산이라고 불리는 이유다.

이러한 아미노산은 단백질 생성에만 필수적이지 않다. 인간의 생명 활동에서 중대한 역할을 하는 다른 분자들도 많이 만든다. 많은 비타민B와 신경전달물질 세로토닌, 멜라토닌, 도파민, 에피네프린, 갑상샘호르몬, 그리고 피부를 태우는 멜라닌 등이 대표적이다.

실험을 통해 글리포세이트가 특히 PEP에 부착된 인산을 방해함으로써 PEP와 EPSP 합성효소의 결합을 차단한다는 것이 드러났다. 지금은 이런 현상이 있다는 것만 알아주기를 바란다. 이는 유사한 기전을 통해 글리포세이트가 다른 효소에 어떤 영향을 주는지 예측하는 데 상당한 의미가 있다. 따라서 4장과 5장에서 다시 다룰 것이다.

비인간 생명체로 바글거리는
인간의 몸속

우리는 스스로 인간이라고 생각한다. 하지만 우리 각각은 비인간 생명체, 즉 우리 안에 살고 있는 미생물로 바글거린다. 과학자들은 비인간 동거자들을 통칭하는 이 '마이크로바이옴'이 인간 건강에서 중대한 몫을 한다는 것을 이해하기 시작했다. 장내 마이크로바이옴은 인간의 장을 집으로 하는 **수조 개**의 세균, 바이러스, 진균이 모여 있는 집합체다.

인간과 미생물의 관계는 주로 공생 관계다. 미생물은 숙주 세포들이 스스로 합성하지 못하는, 생물학적으로 유용한 분자를 모두 만들어내며 인간을 위해 많은 일을 한다. 인간의 내장에만 100조 종의 미생물이 서식한다고 추정된다. 알려지기로는 미생물 세포가 인간 세포보다 10배 이상 많지만, 인간 세포와 '겨우' 일대일 정도로 아주 비슷하다고 제시하는 상세한 분석도 있다.[5] 그렇더라도 미생물들의 집단 게놈이 인간보다 적어도 100배 많은 DNA 부호를 가지고 있다는 점은 논란의 여지가 없다.[6]

지난 세기 동안 인체에 관한 연구에서 장내 마이크로옴은 거의 무시되었다. 나는 장내 마이크로옴이 잘 기능했던 게 어느 정도 기인했다고 본다. 인간은 미생물이 자신을 위해 하는 모든 일을 알아차리지 못했다. 그럴 필요가 없었기 때문이다. 상황은 이미 달라졌다. 음식을 소화하지 못해 복통을 일으키는 아기부터 뭐만 먹었다 하면 배가 아픈 스물일곱 살짜리 친구 여동생까지, 장의 염증이 더 많아지고 인간은 그 어느 때보다 고통스럽다.

장관腸管의 균형이 무너지면, 뇌도 손상받을 위험이 있다. 과학자들은 내장과 뇌가 긴밀하게 소통하고 있음을 이해한다. 위장관과 중추

신경계 사이에서 일어나는 신호 전달은 장-뇌 연결축gut-brain axis이라고 불린다. 소통은 림프계, 혈액 순환, 미주신경을 통해 일어난다.[7] 이 소통의 많은 부분이 장내 미생물이 방출한 신호와 연관된다.[8] 이제 많은 사람이 알츠하이머병, 루게릭병(근육 위축증), 자폐증, 우울증, 파킨슨병, 류머티즘 관절염 등 여러 현대병이 장에서 비롯된다고 믿는다.

장내 미생물은 해마의 신경세포 생성을 촉진하는 데 필수적이다. 해마는 두뇌 발달, 즉 신경 생성에 중심적인 역할을 한다. 항생제는 이 과정에 심각한 악영향을 끼칠 수 있다. 어느 생쥐 연구에 따르면 항생제 치료는 뇌에서 면역세포의 일종인 단핵구의 수를 줄였다. 위 속에 항생제를 넣어 생쥐를 치료하자 뇌 기능에 뚜렷한 결함이 나타났다. 특히 새로운 물체가 재도입될 때 사물인식 능력이 가장 심각하게 저하되었는데, 이는 신경화학적 뇌 활성의 특정 변화와 관련된다. 연구자들은 장내 불균형으로 이러한 인지 기능 장애가 초래되었다고 봤다.[9] 이에 따르면 항생제가 충격적으로 뇌를 훼손할 수 있다.[10]

사람마다 고유한 마이크로바이옴을 가지고 있으며, 수많은 종이 인간뿐 아니라 미생물과의 공생 관계를 통해 내장에 동거하고 있다. 어느 종이 장악하느냐는 태어날 당시 엄마의 마이크로바이옴에 어느 정도 달려 있다. 제왕절개 출산은 마이크로바이옴의 균형을 깨뜨려 아기의 장내 미생물이 피부에 정상적으로 서식하는 종과 흡사해진다고 알려져 있다. 이는 내장 속 알맞은 균형을 달성하는 관점에서 아이에게 힘든 출발일 수 있다.[11]

또한 모유는 보통 유아 내장에서 번성하는 *락토바실러스* 종에 영양을 공급한다. 특히 *락토바실러스 카제이*Lactobacillus casei는 모유 속 젖당을 마음껏 먹는다.[12] 이 세균들은 단순한 '우호적 미생물' 그 이상 이다. 인간을 질병에서 보호하고 건강을 유지해주며 음식 소화에 필 수적인 역할을 하는 공생자다. 아기가 고형식을 먹기 시작하면, 마이 크로바이옴은 새로 도입된 음식의 풍부한 영양분을 수용하기 위해 크게 변화한다.

자폐증과 유사한 장애를 비롯해 뇌 기능이 저하된 아동 대다수는 내장 질환을 앓는다.[13] 염증성 장 질환 및 장 누수 증후군은 병원균과 독성 미생물의 대사물질이 전신 순환에 들어갈 수 있게 해 뇌를 비롯 해 전신에 염증 반응을 일으킬 수 있다.[14] 만성 저등급 뇌병증이나 뇌 의 염증도 기분 장애와 인지 문제와 관련이 있다.

예를 들어, 과학자들은 자폐증을 앓는 아동이 그렇지 않은 아동보 다 장 속에 클로스트리듐Clostridia 균뿐 아니라 그 변종까지 더 많다는 사실을 찾아냈다.[15] 또한 클로스트리듐 균이 생성한 독성 대사물질 과 뇌병증 사이에 강한 연관성이 있다. 클로스트리듐 균은 락토바실 러스와 *비피도박테리아* 같은 다른 장내 미생물보다는 글리포세이트 에 덜 민감하다. 따라서 나를 비롯한 일부 과학자들은 글리포세이트 가 미생물의 불균형을 일으켜 뇌 손상에 기여하는 독성 대사물질을 생성하게끔 유도한다고 가정했다.

실제로 모체 면역 활성화maternal immune activation라는 과정을 통해 동 물의 뇌 손상을 유도할 수 있다.[16] 2013년 과학자들은 임신 중 모체 면역 활성화와 자녀의 자폐증 행동 특성 간의 연관성을 발견했다. 뇌가 손상된 생쥐의 장내 미생물 분포도 놀라웠다. 이 쥐들은 박테로이데스 프라질리스Bacteroides fragilis가 부족했지만, 4-에틸페닐설페이트4-ethylphenylsulfate: 4EPS라는 대사물질을 만들어내는 클로스트리듐 종들이 가득했다. 4EPS 대사물질은 대조군에서보다 자폐증을 앓는 쥐들에서 46배 더 많이 발견되었다. 이 대사물질은 자폐증을 앓는 인간에게서 증가한다고 알려진 p-크레졸과 유사하다.[17]

박테로이데스 프라질리스가 강화된 프로바이오틱스, 즉 생균제를 쥐들에게 처치하자 자폐증 증상이 개선되어 불안 유사 행동이 감소하고 4EPS 혈중 수치가 떨어졌다. 이와 동시에 놀라운 발견이 있었는데, 대조군의 쥐들을 4EPS에 노출하는 것만으로도 불안을 **유도**할 수 있었다. 뇌의 건강과 면역 체계의 건강은 복잡하게 얽혀 있다. 건강에 좋지 않은 마이크로바이옴은 뇌와 면역 체계를 모두 위태롭게 한다. 박테로이데스 프라질리스의 결핍은 자폐증과 관련이 있는데, 놀랍게도 박테로이데스 프라질리스는 바이러스 감염으로부터 숙주를 보호한다고도 알려졌다.[18]

틀림없이 인간과 생쥐 모두 생후 첫 몇 주 동안 건강한 장내 마이크로바이옴이 뇌의 건강에 매우 중요하다. 마이크로바이옴이 건강하지 않은 생쥐는 보통 생쥐보다 더욱 극심한 스트레스 반응을 보인다. 그리고 스트레스 징후로 혈장 부신피질자극호르몬ACTH과 코르티코스테론이 상승한다. 하지만 생쥐들의 내장이 *비피도박테리움 인판티스*Bifidobacterium infantis로 조기에 복원되면, 지나친 스트레스 반응이 사라진다. 발달 후기 단계까지 건강하지 않은 미생물의 균형이 개

선되어야만 뇌 문제가 사라질 수 있다.[19]

쉽게 무너지는
장벽

장과 혈액의 건강에서 중요한 측면은 pH에 미치는 산과 염기의 균형이다. pH는 화학에서 수소 양이온(H+)과 수산화 이온(OH-)이 얼마나 많은가를 나타낼 때 쓰는 용어다. pH 0은 강산이다(수소 양이온이 많다). pH 14는 강염기다(수산화 이온이 많다). pH는 0에서 14까지의 범위로 측정된다. 따라서 pH 7은 수소 양이온과 수산화 이온의 수가 똑같은, 정확히 중성이다.

인체는 복잡한 메커니즘을 통해 혈액과 장 내강內腔의 pH를 알맞게 유지한다. 혈액은 보통 pH 7.3~7.4로 약염기를 띤다. 생체분자들은 장액의 pH에 영향을 미친다. 한 예로, 아세트산(초산)은 산이고 암모니아는 염기다. 장 속에 암모니아가 많고 아세트산이 적으면, 장의 pH는 높아질 것이다. pH 변화는 장내 미생물의 활동과 대사 활동에 복잡한 영향을 미친다.

1970년대에도 연구자들은 락토바실러스와 비피도박테리아처럼 산을 좋아하는 종이 건강한 장에 중요하다고 알고 있었다. 마이크로바이옴에 관한 이야기가 유행하기 훨씬 전인 1973년에 과학자들은 락토바실러스와 비피도박테리아 같은 산성 친화 균을 증식하면

"대장균Escherichia coli처럼 부패성 암모니아를 생성하는 생물체의 증식이 줄어들 수 있다고 추측했다."[20] 인간은 몸속에 글리포세이트에 가장 민감한 세균에 속하는 락토바실러스와 비피도박테리아가 더 많을수록 건강이 개선된다.[21]

배설물의 pH와 결장의 글리포세이트 검출량 사이에는 강한 상관관계가 있다.[22] 또한 맹장 속 아세트산 검출량과 글리포세이트 검출량 사이에는 강한 **역** 상관 관계가 있다. 즉 글리포세이트가 미생물의 아세트산 생성을 방해하여 장의 pH 상승에 영향을 끼칠 수 있다. 글리포세이트는 장의 pH를 높이고 아세트산의 수치를 낮춘다. 이는 글리포세이트가 장내 미생물의 아세트산 합성을 방해하기 때문일 가능성이 크다. 아세트산은 세포의 에너지 생산을 위해 시트르산 회로에 들어가는 아세틸조효소 Aacetyl coenzyme A 분자의 전구체이므로 중요하다.

인체는 음식 소화를 돕는 전문 효소를 만든다. 글리포세이트는 이러한 소화효소에 침투할 수 있다. 그래서 글리포세이트에 만성적으로 노출된 이후에는 글리포세이트의 소화효소 침투가 pH 상승의 또 다른 원인이다. 앤서니 삼셀과 나는 돼지에게서 채취한 소화효소인 트립신, 펩신, 리파아제에서 글리포세이트 오염 정도가 몹시 높다고 보고했다.[23]

글리포세이트는 지방을 소화하는 리파아제뿐 아니라 단백질을 소화하는 트립신과 펩신의 기능을 교란할 수도 있다. 트립신과 펩신에 장애가 있어 소화되지 못한 단백질이 결장에 들어가면 장내 마이크로바이옴으로 인해 분해되며 암모니아를 방출할 수 있다.[24] 앞에서 설명했듯이 암모니아는 강염기로, 곧 결장의 pH가 높아진다는 뜻이다. 이름에서 알 수 있듯 아세트산은 산이어서 pH를 낮춘다. 하지만 아세트산은 글리포세이트의 영향으로 감소한다.

위장관 표면은 서로 단단하게 연결된 상피세포 단일 층으로 이루어져 있다. 이 세포들은 복합적 생체 소재의 점액으로 덮여 있으며, 이 점액은 세포를 손상에서 보호하는 장벽을 형성한다. 뮤신이라는 고도로 황화된 당단백질로 이루어진 점액은 가스, 영양소, 많은 단백질을 통과시킨다.[25] 건강한 상태에서 점액은 뛰어난 장벽을 형성하여 내장을 손상할 수 있는 산물의 공격으로부터 세포의 표면층을 안전하게 지켜준다. 결장의 뮤신은 황산기의 밀도가 특히 높은데, 황산기는 뮤신이 잘 분해되지 않도록 보호한다고 알려져 있다.[26]

인간 모유의 주성분은 황산헤파란, 콘드로이틴황산, 데르마탄황산을 포함하여 황산화된 뮤신이 풍부한 복합 당단백질이다.[27] 통칭 올리고당이라고 불리는 이 당단백질들은 인간 세포가 대사하지 못하는 복합 당을 대량 함유한다. *비피도박테리아*, 특히 *비피도박테리움 인판티스*는 인간 모유에 들어 있는 황산화된 뮤신의 신진대사에 특화되어 있다. 일단 부모 단백질에서 분리되면, 황산화된 뮤신은 유아의 장점막 방어벽에 결합하여 장점막 방어벽이 건강하게 유지되도록 돕는다. *비피도박테리움 인판티스*는 올리고당의 복합 당을 젖산과 아세트산으로 대사하여 결과적으로 장의 pH를 낮춘다.

2018년 어느 연구팀이 1920년대까지 거슬러 올라가며 시간별 유아 내장의 pH 추이를 조사했다.[28] 그들이 세운 작업가설은 현대 환경에서, 특히 부유한 국가에서 유아의 장내 마이크로바이옴에 *비피도박테리아*의 지배력을 떨어트리는 무언가가 있다는 것이었다. 2021년 모유의 올리고당을 완전히 대사할 수 있는 *비피도박테리움 인판티스* 종이 현재 미국 유아의 내장에 유난히 희박하다고 밝혀졌다.[29]

1913년에 유아 내장은 *비피도박테리움*의 '순수 배양(오염 없이 미생물 단일종을 배양하는 것–옮긴이)'이나 다름없었다.[30] 오늘날 여러 연구에 따르면 유아 내장에는 훨씬 다양한 미생물이 섞여 있으며 유아는 모유의 올리고당을 **소화하지 못하고** 대량 배설한다.[31] 1980년 이전에는 배설물의 pH가 5.5 미만이었던 반면, 1980년 이후에는 pH가 5.5 이상이었으며 2000년 이후에는 (6.5까지) 최고로 높아졌다. 과학자들은 이러한 pH 변화가 최근 수십 년간 인간 내장에서 *비피도박테리아* 종이 매우 감소한 데서 기인한다고 가정한다.

글리포세이트는 1975년에 먹이사슬에 들어왔고, 라운드업 레디 유전자 변형 작물은 1990년대 중반에 도입되었다. *비피도박테리아*는 그간 연구된 미생물 중 글리포세이트에 가장 민감하다.[32] 산모의 글리포세이트 노출이 모유의 *비피도박테리아* 감소뿐 아니라 조산과 난산의 위험 증가와 관련 있다는 것이 밝혀지기도 했다.[33]

인디애나주의 임산부를 대상으로 한 연구에서는 조산과 소변의 글리포세이트 수치 사이의 연관성을 발견했다.[34] 모유만 먹은 유아가 *비피도박테리움 인판티스*를 잃으면 매우 중요한 면역훈련 기간 동안 만성 장염으로 이어진다.[35] 제왕절개 분만 증가, 항생제 사용 증

가, 분유를 먹이는 관행 증가 등도 *비피도박테리아* 손실에 영향을 끼친다.[36]

인간은 악순환에 빠진다. 영아용 조제분유는 대부분 글리포세이트에 오염되어 있다. 브라질산 두유는 글리포세이트 수치가 1,000피피비(농도의 단위로 10^{-9}이자 1피피엠의 1,000분의 1─옮긴이)에 이른다고 밝혀졌다.[37] 두유로부터 글리포세이트에 노출되면 *비피도박테리아*가 감소하며, 이로 인해 내장 pH를 유지하고 장점막 방어벽을 형성하는 뮤신의 건강한 재순환이 방해된다. 또한 아데노신삼인산ATP 형태로 미토콘드리아 에너지 생산에 연료를 공급하는 꾸준한 아세트산 공급도 방해를 받는다.

효소 반응, 근육 수축, 이온 수송, 기타 활동을 지원하는 데 이용할 에너지를 ATP의 마지막 인산에 의존하는 단백질이 많다. 두유를 먹이면 유아는 삼중 타격을 입는다. 콩 자체가 내분비교란물질이고, 두유에는 (모유에 풍부한) 건강한 뮤신을 유지하고 *비피도박테리움 인판티스*의 성장을 지원하는 당단백질이 함유되어 있지 않다. 두유 속 글리포세이트는 마이크로바이옴의 균형을 무너뜨리고 더 나아가 그 보호막을 약화한다.

미생물의
글리포세이트 저항 전략

마이크로바이옴의 균형과 건강에 영향을 주는 한 가지 요인은 다양한 세균 종이 글리포세이트로부터 자신을 얼마나 보호할 수 있느냐에 달렸다. 세균은 글리포세이트에 대한 저항력을 얻기 위해 몇몇 영리한 전략을 개발해왔다.

일부는 자연적으로 저항력이 있다. 그런 세균들의 EPSP 합성효소 형태는 글리포세이트의 영향을 받지 않는다. 한 예로, 병원에서 널리 문제가 된 황색포도상구균*Staphylococcus aureus*은 글리포세이트에 둔감한 형태의 EPSP 합성효소를 가진다.[38] 이보다 민감한 버전의 EPSP 합성효소를 가진 종들은 글리포세이트로 낮아진 활성을 보상하기 위해 EPSP 합성효소를 매우 과잉 생산하도록 진화했다. 심지어 특수 효소를 통해 글리포세이트를 분해하여 영양 공급원으로 사용하는 세균도 있다.

세균이 사용하는 다른 전략은 글리포세이트를 세포 안으로 운반하는 유전자를 변형하여 글리포세이트의 침입을 막는 것이다. 글리포세이트는 아미노산인 글루탐산을 세포 안으로 운반하는 단백질에 편승하여 세포 안으로 들어오는 것 같다. 흥미롭게도, 토양세균인 고초균*Bacillus subtilis*은 글루탐산을 수송하는 단백질을 부호화하는 유전자가 기능 장애형 돌연변이 형태로 진화했다. 이러한 변화는 세포로 인한 글리포세이트 흡수를 차단한다.[39] 이러한 발견에 따르면 글리포세이트가 글루탐산 운반 경로를 따라 세포에 들어갈 수 있다. 글루탐산과 글리포세이트는 대략 같은 크기로 모두 음전하를 띠는 아미노산이다.

또 다른 미생물들은 글리포세이트를 대사할 수 있는 유전자를 완벽하게 만들어 저항력을 키웠다. 미생물의 입장에서 '이상적인' 방안인데, 그 과정에서 글리포세이트를 파괴하기 때문이다. 한 예로, 감염을 일으키는 균종인 슈도모나스*Pseudomonas*의 한 변종, 녹농균*Pseudomonas aeruginosa*은 글리포세이트를 완전히 대사할 수 있는 몇 안 되는 종 가운데 하나다. 이는 녹농균의 출현이 병원에서 주요 문제로 부상한 원인일 수 있다.[40] 한편 글리포세이트를 대사할 수 있는 미생물은 체내에서 글리포세이트를 제거하므로 그 숙주에게는 이로울 것이다. 우리는 생물학적 체계를 이렇게 어설프게 고치는 것이 어떤 결과를 가져올지 충분히 이해하지 못한다.

강력한 병원균의 등장

지난 세기 동안 페니실린 같은 항생제는 한때 치료할 수 없던 감염을 치료하는 데 큰 도움이 되었다. 1939년 독일 태생의 영국인 화학자 에른스트 체인Ernst Chain은 여덟 마리의 생쥐에게 연쇄상구균*Streptococcus*의 악성 변종을 주사했다. 그러고는 네 마리에게는 페니실린을 주사하고 나머지 넷은 처치 없이 두었다. 오전에 치료받은 쥐들은 살았고 다른 쥐들은 모두 죽었다. 체인 박사와 수 세대의 사람들이 페니실린을 기적으로 묘사할 만하다.[41]

불행하게도 이 기적은 예기치 못한 문제로 이어졌다. 몇십 년 만에 항생제에 내성이 있는 강력한 병원균들이 무시무시한 위협이 되었다. 다제내성 녹농균, 약제내성 *살모넬라균*, 메티실린 내성 황색포도상구균, 약제내성 *폐렴구균*Streptococcus pneumoniae, 반코마이신 내성 *장구균*Enterococcus 등이다.[42] 항생제 내성은 이미 치료 불가능한 치명적인 감염을 유발했고 더 많은 감염을 일으키리라 예측되며 세계적 걱정거리가 되었다.

과학자들은 어느 항생제에 만성적으로 노출되면 병원균이 다른 항생제에 대한 내성을 광범위하게 발달시킬 수 있음을 알게 되었다. 글리포세이트가 **항생물질**임을 기억하자. 몬산토는 2010년 미생물의 감염을 제어하는 **항생제** 용도로 특허를 냈다.

음식과 물속 글리포세이트에 만성적으로 노출되면, 저용량 항생제를 장기 복용하는 것과 같다. 글리포세이트로 효과가 향상되는 항생제도 있지만, 역효과를 내는 항생제도 있다. 특히 글리포세이트는 흔히 사용되는 항생제인 시프로플록사신(시프로)과 카나마이신에 대한 *대장균*과 *살모넬라 티피뮤리움*Salmonella typhimurium의 반응성을 **떨어트린다.**[43] 저용량 글리포세이트에 동시다발적으로 노출되면 여러 항생제에 치명적인 영향을 받을 수 있다.

2019년 어느 국제 연구팀이 항생제가 독감 감염에 대해 처음 면역 반응을 일으키는 폐의 신호 기전을 방해한다는 것을 발견했다.[44] 항생제가 처치된 생쥐들이 독감 바이러스에 감염되면 결과가 더 심각하다. 하지만 항생제에 노출되지 않은 쥐의 분변 이식이 독감 바이러스에 감염된 쥐의 장 건강을 회복하고 독감에 대한 폐의 회복력을 높인다는 점에서 의미가 크다. 이 발견은 박테로이데스 프라질리스가 바이러스 감염으로부터 숙주를 보호한다는 연구 결과와 일치한다.

이게 무슨 의미일까? 항생물질 글리포세이트에 만성적으로 노출되면 코로나19COVID-19를 포함해 독감과 여타 호흡기 감염에 더 취약해질 수 있다.

고통받는
장의 비밀

결장의 장내 미생물은 장을 지나오며 소화되지 못한 복합 탄수화물을 분해한다. 생균제(프로바이오틱스)로 알려진 이러한 탄수화물은 세균으로 인해 주로 아세트산, 프로피온산, 부티르산 등 단사슬 지방산으로 전환된다. 이 세 가지 지방산의 균형은 장의 pH에 크게 좌우되며 장 건강에 큰 영향을 미친다.[45]

부티르산은 결장의 표면에 늘어선 (대장 세포라고 불리는) 상피세포의 주요 영양소라서 건강한 장점막 방어벽 유지에 특히 중요하다. 여기서 주목할 점은 연구 결과 쥐를 과도한 프로피온산에 노출하여 자폐증 유사 행동을 유도할 수 있었다는 점이다.[46] (프로피온산과 자폐증과의 관계에 대해서는 9장에서 다시 다루겠다.)

pH 환경을 통제한 장내 미생물 연구에서 pH와 미생물총에 관한 글리포세이트의 영향과 일맥상통하는 주목할 만한 패턴이 드러났다.[47] 5.5의 낮은 pH는 부티르산 생산을 촉진하는데, pH 6.5에서보다 pH 5.5에서 네 배 더 높았다.[48] 장의 pH를 높이면 글리포세이트는 부티르산을 감소시킨다. 이번 연구 결과 박테로이데스속의 특정 병원성 변종은 pH가 높을수록 증가해 세균의 78퍼센트에 달하는 것으로 나타났다.

35세 미만에서 종종 진단되는 고통스러운 염증성 장 질환인 크론병은 박테로이데스속의 증가와 결장 내 부티르산 감소와 관련이 있다.[49] 크론병의 증상은 복통, 심한 설사, 피로, 체중 감소, 영양실조다. 염증성 장 질환은 핵심 작물에 대한 글리포세이트의 사용 증가에 발맞추어 미국에서 점점 증가하고 있는 질병 중 하나다.

칸디다균과
부어오른 장

크론병을 오래 앓은 71세 남성의 고통은 수십 년간 글리포세이트 노출로 인한 문제가 증가하고 있음을 보여준다.[50] 2016년 사례 연구 대상이었던 이 남성은 1987년 직장암 수술을 받았다. 2012년부터 소장에 염증 관련 재발성 장폐색뿐 아니라 소장 내 세균 과잉 증식증 SIBO으로 설사와 복부 팽만 증상이 나타나기 시작했다. 소장 내 세균 과잉 증식은 장이 짧아지거나 손상되면 영양소 흡수가 저하되어 영양소가 장에 오래 머무르면서 병원균의 과잉 증식을 도울 때 발생할 수 있다.

2013년과 2014년 내내 이 남성은 세균 과잉 증식을 억제하고자 항생제 치료를 반복했다. 불행하게도 세균 종이 줄어들면 칸디다균 같은 효모의 기회감염 가능성이 생긴다. 이 남성은 계속되는 체중 감소를 멈추고자 당糖을 더 먹기로 했다. 하루에 콜라 6~8병과 설탕이 많이 든 간식을 먹기 시작했다. 그러나 설사가 재발하면서 항생제 치료가 재개되었다.

이 불쌍한 남성은 브레인 포그에 시달리며 걷는 것을 힘들어하기 시작했다. 부인은 그가 어눌하게 말하는 것을 알아차렸다. 이후 남성은 샤워하다가 쓰러져 급히 병원에 실려 갔고, 응급실 의사들은 아무 이상도 찾지 못했다. 집으로 돌아온 남성은 증상이 악화되어 다음 날 응급실로 돌아왔다. 이번에는 검사 결과 혈중 에탄올 수치가 1데시리터당 234밀리그램으로 나타났다(80 이상이면 '음주운전'으로 간주되고 300~400 이상이면 사망 위험이 있다). 그렇지만 그는 30년 넘게 술을 한 방울도 마시지 않았다!

이 놀라운 시나리오는 항생제가 남성의 장내 미생물을 제거하여 효모, 특히 높은 당 섭취로 더욱 힘을 얻은 칸디다균이 과잉 증식한 것으로 설명된다. 효모가 설탕을 알코올로 발효시키고 있었다! 이러한 현상을 내인성 에탄올 발효로 일컬으며, 자동 양조 증후군으로도 화려하게 알려져 있다. 자동 양조 증후군은 트림, 만성피로, 방향 감각 상실, 현기증, 구강 건조증, 숙취, 과민성 장 증후군 등 많은 불편한 증상을 초래한다. 또한 불안, 우울증, 생산성 저하로 이어질 수 있다.[51]

이 남성의 사례는 극단적이지만, 오늘날 많은 사람이 자신도 모르게 이와 비슷하지만 증상이 가벼운 증후군에 시달리고 있다. 이는 심신을 약화하는 잔인한 악순환이다. 염증은 칸디다균으로 인한 지배를 촉진하여 염증성 병변의 치유를 늦춘다. 연구에 따르면 크론병, 궤양성 대장염, 위궤양, 십이지장궤양을 앓는 환자의 37~86퍼센트가 *칸디다균* 과잉 증식을 겪는다.[52] 오늘날 급속히 확산되는 칸디다증은 내장과 체내 다른 곳에서 *칸디다균*이 과잉 증식된 탓이다.[53]

2장에서 언급한 대로, 진균증으로 인한 다발성 사망도 1980년 1,557명에서 1997년 6,534명으로 매우 증가했다.[54] 칸디다, 아스페르길루스, 크립토코쿠스*Cryptococcus*, 기타 진균 종들이 일으키는 죽음이다. 미국에서 진균으로 인한 패혈증 사례는 1979년에서 2000년 사이에 207퍼센트 늘었다.[55] 글리포세이트는 결코 소화 장애의 주원인으로 보이지 않는다. 대신 의사는 환자에게 '원인을 알 수 없는' 병이라고 말한다. 하지만 가장 근접한 원인은 불가사의할지라도 근원은 매우 분명해 보인다. 잡초와의 전쟁에서 인간의 장내 미생물이 2차 피해를 입은 것이다.

글리포세이트는
어떻게 우리의 장을 해치는가?

의사들은 여러 위병과 소화기 장애와 함께 고통스러운 배변 활동과 배변 불능이 어린이와 성인 모두에서 증가하고 있다고 보고한다. 1989년에 변비는 미국 인구의 2퍼센트에서 발생했다.[56] 현재는 9퍼센트에서 20퍼센트 사이로 추산된다.[57] 변비로 병원 응급실을 찾는 숫자는 단 5년 만에 42퍼센트로 증가했다.[58]

글리포세이트가 변비와 무슨 상관일까? 대개 미국의 표준 식단 탓이다. 미국인들은 섬유질을 충분히 먹지 않아 장이 둔해질 수 있다. 아마 "앉아 있는 건 새로운 형태의 흡연이다"라는 말을 들어봤을 것이다. 인간은 이전보다 앉아서 생활하는 시간이 늘어났고, 활동이 없어 변비를 악화할 수 있다. 탈수도 변비의 원인일 수 있어, 변비에 시달리는 사람은 물을 더 많이 마시라는 말을 듣는다.

하지만 가공식품과 재래농 식품 속 제초제 잔류물 역시 책임이 있다. 장 마비는 급성 글리포세이트 노출의 심각한 반응 중 하나다.[59] 글리포세이트에 만성적으로 노출되면 소화관에 당장이 아니든 덜 심각하든 비슷한 문제가 일어날 것이다. 보통 장내 미생물은 대부분 대장에서 산다. 하지만 장 속 내용물의 움직임이 느려지면 풍부한 양분을 이용할 수 있어 미생물들이 평소에 속하지 않던 소장에서 번성할 수 있다. 이는 소장 내 세균 과잉 증식으로 이어질 수 있다.

연동운동 둔화는 변비로 이어지고, 게다가 손상된 소화효소들은 단백질을 암모니아로 대사해 장의 pH를 높인다. 결국 아세트산, 프로피온산, 부티르산 같은 단사슬 지방산의 균형에 영향을 미친다. 부티르산이 적으면 결장의 점막 세포가 굶게 되어 세균과 진균이 생성한 독성 대사산물이 새는 장점막 방어벽을 뚫고 전신 순환에 들어갈 수 있다.

글리포세이트가 얼마나 해로운지 이해하려면 체내 개별 세포와 세포 내 세포소기관, 마지막으로 세포 사이를 지나는 분자를 조사해야 한다. 이 생리 작용을 조사하면, 흐릿한 이미지들이 선명해진다. 글리포세이트는 인간의 장을 해치고 인간에게 가장 필요한 세균 종을 우선하여 죽인다. 음식 소화에서부터 학습, 기억, 기분에 영향을 미치는 화학물질 합성에 이르기까지 모든 것을 도와주는 미생물들이다. 글리포세이트가 공생 관계의 세균을 전멸하면 병원균과 병원성 진균이 번성한다.

식물의
방어 능력을 빼앗다

인간의 장과 지구의 토양은 공통점이 아주 많다. 둘 다 제대로 기능하기 위해 다양한 미생물에 의존한다. 근권은 세균과 진균, 그리고 너무 작아서 현미경으로만 볼 수 있는 기타 생물체로 바글거린다. 장내 미생물과 마찬가지로, 일부 토양 미생물은 글리포세이트에 매우 민감하다. 예를 들어, 대두는 질소고정 세균인 브래디리조비움 자포니쿰Bradyrhizobium japonicum과 공생 관계에 있다. 불행하게도 이 세균은 글리포세이트가 킬레이트화한 니켈에 의존하므로 글리포세이트 없이는 질소를 고정할 수 없다.

식물이 질소를 효과적으로 고정하지 못하면, 농부들은 종종 질소 비료와 인산비료 같은 화학비료를 많이 추가할 것이다. 화학비료는 수원으로 흘러가 호수와 하천에서 산소를 고갈시켜 부영양화와 독성 조류의 대량 발생을 초래할 수 있다.

심지어 GMO 기술을 통해 내성이 있는 EPSP 합성효소를 가진 식물조차 글리포세이트 노출로 고통받을 수 있다. 글리포세이트 내성을 지닌 유전자 변형 콩과식물에 관한 2017년 연구에서 글리포세이트가 뿌리혹에서 질소고정 용량을 줄인 것이 증명되었다.[60] 토양세균 측면에서 글리포세이트의 독성은 흙 속에 망간이 풍부해도 라운드업 레디 식물의 망간 흡수를 방해한다. 글리포세이트에 내성이 있는 대두와 글리포세이트로 처리된 옥수수의 뿌리는 대조군에 비해 병원성 진균인 푸사륨Fusarium에 심하게 장악될 수 있다.[61]

또한 시킴산 경로 교란으로 식물의 탄소 고정 용량과 영양 밀도가 줄어들 수 있다. 식물은 대기에서 탄소를 흡수하여 유기화합물을 만든다.[62] 정상 조건에서는 20퍼센트에 달하는 유기화합물이 시킴산 경로를 통해 이동한다. 식물이 해충이나 병원균의 공격 또는 가뭄이나 이상 고온 같은 스트레스 상황에 놓이면, 시킴산 경로를 통해 이동하는 탄소량이 증가한다. 시킴산 경로에서 유래된 많은 복합 분자

는 스트레스 요인에 대항하는 식물 방어에 중요하다.[63]

다채로운 과일과 채소에 존재하는 폴리페놀과 플라보노이드 같은 분자 또한 항산화 방어로써 그것을 섭취하는 식물과 인간을 이롭게 한다. 스스로 항산화 방어를 만드는 식물의 능력을 억제하면, 인간에게 항산화 방어를 제공하는 식물의 능력을 억제하는 셈이다. 연구에 따르면 글리포세이트에 노출된 식물로 식품을 만들면 영양소 조성이 크게 바뀐다.

식물 대사의 다른 측면도 글리포세이트로 인해 방해받는다. 동남아시아와 인도 요리의 주종인 녹두는 글리포세이트로 처리되었을 때 효소의 변화 및 DNA 손상의 증거가 발견되었고, 단백질 함유량도 눈에 띄게 감소했다.[64] 식물의 광합성 역시 글리포세이트에 악영향을 받는다. 대두는 엽록소 합성을 방해하는 글리포세이트 때문에 광합성이 손상되어 황갈변(황백화)을 겪는다.[65]

카렐리아에서
배우는 교훈

카렐리아의 북유럽 지역은 1939년 동쪽 일부가 러시아에 양도될 때까지 핀란드에 속했다. 빽빽한 타이가, 거대한 호수, 고대 화산으로 이루어진 이 혹독하게 추운 땅은 생활방식이 만성질환에 미치는 영향을 연구할 수 있어 과학자에게 놀라운 기회의 땅이다. 핀란드의 카렐리아는 러시아의 카렐리아에 비해 알레르기 발생률이 2~6배, 1형 당뇨병 및 기타 자가면역질환 발생률이 5~6배 높다.[66] 연구진들은 오랫동안 그 이유를 알아내기 위해 노력해왔다.

위생 가설에 대해 들어본 적이 있다면 그 답을 알 수도 있다. 부유한 국가의 사람들은 '매우 깨끗해짐'으로써 무심코 자가면역질환을 키우고 있는지도 모른다. 인체는 면역 체계 단련을 위해 미생물에 노출되어야 한다. 수처리, 저온 살균, 식품 살균, 방사선, 항생제, 백신, 토양 노출 감소 등 '발전된' 사회와 관련 있는 이 모든 것이 왜 핀란드 어린이가 러시아 어린이보다 허약한지 설명하는 데 도움이 될 수 있다.

하지만 뭔가가 더 있다. 당뇨병에 걸린 핀란드 어린이들은 장에 박테로이데스 도레이*Bacteroides dorei*가 과잉 증식했다.[67] 그와 동시에 핀란드 유아 중 10퍼센트만이 유익한 세균인 *비피도박테리아 롱검 인판티스Bifidobacteria longum infantis*를 가지고 있다. 그에 비해 러시아 아기들은 중요하고도 유익한 이 변종을 유아기 내내 높은 수준으로 유지한다.[68] *비피도박테리아* 결핍과 그에 따라 높아진 배설물의 pH는 염증을 선호하는 세균을 촉진하고 장내세균 불균형을 조장한다.[69] *비피도박테리아*가 글리포세이트 노출에 취약한 만큼, 글리포세이트는 장내 pH 상승과 유관하다는 점을 기억하자.

핀란드 어린이는 국경 너머에 있는 러시아 어린이보다 수년 전부터 글리포세이트에 더 많이 노출되고 있다. 1999년부터 핀란드에서는 농업, 특히 곡물에 글리포세이트 사용이 크게 증가했다. 2001년 이래, 핀란드 정부는 해양으로 흘러 들어가는 인산염을 최소화하고자 농부에게 무경운 농업(앞의 작물을 재배한 후 밭을 갈지 않고 다음 작물을 재배하는 농법−옮긴이) 보조금을 지원해 왔다.[70] 유기농 무경운 농업은 생태계에 탁월할 수 있지만, 글리포세이트 계열 화학물질 기반의 무경운은 그렇지 않다.

핀란드 어린이가 글리포세이트에 오염된 음식을 먹는 동안, 러시아 대통령 블라디미르 푸틴Vladimir Putin은 러시아를 세계 유기농 식품의 중심지로 만드는 데 열성적이었다.[71] 2015년부터 러시아는 유전자 변형 작물 재배를 금지했고, 2016년 6월부터 농업에 유전자 변형 식물의 사용이 전면 금지되었다. 또한 해외에서 유전자 변형 식품을 수입하는 것도 불법이다. 산업용 화학물질로 망쳐지지 않아 토양이 비옥한 러시아는 그간 농약을 통한 식량 생산에 반대해왔다. 음식, 물, 옷에 글리포세이트 노출이 덜한 상황에서, 러시아 카렐리아의 어린이가 핀란드 어린이보다 건강한 것이 놀라운 일일까?

TOXIC LEGACY

4장

단백질은 어떻게 교란되는가?

●

인간은 때때로 진실에 걸려 넘어지지만,
대부분은 아무 일 없었다는 듯 몸을 일으켜 서둘러 떠난다.

윈스턴 처칠 Winston Churchill

시간이 지나면서 몸 전체에 서서히 손상을 입히리라 예상되는 글리포세이트의 사악한 기전이 있다. 글리포세이트에 노출된 인간들의 대사 질환, 신경 질환, 자가면역질환, 종양 질환의 걱정스러운 증가는 물론, 글리포세이트에 노출된 *제왕나비*, 양서류, 꿀벌, 바닷속 산호 등 많은 동물이 겪는 극심한 고통을 이 기전으로 밝힐 수도 있다. 앤서니 삼셀과 내가 옳다면, 그 결과는 매우 충격적이며 우리 모두 지구 생명체의 미래를 몹시 걱정해야 할 것이다.

글리포세이트는 특별하다. 연구자들은 시킴산 경로에서 EPSP 합성효소를 유사하게 억제하는 분자가 더 있는지 열심히 찾아봤지만 실패했다. 실제로 몬산토 연구진은 글리포세이트의 질소 원자를 산소나 황으로 대체하면(글리포세이트가 $C_3H_8NO_5P$임을 기억하자), 그러한 분자가 글리포세이트와 모양과 크기는 거의 같지만 EPSP 합성효소 억제에 아무런 효과가 없음을 발견하고 놀랐다.[1]

연구자들은 글리포세이트와 모양 및 생물물리학적 특성이 비슷해 보이는 분자 수천 개를 실험했지만, 어떤 것도 시킴산 경로에서 EPSP 합성효소를 억제하기는커녕 글리포세이트에 근접하지 못했다.[2] 왜 다른 화학물질들은 실패했을까? 나는 그것들이 아미노산 글리신의 유사체가 아니어서라고 의심한다. 차차 설명하겠지만 글리포세이트는 많은 중요한 단백질에서 글리신을 치환하여 기능을 멈출 가능성이 있다. 이 점이 글리포세이트 노출이 다양한 질병 증가에 영향을 끼치는 이유의 상당 부분을 차지한다고 생각한다.

단백질
입문

단백질은 몸속의 일꾼이다. 다양한 반응을 촉진하는 효소로서, 칼슘과 칼륨 등 미네랄이 막을 통과하게 해주는 이온 경로로서, 호르몬 같은 신호 전달 분자에 반응하는 수용체로서 여러 역할을 한다. 또한 단백질은 세포의 포도당 흡수를 유도하는 인슐린, 천연 내인성 오피오이드natural endogenous opioid(내부에서 생성된 아편 같은 물질로 통증 조절 기능의 신경전달물질-옮긴이)인 엔케팔린처럼 자체만으로 호르몬이거나 신호 전달 분자일 수도 있다. 콜라겐 같은 단백질은 관절에 인장 강도와 탄력성을 제공하며 구조를 구성하는 역할을 한다. 단백질은 머리카락, 손톱, 피부, 뼈의 상당 부분을 형성한다.

단백질은 어떻게 합성될까? 단백질은 구슬 목걸이처럼 DNA가 배열한 패턴에 따라 아미노산이 조립되며 만들어진다. 고유의 단백질 부호화 아미노산은 20개뿐이다(344쪽 표 A. 1 참고). 그중 하나가 글리신($C_2H_5NO_2$)이다. 실제로 글리신은 가장 작고 간단한 아미노산이다. 모든 아미노산에는 중심 탄소(또는 알파 탄소), 아미노기, 카복실기, 수소, 알킬기가 있다.

아미노산을 구별하는 것은 여분의 조각 또는 '곁사슬'인 알킬기로, 알킬기는 아미노산이 각 단백질의 다양한 기능을 할 수 있도록 돕는다. 곁사슬이 수소 원자 하나뿐인 글리신은 출입구처럼 여닫아야 하는 이온 통로 등 유연성을 요구하는 상황에 흔히 보인다. 글리신은 크기가 작아 단백질이 부피가 큰 기질에 결합하는 부위에서도 유용하다.

DNA의 각 부호는 아데닌(A), 구아닌(G), 시토신(C), 티민(T)의 네 가지 뉴클레오티드에서 세 글자 배열로 구성된다. 글자 배열 방법은 (AAA, AAG, AAC, AAT, AGA, AGG 등) 64가지가 있지만, 단백질 부호화 아미노산은 20개뿐이다. 즉 아미노산마다 부호가 여러 개다. 글리신의 경우 모든 부호가 구아닌 두 개로 시작해서 'GGX'로 표시할 수 있으며 여기서 'X'는 모든 뉴클레오티드가 올 수 있는 '와일드카드'다. 따라서 GGA, GGG, GGC, GGT가 글리신 부호의 전부다.

아미노산마다 전달 RNAtRNA 합성효소라는 특수 효소가 있어서 각각의 세 글자 조합을 '검색하고' 사슬에서 다음에 올 아미노산을 찾는다. DNA 부호가 글리신을 요구하면 글리신 특화 tRNA 합성효소가 글리신을 연결한다. tRNA 합성효소에는 자물쇠의 열쇠처럼 끼우는 조각과 글리신 분자가 잘 들어맞는 주머니 모양의 다른 조각이 있다. 이렇게 세포에 필요한 글리신 분자와 글리신 부호를 연결한다. 모양이 잘 맞을수록 더욱 좋다.

만약 수소 원자보다 큰 곁사슬이 있을 공간이 없다면, tRNA 합성효소는 아미노산을 잘못 고르는 실수를 할 수 없다. 하지만 글리신을 앞의 아미노산과 연결하려면 글리신의 질소 원자가 효소의 주머니 **밖**에 있어야만 한다. 그 안에 숨어 있을 수 없다. 이것이 글리포세이트에 중요한 영향을 미친다.

글리신과 마찬가지로 글리포세이트는 곁사슬이 수소 원자 하나뿐이어서 글리신을 찾는 주머니에 완벽하게 들어맞는다. 하지만 글리포세이트는 질소 원자에 여분의 물질이 더 부착되어 있다. (이 여분의 물질은 곁사슬이 붙는 알파 탄소에 부착된 게 아니므로 엄밀하게는 곁사슬이 아니다.) 이 여분의 물질이 차지하는 부피 때문에 이웃한 아미노산에 따라 글리포세이트 치환을 막을 수 있지만, 글리포세이트가 주머니에 들어맞는 것을 막지는 못한다.

글리포세이트 치환에 가장 취약한 글리신 잔기는 왼쪽에 글리신, 알라닌, 프롤린, 세린 등 작은 아미노산이 있는 것들이다. (잔기는 둘 이상의 아미노산이 단백질 또는 펩티드라는 더 작은 사슬로 결합할 때 남는 것이다.) 글리포세이트가 EPSP 합성효소의 활성을 교란하여 식물을 죽인다는 사실을 다시 떠올려보자. EPSP 합성효소는 보통 글리포세이트가 방해하는 곳에 알라닌을 앞세우고 글리신 잔기를 가진다.

일부 생물체의 EPSP 합성효소에는 글리신 대신 알라닌이 있으며, 이런 생물체들은 모두 글리포세이트의 영향을 받지 않는다. 장에서 번성하는 많은 병원균과 진균은 글리포세이트로부터 보호된다. 알라닌이 글리신을 치환하기 때문이다. 이웃 아미노산을 부피가 더 큰 것으로 교체하여 글리포세이트 분자를 밀어내며 글리포세이트의 글리신 치환을 막아 자신을 보호하도록 진화한 생물체들도 있다. 이런 생물체들 역시 글리포세이트에 둔감하다.

돌연변이는
유도된 진화일까?

인간 유전자 돌연변이에 관한 통계 연구에 따르면, 특정 아미노산이 다른 아미노산으로 치환되는 (치환 오류라고도 알려진) DNA 부호 변화에 더 취약하다. 아르기닌은 치환에 가장 취약한 아미노산이다. 아르기닌의 DNA 부호는 CGT, CGC, CGA, CGG, AGA다. 이 중 네 개에 뉴클레오티드 'CG'쌍이 있음을 눈치챘을지도 모르겠다. CG쌍은 다른 부호보다 돌연변이 가능성이 높다. 실제로 CG가 TG로 또는 CG가 CA로 치환될 가능성이 다른 치환보다 13배 크다. 그래서 아르기닌은 다른 아미노산보다 치환 오류에 더 취약하다. 아르기닌의 부호 다섯 개 중 네 개에 CG 서열이 들어 있다.[3]

아르기닌에 이어 두 번째로 돌연변이가 쉬운 아미노산이 글리신이다. 또한 변이된 글리신의 왼쪽에 또 다른 글리신이 있을 때, 즉 GG 서열에서 돌연변이가 가장 자주 일어난다.[4] 하지만 글리신이 왜 그렇게 높은 비율로 변이되는지는 알 수 없다. 또한 왼쪽에 글리신 이웃을 둔 글리신이 특히 취약한 이유도 파악하지 못했다. 나는 GG 서열의 두 번째 글리신이 글리포세이트가 맞바꾸기에 이상적인 지점이라고 본다. 글리신은 곁사슬로 수소 원자 하나만 가지고 있는 가장 작고 간단한 아미노산이다. 따라서 글리포세이트의 질소 원자에 부착된 추가적인 메틸포스포닐기 덩어리를 위해 가장 많은 공간을 '옆 집'에 남겨둔다.

이 현상은 글리포세이트 이상의 의미가 있다. 특정 펩티드 서열에 대한 스트레스 요인을 감지하며 변경하라고 압박하는 생물학적 기전이 있음을 암시하기 때문이다. 질병을 유발하는 유전자 돌연변이는 실제로 스트레스 징후가 될 수 있다. 생물체가 펩티드 서열 위 특정 스트레스 위치에 돌연변이 압력을 어떻게 증가시키는지는 확실하지 않지만, 그런 일이 일어나고 있는 듯하다. 왜 그런 일이 일어나는지도 똑같이 중요한 질문이다.

학교에서는 보통 진화적 변화로 이어지는 유전자 돌연변이는 무작위라고 배우지만, 완전한 무작위성은 생물학적 또는 진화적으로 말이 되지 않는다. 만약 생물학적 기전으로 특정 단백질, 그리고 그 단백질 내 스트레스를 가장 많이 받는 특정 영역을 감지할 수 있다면, 그러한 스트레스 영역을 대상으로 한 진화 전략이 환경 변화에 적응하는 능률적인 경로가 될 것이다. 이 가상의 기전은 최상의 변화를 선택할 정도로 '영리'하지 않을 수도 있다. 이 경우 돌연변이는 나쁜 선택이 되어 변형된 생물체는 번성하지 못할 것이다. 그러면 고전적인 다윈의 진화는 그러한 실패한 변형을 걸러내는 역할을 할 것이다.

내 가설은 이렇다. 글리포세이트가 중요한 곳에서 글리신과 맞바꾸어 단백질의 기능을 교란하기 때문에, 예민한 특정 글리신 잔기 주변에 스트레스를 유발하여 해당 지점에서 돌연변이 비율이 증가한다.

생명과학 시간에 라마르크의 진화론을 배웠을 수도 있다. 1744년 프랑스에서 태어난 박물학자 장 바티스트 라마르크Jean Baptiste Lamarck 는 획득 형질이 미래 세대에 전해질 수 있다고 주장했다. 라마르크는 생명이 고정되어 있지 않음을 이해했다. 환경이 변하면 생물체들은 살기 위해 변해야 한다. 라마르크의 진화론은 여전히 논쟁의 여지가 있고 라마르크 또한 나쁜 평가를 받는 편이지만, 그가 중요한 뭔가를 알고 있었을지도 모른다.

라마르크는 내가 '유도된 진화'라고 생각하는 현상을 제안했다. 즉 생물체가 환경 스트레스 요인이 가장 큰 피해를 주는 곳을 인식하여 게놈에서 그 구역들을 수정하여 해결책을 찾으려고 하는 현상이다. 변형 단백질은 대부분 실패할 가능성이 있지만, 때때로 승리를 거둔 생물체는 번성한다. 이것이 다윈의 적자생존 원리다.

흥미롭게도 질병을 유발하는 치환 오류가 가장 많이 일어나는 인간의 단백질은 (단일 염기 다형성 또는 SNPs라고 불리며 '스닙스'라고 읽는) 포도당-6-인산탈수소효소glucose-6-phosphate dehydrogenase: G6PD다.

G6PD는 적혈구에서 활동하는 단백질로, 5장에서 자세히 설명하겠지만 글리포세이트 치환에 특히 민감하다. 만약 글리포세이트가 계속해서 우리 환경의 일부가 된다면, 게놈에 취약한 글리신 잔기를 잃고 제대로 기능할 수 있는 단백질을 생성하는 돌연변이를 획득한 생물체가 '성공'할 것이다.

질병을 유발하는
아미노산 유사체

단백질 합성은 오류가 발생하기 쉬운 과정이다. 과학자들은 체내 모든 단백질 중 약 15퍼센트가 오역된(전사 과정에서 나온 mRNA 부호를 인식해 단백질을 합성하는 과정에서 오류가 생기는 것—옮긴이) 아미노산을 적어도 하나는 가지고 있다고 추정한다.[5] 세포들은 단백질을 조립하는 동안 부주의하다. 정확성보다는 효율성이 우선이며 할당된 작업을 수행하기(또는 수행하지 않기) 위해 올바른 방식으로 단백질을 형성하는 복잡한 단백질 접힘 과정 중에서 오류는 나중에 제거된다.

단백질이 정확하게 접히고 제 역할을 할 수 있는지는 정교한 생물학적 메커니즘이 결정한다. 숲의 관리인이 제거하려는 병든 나무에 따로 표시를 해놓는 것처럼, 만약 결함이 있다면 유비퀴틴ubiquitin이라는 특수 단백질 분자가 '이 단백질을 제거하라'고 꼬리표를 붙이듯 결함 있는 단백질에 결합한다. 분해에 특화된 단백질들이 꼬리표 달린 단백질을 부수고, 이번에는 더 나은 산물을 목표로 조립 과정이 다시 시작된다.

아미노산 유사체가 단백질 합성 과정에서 단백질 부호화 아미노산을 치환하여 이후 질병을 일으킬 수 있다는 생각은 논쟁 대상이 아니다. 여러 아미노산이 독성을 지녔다고 알려진 천연 유사체들을 가지고 있다. 몇 가지 예를 들어보겠다.

말이집(수초) 염기성 단백질의 기능 장애는 뇌와 척수의 심각한 질환인 다발성경화증과 관련이 있다. 다발성경화증은 신경 전달을 보호하기 위해 신경 섬유를 감싸는 말이집에 발생한다. 말이집 염기성 단백질에 중요한 아미노산인 프롤린은 사탕무에서 생성되는 천연 유사체를 가지고 있다.[6] 그래서 일부 과학자들은 다발성경화증이 사탕무 농장에 가까이 사는 사람들에게 더 만연하다고 주장한다.[7]

김의털속Festuca에 속하는 파인 페스큐fine fescue는 보통 힘든 환경에서 1년 내내 자라는 강인한 잔디 풀이다. 김의털속에 속하는 종들은 메타-티로신meta-tyrosine이라고 알려진, 페닐알라닌의 비부호화 아미노산 유사체를 근권에 대량 방출한다. 페닐알라닌은 뿌리의 성장을 유도한다. 반면 메타-티로신은 세포에 독성이 있어서 뿌리의 성장을 방해하는 천연 제초제다.[8]

한편 글루포시네이트는 글루탐산의 천연적으로 존재하는 아미노

산 유사체다. 글리포세이트 내성 잡초의 등장으로 농업에서 제초제로 점점 더 많이 사용된다.[9]

그리고 세린의 유사체인 BMAA는 남세균으로 인해 생성된다. 알려지기로는 BMAA가 제2차 세계대전 이후 몇 년간 괌에서 유행했던 루게릭병과 유사한 질병을 유발한다고 본다. BMAA는 단백질 접힘 과정에 오류를 초래했고, 결국 수십 년 후에 병을 야기했다.[10] 2장에서 언급한 대로, 남세균이 생성한 BMAA는 육지로 밀려와 좌초된 돌고래에게서 발견된 아밀로이드 베타 단백질의 응집에 책임이 있다고 여겨진다.

하나 더, 엘-아르기닌l-arginine의 아미노산 유사체인 엘-카나바닌l-canavanine은 존 크라카우어Jon Krakauer의 책 《야생 속으로Into the Wild》의 주인공 크리스 맥캔들리스의 죽음에 책임이 있다고 여겨진다.[11] 엘-카나바닌은 맥캔들리스가 죽음에 앞서 몇 개월간 대량 섭취했던 야생 감자의 씨앗에서 자연적으로 발생한다.

단백질 부호화 아미노산마저 다른 단백질 부호화 아미노산을 치환하면 지나치게 독성이 강할 수 있다고 알려져 있다. 글리신은 그 자체만으로도 문제를 일으키지만, 심지어 알라닌을 치환할 수 있다. 이는 글리신 과잉 보충에서 나타나는 주요 독성 기전이다.

또 다른 아미노산인 호모시스테인의 높은 수치는 심혈관 질환의 위험성 증가와 관련된다. 메티오닌이 부족할 때 호모시스테인은 메티오닌을 치환한다. 실제로 이는 매우 흔한 일이어서 문제가 되는 호모시스테인을 단백질 사슬에서 강제로 쫓아내는 기전이 갖추어져 있다. 염증성 물질이자 심혈관 질환의 가장 강력한 예측 변수 중 하나인 호모시스테인 티오락톤homocysteine thiolactone으로의 전환이 이 기전에 포함된다.[12]

시킴산 경로에서
온 증거

글리포세이트가 단백질 합성 과정에서 글리신을 치환한다는 가장 놀라운 증거는 시킴산 경로의 효소인 EPSP 합성효소에 미치는 영향으로부터 나온다.[13] 글리포세이트가 잡초를 죽이는 주요 메커니즘 중 하나는 EPSP 합성효소를 억제하는 것이다. 과학자들은 이러한 독성 기전을 확신하기 어려워 자신이 목격한 것을 적절하게 설명하지 못하지만, 이 주제에 대해 여러 연구가 발표되었다.

글리포세이트의 방해 기전에 관해 현재 인정된 이론은 다음과 같다. 글리포세이트가 일반적으로 EPSP 합성효소의 특정 주머니에 딱 들어맞는 기질인 포스포에놀피루브산PEP과 경쟁한다는 것이다. 다시 말해 글리포세이트가 PEP 기질인 '척'하여 PEP가 EPSP 합성효소와 결합하는 것을 막는다.

알다시피 식물과 미생물의 종류에 따라 EPSP 합성효소가 달라지지만, 특정 펩티드 서열, 즉 LGNAG를 공유하는 것이 많다. 피튜니아, 대장균, 토마토, 애기장대, 대두, 옥수수에 모두 이 서열이 있다.

이 펩티드 서열에 두 개 있는 G를 주목하자. 'G'는 글리신을 나타낸다. 두 번째 글리신에 주목할 만하다. 여러 종의 식물과 미생물은 글리신이 알라닌으로 치환된 EPSP 합성효소를 가지고 있다. 이 합성효소는 예외 없이 글리포세이트에 내성이 있다.[14]

몬산토의 화학자이자 라운드업 레디 기술의 공동 발명자인 스티븐 패젯Stephen R. Padgette 박사가 이끄는 연구팀은 글리신 잔기를 알라닌으로 치환하는 실험을 통해 실험실에서 EPSP 합성효소를 변형할 수 있었다.[15] 그들은 특정 부위 돌연변이 유도라는 방법을 사용해 글리신 대신에 알라닌으로 DNA 부호를 바꿨다. 그들이 실험한 원본은 모두 글리포세이트에 민감했지만, 알라닌으로 치환된 변종은 모두 글리포세이트에 내성이 있었다.[16]

실험실에서 글리신과 알라닌을 교환해 만들어낸 변종 효소는 PEP 기질과도 결합하지 않는다. 알라닌에는 메틸기(CH_3)가 더 있기 때문이다. 이 메틸기는 PEP가 편안하게 들어맞아야 하는, 단백질 울타리 안을 가득 메운다. 두 번째 글리신이 아닌 주변 아미노산 두 개를 교환하는 다른 EPSP 변형도 글리포세이트에 내성이 강하지만 PEP 결합에도 지장을 주지 않아 이상적인 상황이다.

이 두 치환 중 하나는 아미노산 트레오닌을 메틸기가 더 있어 부피가 더 큰 아미노산 이소류신으로 바꾸는 것이다. 이 메틸기는 단백질 합성 과정에서 글리포세이트의 글리신 치환을 막으며 이웃 글리포세이트를 몰아낼 수 있다. 또한 프롤린이 세린으로 교체되는 두 번째 치환이 없다면 PEP 결합을 교란할 가능성도 있다. 이 두 번째 치환으로 주머니 속에는 여분의 공간이 생겨 PEP는 비록 원래 위치에서 약간 옮겨졌더라도 이제 편안하게 들어갈 수 있다.[17]

흥미롭게도 LGNAG 펩티드 서열에서 알라닌으로 두 번째 글리신을 치환할 때, 기질 PEP를 대체하며 작용하는 여러 억제제는 글리신과 있을 때와 마찬가지로 효과적이다. 이 여러 억제제는 계속해서 PEP 결합을 억제할 수 있어야 한다. PEP가 맞아떨어지면 억제제 역시 맞아떨어져야 하기 때문이다.

따라서 중요한 질문은 이렇다. 왜 다른 억제제들은 괜찮은데 글리포세이트는 이 변형으로 막힐까? 답은 글리포세이트의 작용 원리가 다른 억제제들과는 딴판이라는 것이다. 즉 글리포세이트는 PEP를 독립적인 분자로서 대체하기보다는 효소의 펩티드 서열 내 글리신을 치환한다. 글리포세이트의 독성 메커니즘에 대한 널리 인정되는 설명이 글리포세이트가 PEP인 '척'해서 PEP와 EPSP 합성효소의 결합을 막는 것임을 떠올려보자.

여러 억제제가 정확히 이런 식으로 작용하므로 이해할 만한 가정이지만, 또 다른 차이가 있다. 글리포세이트는 기질로 PEP를 사용하는 여러 효소에 PEP가 결합하는 것을 억제하지 않는다.[18] 이러한 효소에는 활성 부위에 글리포세이트가 쉽게 치환할 수 있는 글리신 잔기가 없어서 그럴 것으로 추정된다(활성 부위는 단백질에서 반응이 일어나는 위치다).

유전자 조작 옥수수의
뒷이야기

'주기적으로 분포하는 짧은 회문 구조 반복서열' 또는 크리스퍼 유전자 가위CRISPR는 과학자들이 그 어떤 게놈의 DNA도 쉽고 정확하게 편집할 수 있게 하는 강력하고 새로운 유전자 편집 기술이다. 크리스퍼 개발로 에마뉘엘 샤르팡티에Emmanuelle Charpentier 박사와 제니퍼 다우드나 Jennifer Doudna 박사는 2020년 노벨 화학상을 받았다.

크리스퍼를 적용할 수 있는 분야는 많다. 유전자 결함을 수정하고, 질병을 치료하고, 질병 확산을 예방하며, 제초제·가뭄·기타 스트레스 요인에 대한 농작물 저항력 개선 등 다양하다. 크리스퍼는 강력한 도구이지만 우리는 아직 이 도구가 어떻게 작용하고 세포에 어떤 뜻밖의 결과를 가져올지 알지 못한다. 생명 윤리 문제와도 많이 맞물려 있다.[19]

2018년 다우듀폰DowDuPont 연구진은 글리포세이트에 대한 농작물의 저항력을 키우기 위해 크리스퍼를 적용했다.[20] 12명의 연구진은 먼저 다양한 글리포세이트 내성 잡초와 미생물에서 추출한 여러 가지 EPSP 합성효소의 유전자 서열을 조사했다. 그 결과 펩티드 서열 LGNAG의 두 번째 글리신이 글리포세이트 민감성에서 중대한 역할을 한다고 관측되었다. 즉 두 번째 글리신이 다른 것으로 치환될 때마다 효소는 보호된다. 연구진은 그 후 DNA 부호를 수정하여 일곱 가지 EPSP 변종 옥수수를 생산했다. 일곱 가지 변종은 모두 서열에서 두 번째 글리신을 알라닌으로 치환하는 것으로 시작되었다.

완전히 성공하려면 알라닌의 추가 메틸기로 인해 줄어든 PEP 결합 부위의 크기를 늘리기 위해 효소를 더 변형해야 했다. 그들은 성공적인 글리포세이트 내성 돌연변이 잡초들을 본떠서 이를 달성할 수 있는 다양한 방법을 찾아냈다. 이것은 종자 육성의 관점에서 충격적인 의미가 있다. 화학 기업들이 크리스퍼 기술 덕분에 (식물의 게놈에 외래종의 유전자를 삽입하지 않아서) 규제 기관에서 GMO 작물로 간주하지 않을, 식물의 원래 EPSP 합성효소를 통한 유전자 조작 작물을 만들어 특허 가능한 글리포세이트 내성 종자를 생산할 수 있다는 뜻이다. 이를 막기 위해 우리가 뭔가를 하지 않는다면, 장차 식용작물에 글리포세이트를 훨씬 더 많이 사용하는 광경을 볼 수도 있다.

다우듀폰 연구진은 선수를 치며 이렇게 설명했다.

"알려져 있는 모든 돌연변이가 직간접적으로 작용하는 곳은 G101 (GNAG의 두 번째 G, 대장균의 96번 잔기에 해당)과 글리포세이트의 포스폰산 산소 원자의 접촉 부위다."[21] (두 단백질의 길이가 달라서 식물의 단백질 버전은 대장균에 비해 중요 글리신 잔기가 96번에서 101번까지 잔기 다섯 개만큼 밀려 있다.) 정확하지는 않았지만 근접한 설명이었다. 그들은 101번에서의 글리신 잔기와 글리포세이트의 포스폰산 '사이의 접촉'을 언급했다. 하지만 글리포세이트의 포스폰산은 실제로 '글리신' 분자의 **일부**다. 글리신은 글리포세이트와 교환되었다. 이 돌연변이들 전부 단백질이 조합될 때 글리포세이트를 몰아내고 있다.

다우듀폰 연구진은 특히 글리신-알라닌 치환을 포함해, PEP의 활성 부위 주변에서 몇몇 변형이 뒤따르는 D2c-A5라는 EPSP 변종에 흥분했다. 이 변종은 PEP에 잘 결합하면서도 글리포세이트에 완전히 둔감한 덕분에 효과적이었다. 이후 그들은 한 가지 방식으로 D2c-A5를 변형하는 일종의 '역방향' 실험을 했다. 알라닌이 치환했던 자리에 글리신을 복원하는 것이었다.

글리신으로의 복원은 글리포세이트 민감성을 거의 완전히 되돌렸다. 또한 효소의 촉매 활성을 다소 떨어트렸는데, 연구진은 PEP의 결합 부위가 너무 커져서 알라닌의 메틸기가 손실되었기 때문이라고 주장했다.[22] 이 실험은 글리포세이트가 주머니 속 PEP를 치환하는 것 이외의 기전을 통해 그 효과를 발휘한다는 것을 분명하게 보여준다.

2005년 필수 아미노산 류신이 101번 잔기에서 프롤린을 치환하는 EPSP 합성효소가 발견되었다. 연구자들은 PEP와 EPSP 합성효소의 결합 부위를 실제로 방해하지 않았기 때문에 이 변형이 어떻게 작용하여 글리포세이트를 억제하는지 설명하기 어려웠다. 하지만 원래의 프롤린 잔기와는 다르게 류신이 96번 잔기에서 글리신을 밀어냈음을 깨달았다. 그들은 글리포세이트가 PEP가 아닌 글리신을 치환한다는 진짜 이유도 모른 채, 어쨌든 그 치환이 PEP보다 글리포세이트에 더 많은 영향을 미칠 수 있다고 주장했다.[23]

불길하게도 이 EPSP 합성효소는 병원성 *황색포도상구균*이 생산하는 자연 합성효소로, 앞서 언급했듯이 여러 항생제에 내성이 있어 병원 내 큰 문제로 떠오르고 있다. 이렇듯 *황색포도상구균*의 글리포세이트에 대한 자연 내성은 다른 세균을 죽이는 글리포세이트가 존재하는 상태에서도 번성할 수 있는 이점을 주었다.

단백질의 일부가 된
글리포세이트

우리는 글리포세이트가 조직에 축적되지 않고 몸을 빠르게 통과해 대소변으로 배설된다고 믿게끔 유도되었다. 하지만 몬산토 자체 연구에서 그렇지 않다고 증명되었다. 블루길은 기력이 넘치고 힘이 센 물고기이며, 인기 좋은 낚싯감으로 어부에게 잡히면 거세게 싸운다. 1989년 몬산토 연구진은 블루길을 글리포세이트에 노출했고, 그다음 방사성 탄소를 사용해 블루길의 조직에 글리포세이트가 얼마나 많은지 확인했다.

처음에는 글리포세이트로 식별되는 방사성 표시가 17~20퍼센트뿐이었다. 연구진이 단백질을 아미노산으로 분해하는 소화효소를 사용하자 글리포세이트 꼬리표를 단 방사성 표지가 70퍼센트였다. 그들은 글리포세이트가 "단백질에 단단히 연결되었거나 **그 속에 통합되어**" 처음에는 숨겨져 있었다고 결론지었다.[24]

등골이 오싹할 만한 결론이다. 글리포세이트는 블루길의 조직에 들어가 그 **일부가 되었다**. 즉 글리포세이트에 노출된 모든 동식물의 조직에 글리포세이트가 **포함된다**는 것을 암시한다. 유죄를 입증하는 듯한 이 연구 결과는 대중에 공개되지 않았지만, 동료 앤서니 삼셀이 정보 공개법Freedom of Information Act 청구를 통해 미국 환경보호국에서 미발표된 연구 사본을 입수했다.[25]

듀폰 연구진은 닭과 염소가 포함된 방사성 글리포세이트 실험도 수행했다.[26] 그들은 두 동물의 조직 표본뿐 아니라 그 닭의 알에서 글리포세이트를 찾아냈다. 블루길 실험과 마찬가지로, 대량의 글리포세이트가 처음에는 동물 단백질에 분자 수준으로 통합되어 숨겨져 있었다. 글리포세이트는 단백질이 아미노산 성분으로 분해된 후에야 개별 분자로 해방되며 모습을 드러냈고 그제야 기술로 검출될 수 있었다. 글리포세이트는 조직에서 순환하는 자유 분자가 아니었다. 동물 단백질을 치환한 '프랑켄슈타인' 단백질의 필수적인 부분이었다.

글리포세이트로 인한
단백질 합성 교란

나는 세포이며 내 생명을 관리하느라 바쁘다. 내 생명의 많은 부분이 단백질 생성과 관련되어 있다. 수용체, 효소, 이온 수송체, 구조적 토대 등 모든 것에 단백질을 사용한다. 다른 단백질을 만드는 단백질과 결함 있는 단백질을 부수는 단백질도 만든다. 일단 새로운 단백질이 생성되면 그걸 접어서 단백질이 제 역할을 할 수 있도록 정확한 모양으로 만든다.

하지만 글리포세이트나 다른 아미노산 유사체가 내가 필요한 단백질을 손상하기 시작하면 문제에 휘말리게 된다. 이미 설명했듯이 단백질 합성 과정은 허술하다. 다른 단백질을 만드는 단백질은 부호를 낚아채 부호별로 기다란 '종이 인형' 끈을 조립하느라 바쁘다. 하지만 다른 단백질을 합성하는 단백질은 성급해서 세심하게 주의를 기울이지 않는다. 모두가 빨리빨리 바쁘게 돌아가는 조립 공정이라고 생각해보자. 글리신 부호를 보고 글리포세이트를 잡아채 종이 인형 끈 속에 쓱 밀어 넣는 실수를 하기 쉽다.

하지만 생물체는 이러한 생화학적 실수를 바로잡을 방법이 있다. 잘못을 알아차리는 기능을 하는 단백질들은 마치 조립 공정의 품질 관리자와 같다. 결함 있는 단백질에 표지를 달아 불합격을 표시하며, 다른 단백질에 손상된 상품을 아미노산 성분으로 분해하라고 신호를 보낸다. 단백질 합성과 분해의 과정은 모든 생물에서 항상 진행되고 있다. 그러나 글리포세이트가 존재하는 상태라면 불량품 더미로 가는 단백질이 훨씬 더 많다. 너무 많은 단백실이 부서지며, 쓸모없고 해로운 순환이 일어난다.

세포에는 특정 단백질의 제작 방법을 지시하는 명령어 부호인 RNA 서열이 있다. 2008년에 처음 등장한 RNA 서열 분석 방법으로 과학자들은 단백질 발현을 전체적으로 조사할 수 있게 되었다. 단백질 합성 과정에서 글리포세이트가 글리신을 어떻게 치환하는지 분명히 알 수 있다.

2016년 식물 병리학자와 환경 과학자로 구성된 팀이 식물의 근권에 사는 미생물들의 게놈을 분석했다. 그리고 유전자 발현에서 글리포세이트 노출로 인한 많은 교란을 발견했다. 관찰된 여러 변화 중에서 더 많은 단백질을 합성하는 데 필요한 단백질의 합성이 크게 증가했다. 그리고 단백질을 아미노산 성분으로 분해하는 단백질도 증가했다.[27]

단백질 합성과 분해에 관여하는 단백질은 글리포세이트에 반응해 교란된다. 왜 이런 일이 벌어질까? 글리포세이트가 단백질에 통합될 때 식물뿐 아니라 동물 그리고 아마 인간에서도 종종 고장을 일으키기 때문이다. 생물체가 결함 있는 단백질을 대체할 때는 먼저 결함 있는 단백질을 분해한다. 그리고 이를 바로잡으려는 새로운 시도로서 해방된 부품 아미노산으로부터 새로운 버전을 합성해야 한다.

불편한 진실에 대한
과학계의 반발

일부 생화학자는 단백질 합성 과정에서 글리포세이트가 글리신을 치환한다는 생각을 부정한다. 2019년 런던의 연구팀은 글리포세이트가 그렇게 작용하지 않음을 입증했다고 주장했다. 그들은 인간의 유방암 세포를 엿새간 글리포세이트에 노출했다. 그다음 직렬 질량 태그 표지법tandem mass tag labeling이라는 정교한 기술을 사용하여 이례적으로 무거운 글리신 분자를 함유했다고 알려진 아미노산 짧은 사슬을 확인했다. 이 단백질은 비정상적으로 무거운 단백질을 검출하

기 위해 질량 분석법으로 분석되었다.[28]

과학자들은 표본에서 두 가지 다른 변형을 실험했다. 글리옥실레이트 변형 시스테인과 글리신을 치환한 글리포세이트다. 그들은 시스테인 잔기와 결합할 수 있는 글리옥실레이트로 글리포세이트가 분해된다는 가설을 세우고 글리옥실레이트 변형을 찾고 있었다. 그러나 대조군과 실험군 어디에서도 글리옥실레이트 변형 시스테인은 검출되지 않았다. 반면 실험군 표본의 여러 짧은 펩티드에서 글리포세이트 신호를 대거 찾았지만…… 대조군 표본에서도 똑같이 강한 신호를 찾았다!

이 실험에는 몇 가지 실수가 있었는데, 나는 연구의 결론을 무효화할 만큼 명백한 문제 때문으로 본다. 노출된 유방암 세포와 그렇지 않은 유방암 세포 모두 아미노산과 비타민을 포함한 고농도 포도당 배지인 둘베코 변형 이글 배지Dulbecco's Modified Eagle Medium: DMEM에 배양되었다. 어쩌면 이 배지 자체가 글리포세이트에 오염되었을 수도 있다. 실험을 진행한 과학자들이 그것을 실험하지 않았으므로 알 방법이 없다. 또한 세포에 공급된 소태아혈청(소 태아에서 채취한 혈액의 혈청-옮긴이)에서 추출한 혈액에서도 글리포세이트 오염 유무를 확인하지 않았다. 글리포세이트는 소의 장기와 조직에서 발견되었고 인간의 제대혈(분만 후 산모와 태아를 연결하는 탯줄에서 얻은 혈액-옮긴이)에서도 검출되었다.[29]

마지막으로 이 실험은 1970년대 51세 여성의 종양에서 채취한 MDA-MB-231이라는 매우 공격적인 인간의 유방암 세포주(체외에서 계속 배양할 수 있는 세포 집합–옮긴이)로 진행되었다.[30] 이 세포들은 채취 이후 배양 조직 속에 관리되면서, 어쩌면 수십 년 동안 만성적으로 글리포세이트에 노출되어왔을 것이다. 실험이 시작되기도 전에 글리포세이트에 오염되어 잘못 접힌 단백질을 상당량 축적할 수 있었고, 그다음 재활용될 수 있었다⋯⋯. 새롭게 오염된 단백질로 말이다.

그래서 나는 "이 자료는 결정적으로 글리포세이트가 치환된 펩티드 후보는 잘못된 발견임을 보여준다"라는 이 과학자들의 진술을 틀렸다고 주장할 것이다.[31] 글리포세이트가 치환된 펩티드 후보는 **전부 진실**된 발견이었을 가능성이 크다. 실험군과 대조군 **모두** 실험 이전과 실험 도중에 글리포세이트에 노출되어 글리포세이트에 오염되었고, 잘못 접힌 단백질이 거의 같은 양으로 축적되었을 가능성이 있기 때문이다.

짧은 펩티드 15개 중 10개는 치환된 글리포세이트 분자의 바로 왼쪽에 작은 아미노산이 있음을 주목할 필요가 있다. 이미 언급했듯이, 이는 글리포세이트가 여분의 메틸포스포닐기를 단백질 구조에 맞출 이상적인 기회가 된다. 이해를 돕자면 15개 중 10개는 무작위 표본에서 예상보다 빈도가 높다. 실험에 다른 문제가 없었다고 해도 **모든** 탐지가 거짓 경보였다는 얘기는 그럴듯하지 않다. 특히 이 방법은 연구진이 탐지하려 했던 또 다른 치환인 글리옥실레이트 변형 시스테인에 대한 어떤 거짓 경보도 탐지하지 못했기 때문이다.

예상되는
치명적인 결과

단백질 부호화 아미노산 글리신 대신 단백질에 통합되는 글리포세이트가 가져올 결과는 지대하고 파국적일 수 있다. 거의 모든 단백질은 글리신 잔기를 최소 하나 가지고 있다. 특정 글리신 잔기가 하나 이상은 반드시 있어야 제대로 기능하는 단백질이 많다. 과학자들은 진화 관계를 공유한 여러 종의 단백질 서열을 정렬하면 특정 효소 종류에서 어떤 아미노산이 중요한지 결정할 수 있다. 이렇게 정렬해보면 때때로 아메바, 양배추, 닭에 이르기까지 많은 종과 문에 걸쳐서 동일한 서열이나 개별 아미노산이 나타난다.

이러한 아미노산 정렬에서 같은 아미노산이 특정 단백질의 여러 버전에 걸쳐 나타나면, '고도로 보존된' 것으로 간주한다. 이는 그 아미노산이 그 단백질에서 거의 틀림없이 중요한 기능을 한다는 의미다. 예를 들어, 근육 수축성 단백질 미오신은 많은 버전에서 최소 12개의 글리신 잔기가 일관되게 나타난다.[32] 인간의 경우 이 효소는 699번 위치에 고도로 보존된 글리신 잔기가 있다. 만약 글리신 잔기가 알라닌으로 치환되면 이 단백질의 수축 기능은 1퍼센트까지 떨어진다.[33]

콜라겐은 신체 단백질의 25퍼센트를 차지하며 가장 흔한 단백질이다. 콜라겐 분자의 넓은 면 위에는 GxyGxyGxyGxy 같은 독특한 패턴이 있다. 이 패턴에서 세 번째 잔기는 글리신이다('G'는 글리신이고, 소문자 'x'는 글리신을 포함해 아무 아미노산이나 들어갈 수 있는 와일드카드다).

콜라겐이 우아한 삼중 나선 구조로 제대로 접히려면 이 패턴이 필수다. 인장 강도, 탄력성, 수분 유지 능력 등 콜라겐 특성을 제공하는 구조다. 콜라겐의 글리신 잔기에 발생한 여러 돌연변이는 연결 조직을 약화해 엘러스-단로스 증후군으로 알려진 질환을 초래한다. 이 증후군을 앓는 사람들은 종종 느슨해진 관절, 늘어지는 피부, 비정상적인 흉터 형성으로 고통받는다.[34]

엘러스-단로스 증후군은 유전 질환이지만, 글리포세이트가 콜라겐 내부에서 글리신 잔기를 치환하여 환경적으로 교란을 유발하며 오늘날 등, 어깨, 목, 무릎, 발, 고관절 등 수많은 사람이 경험하는 전신 통증에 기여하고 있을지도 모른다. 이러한 통증을 앓는 사람 중에는 손상된 관절을 복구하기 위해 수술을 받는 경우도 더러 있다. 지난 20년 동안 70대 여성의 경우 무릎 수술은 약 11배, 고관절 수술은 아홉 배 증가했다. 남성의 경우 훨씬 가파른 편으로, 고관절 치환술은 26배, 무릎 치환술은 15배 증가했다.[35]

관절 치환술은 앞으로 수십 년 안에 가장 흔한 예정 수술(응급 수술이 아니라 차근차근 계획을 세워 예정일에 하는 수술-옮긴이)이 되리라 예상된다. 비만으로 인한 신체 스트레스, 더 나은 결과를 얻을 수 있는 수술 기술 향상, 외과적 치료법의 수익성 등 관절 손상에는 여러 이유로 수술이 뒤따른다. 하지만 글리포세이트의 콜라겐 파괴가 이 부상을 늘려 교정 처치가 필요하게끔 만들 가능성도 크다.

많은 이온 수송 단백질은 세포의 원형질막에 박힌 단백질의 중요 경첩 부위에서 글리신에 의존한다. 이 경첩은 막을 건너는 이온의 흐름을 통제하기 위해 단백질을 여닫는 데 필수적이다. 글리신 사이에 아미노산으로 규칙적인 간격을 두는 '글리신 지퍼 모티프glycine zipper motif'를 비롯해 막 관통 요소를 가진 흥미로운 단백질 종류도 있다(화학에서 '모티프'는 단백질 서열에서 아미노산 패턴을 말한다).

아밀로이드 베타 단백질의 경우 GxxxGxxxGxxxG 패턴이며, 잘못 접혀 플라크로 침전되는 단백질은 알츠하이머병과 관련된다. 이처럼 GxxxG 패턴은 광우병, 사슴의 만성 소모성 질병, 인간의 크로이츠펠트-야코프병 등 프라이온 질병을 일으키는 프라이온 단백질과도 관련이 있다.[36]

주변에서 만성 퇴행성 질환이자 가장 흔한 치매 형태인 알츠하이머병을 앓는 사람들을 알고 있을 것이다. 현재 미국에는 최소 500만 명이 알츠하이머병을 앓고 있으며 2060년까지 약 1,400만 명으로 늘어나리라 예상된다.[37] 알츠하이머병은 실용 지식, 언어, 기억, 사고를 통제하는 뇌 영역에 영향을 준다. 증상이 악화하면 알츠하이머 환자들은 스스로 음식을 먹지 못할 만큼 인지 혼란을 겪을 수 있다. 포크를 집어 들고도 그게 무엇이고 어떻게 쓰는지를 몰라 그저 보고 있을 수도 있다. 뇌세포들이 쇠약해지면 많은 사람이 당연시하는 상식을 잃는다.

아밀로이드 베타 단백질이 세포막을 관통하는 알파 나선 구조를 유지하기 위해 글리신 지퍼 모티프에 의존한다는 것이 연구를 통해 입증되었다. 만약 그 글리신이 다른 아미노산으로 치환된다면 아밀로이드 베타 단백질은 대신 가용성 베타 병풍 구조(베타 시트)를 형성한다. 이러한 베타 병풍 구조는 세포질 안에 머물다가 결국 축적되고 함께 들러붙으며 알츠하이머의 특징적인 플라크가 되는 섬유조직을 형성한다.[38] 베타 병풍 구조로 잘못 접히는 이 과정은 아밀로이드증이라고 불리며, 또 다른 병리학 관련 단백질들에서도 일어난다.[39]

알츠하이머병 같은 만성질환의 발생률이 글리포세이트 노출과 발맞춰 올라가는 것은 결코 우연이 아니다. 질병의 모든 측면을 이 치명적인 화학물질 탓으로 돌릴 수는 없지만, 그것이 인간 단백질을 고장 내서 건강 악화에 영향을 끼친다고 추측할 수 있다. 수백 개는 아니더라도 수십 개의 단백질은 글리포세이트과 글리신의 치환으로 심각하게 망가질 수 있다.

많은 수용체가 글리신 잔기에 의존하여 세포막에 부착된다. 그리고 세포에 지방 분자를 전달하는 인슐린이나 저밀도 지방 단백질LDL 같은 신호 전달 분자를 받아들인다.[40] 혈관 벽에 쌓여 심장마비와 뇌졸중의 위험을 키우는 나쁜 콜레스테롤인 LDL에 관해 틀림없이 들어봤을 것이다. 혈액검사 결과 LDL이 많이 검출되면 의사는 스타틴을 처방한다. 스타틴 약물은 꺼림칙한 여러 부작용과 연관되어 있다.[41] 인슐린이나 LDL 수용체에서 글리포세이트 치환은 인슐린 내성2형 당뇨병 및 심혈관 질환과 연관된 혈청 LDL을 증가시킬 수도 있다.

일단 글리포세이트가 글리신을 치환하고 심지어 납치한 단백질을 고장 내거나 파괴하여 시킴산 경로를 어떻게 방해하는지 이해하면,

우리는 글리포세이트가 생화학적 사기꾼처럼 어떻게 여러 단백질을 방해할 수 있는지 이해하는 모델을 갖게 된다.

다음 장에서는 고도로 보존된 글리신 잔기가 최소 하나 이상인 부위에 인산기를 함유한 분자들과 결합하는 단백질을 구체적으로 살펴볼 것이다. EPSP 합성효소는 이 시나리오의 전형적인 예시다. 광범위한 단백질 종류에서 글리포세이트 치환이 갖는 의미는 무시무시하다.

TOXIC  LEGACY

5장

인산으로 퍼즐은 맞춰진다

사회로서 인간은 부서진 다리를 향해 가는 화물열차와 같다.

디트리히 클링하르트 Dietrich Klinghardt, 의학박사이자 철학박사

글리포세이트에 광범위한 단백질을 훼손하는 독성 기전이 있을까? 그렇다면 핵심 작물에 대한 글리포세이트 사용과 함께 나란히 증가세를 보이는 수많은 만성질환의 발생률을 이것으로 설명할 수 있을까? 대답은 그렇다이다.

나는 5년 넘게 특히 단백질의 글리신 잔기에 관한 학술 문헌을 분석해왔다. 현재 나는 글리포세이트가 단백질 기능을 억제하는 특정 독성 효과를 발휘하여 다양한 단백질을 손상한다고 믿는다. 여러 종류의 필수 효소가 각 효소를 글리포세이트에 민감하게 만드는 특성(인산 결합)을 공유한다. 이 효소들을 특히 취약하게 만드는 것은 인산 결합 능력이다. 동시에 이 능력은 효소의 기능에도 필수적으로, 이

단백질들은 취약하게 만들면 체내 다양한 요구를 충족할 수 있다.

가장 작은 아미노산인 글리신의 주요 역할은 많은 단백질에서 특히 리간드의 수용 공간을 생성하는 것이다(리간드는 효소와 결합하여 효소 반응에 대한 기질 역할을 하는 분자다). 글리포세이트는 글리신을 치환하며 부피가 크고 음전하를 띤 메틸포스포닐 꼬리로 공간을 채워서 리간드를 위한 공간을 허락하지 않는다. 바쁜 식당에서 글리포세이트가 리간드의 자리를 훔치거나 수건돌리기에서 빈자리에 쏙 들어가 앉는 모습을 떠올려보자.

리간드가 음전하를 띤 인산 함유 필수 소분자일 때 글리포세이트 치환은 특히 유해하다. 글리포세이트의 음전하와 인산의 음전하(PO_4^{-2})는 같은 극의 두 자석처럼 서로를 밀어낸다. 이러한 현상은 인산이 편안하게 들어맞아야 할 공간을 글리포세이트가 점유하는 것과 더불어 단백질이 제 역할을 해내지 못하게 망칠 수 있다.

최소 한 개 이상의 인산 음이온을 가지면서 생물 작용에서 필수적인 소분자가 많다. 우리에게 친숙한 것 중 하나는 세 개의 인산 음이온이 꼬리를 통해 서로 연결된 아데노신삼인산ATP이다. ATP는 세포의 '에너지 화폐'로 여겨진다. 많은 단백질이 제 역할을 해내는 데 필요한 에너지를 ATP의 마지막 인산을 끊어내며 얻는다. 이제는 친숙할 또 다른 인산 음이온 함유 분자는 EPSP 합성효소가 시킴산 경로에서 결합하는 분자인 포스포에놀피루브산이다.

효소 작용과 세포의 신호 전달에서 중요한 방식으로 참여하는 또 다른 인산 함유 분자는 구아노신삼인산GTP이다. 또한 비타민B3 니코틴산에서 생성되는 니코틴아마이드 아데닌 다이뉴클레오타이드NAD, 비타민B6 피리독신에서 생성되는 피리독살인산PLP, 비타민B2 리보플래빈에서 생성되는 플래빈 아데닌 다이뉴클레오티드FAD와 플래빈 모노뉴클레오티드FMN, 그리고 글루코스육인산G6P이 있다. 보다시피 생물체의 신진대사를 돕는 데 결정적인 역할을 하는 필수 비타민B가 많다.

여러 실험에서 글리포세이트가 인산 함유 분자와 결합하는 여러 효소를 억제할 수 있다고 드러났다. 이런 효소에는 EPSP 합성효소 외에 광합성에 필수적인 식물 효소로 알려진 가장 흔한 단백질 루비스코RuBisCo가 포함된다.[1] 인간 세포에서 글리포세이트는 시트르산 회로의 숙신산 탈수소효소를 억제한다. 숙신산 탈수소효소는 포도당을 대사하여 ATP를 생산하는 데 필수적이다. 또한 글리포세이트는 항산화 방어에 핵심적인 적혈구에 다량 존재하는 포도당-6-인산 탈수소효소도 억제한다.[2]

나는 단백질이 글리포세이트에 민감할지 예측할 수 있는 이론을 가지고 있다. 가장 위험에 처한 단백질에는 내가 글리포세이트 민감성 모티프라고 부르는 것이 있다(기억을 일깨워주자면 화학에서 '모티프'는 단백질 서열에서 아미노산 패턴이다). 이 글리포세이트 민감성 모티프는 다음의 세 가지 기본 원리를 특징으로 한다.

1. 단백질이 인산과 결합하는 부위는 최소한 한 개의 글리신 잔기가 고도로 보존되어 있고 필수적인 곳이다.

2. 이 부위에서 최소 하나의 글리신 잔기는 바로 왼쪽에 작은 아미노산을 가진다.
3. 글리포세이트의 메틸포스폰산기를 단단히 고정할 수 있는 양전하를 띤 아미노산이 근처에 적어도 하나, 가급적 두 개 이상 있다.

4장에서 언급했듯 글리포세이트는 PEP에 부착된 인산기의 결합에 끼어들어 시킴산 경로에서 EPSP 합성효소를 방해한다. 인산 함유 분자와의 결합과 관련된 단백질 대부분은 인산 결합 부위에 고도로 보존된 글리신 잔기를 최소 하나 이상 가지고 있다.

ATP 에너지가
소모되는 진짜 이유

인산은 생물체에서 중요한 역할을 한다. ATP는 서로 연결된 인산 세 개가 아데노신 분자에 부착되어 있다. 즉 아데노신 인산-인산-인산이다. 시트르산 회로에서는 주로 미토콘드리아의 당을 대사하여 ATP를 생산한다. ATP는 마지막 인산이 제거되어 ADP로 전환된다. 이 전환으로 인산 결합에 묶여 있던 에너지를 방출해서 이후 유용한 작업을 해낼 때 사용할 수 있다.

단백질은 접히는 과정에서 자신과 결합할 리간드마다 잘 들어맞는 특정 3차원 주머니를 만든다. 일깨워주자면 리간드는 효소에 결합하여 효소 반응에 기질 역할을 하는 분자다. 또한 단백질은 보통 리간드 주위에 상보적인 전하 분포를 구성하여 리간드를 고정하는 자석처럼 작용하게 한다. 즉 ATP는 에너지원으로 사용하는 모든 효소에 대해 음전하를 띤 리간드다.

전문적인 내용이라는 건 알지만 계속 읽어주길 바란다. ATP와 결합하는 168개의 단백질을 분석한 결과, 글리신 외에도 양전하를 띤 세 아미노산(아르기닌, 리신, 히스티딘)이 ATP에서 ADP로 전환이 일어나는 ATP 상호작용 부위에서 발견될 가능성이 컸다. 양전하를 띤 아미노산은 음전하를 띤 인산기에 결합하여 인산을 제자리에 고정할 수 있다. 글리신은 가장 적은 아미노산이므로 부피가 큰 인산 음이온을 위한 공간뿐 아니라 유연성도 제공한다.[3]

이 모델은 EPSP 합성효소에 잘 들어맞는다. *대장균*의 EPSP 합성효소는 PEP 결합 부위에 글리포세이트 독성에 취약하게 하는 글리신 잔기 외에 히스티딘, 아르기닌 잔기, 그리고 두 개의 리신 잔기를 가지고 있다.[4]

단백질 접힘은 복잡하고 거의 기적에 가까운 과정으로 DNA 부호에 따라 왼쪽에서 오른쪽으로, 개별 아미노산으로부터 단백질이 조립되는 동안 실시간으로 일어난다. 보통 글리신이 들어가는 곳에 글리포세이트가 들어가 EPSP 합성효소로 조립되면, 접힌 글리포세이트의 메틸포스포닐기는 양전하를 띤 아미노산 이웃과 나란히 위치한다. 그리고 정전기적으로 결합하여 인산용으로 만든 주머니에 단단히 고정될 수 있다. 그 결과 일반적으로 인산과 결합하는 모든 단백질에 유효한, 인산 함유 분자를 반응에 활용하는 단백질 능력이 억제된다.

예를 들어, 근육 수축성 단백질 미오신은 ATP의 마지막 인산을 떼어내며 방출된 에너지를 사용하여 근육을 수축한다. 미오신이 ATP에 결합하는 부위에는 인산 결합 루프(P-루프) 모티프라고 하는 글리신이 풍부한 모티프가 있다. 여기서는 글리신 잔기가 적어도 두 개이며, 세 개 이상일 때도 있다.

미오신에는 고도로 보존된 글리신 잔기가 많지만, 미오신의 ATP 결합 부위에서 가운데 있는 글리신 잔기가 ATP 분자의 에너지를 유용한 운동으로 전환할 때 매우 중요하다. 다양한 종에서 알려진 82개의 미오신 버전 중 적어도 80개가 ATP 결합 부위에 P-루프 모티프(GxxGxGKT)가 구체화된 예시로 GESGAGKT를 가진다고 밝혀졌다.[5]

가운데 글리신에 일어난 돌연변이가 특히 미오신 기능에 미치는 영향은 파괴적이다. 이 글리신의 역할은 두 가지다. 하나는 부피가 큰 인산 음이온을 위해 공간을 만드는 것이다. 다른 역할은 ATP에서 분리되라고 인산 이온을 부추기는 것이다. (아주 작은 변화인) 글리신이 알라닌으로 대체되는 돌연변이는 단백질의 인산 분리 능력을 떨어뜨려서 근육 운동에 영향을 미친다.[6] 글리포세이트 치환은 재앙보다 크지는 않더라도 영향력은 재앙 수준이다.

2013년에 발표된 중요한 연구에서, 오하이오주와 인디애나주의 생화학자들은 *대장균*이 글리포세이트에 노출되었을 때 발현이 촉진되거나 저하된 단백질을 상세히 분석했다.[7] 그 결과 다양한 단백질 복합체에서 최소 열 곳의 ATP 결합 부위가 발현이 촉진되었다. 발현 촉진은 단백질이 제대로 기능하지 않을 때 단백질 합성이 증가한다는 뜻이다. 이렇게 생각해보자. 업무에 무능한 직원을 고용하면 그 업무를 해내기 위해 직원을 더 많이 고용해야 한다. 그러고도 일이 제대로 되지 않을 수 있다.

ATP 결합 부위에서 글리포세이트가 중요한 글리신을 하나 이상 치환하면 비능률적인 ATP 결합 단백질의 생산을 늘려야 한다. 고장난 여러 가지 분자가 수송 단백질이다. 수송 단백질은 ATP 에너지를 사용하여 막을 뛰어넘어 중요한 영양소들을 세포로 수송하는 것을 돕는다(*대장균*에서 교란된 특정 ATP 결합 단백질에 대해서는 345쪽 표 A. 2 참고).

인산화 반응을 통한
후생유전학적 효과

키나아제는 일반적으로 ATP 분자에서 말단 인산을 단백질 내의 아미노산으로 전이시키는 효소다.[8] 세린, 트레오닌, 티로신이 이 방법으로 인산화될 수 있는 아미노산이다. 인산화 반응(즉 인산기가 붙는 반응)은 원래 행동 방식과는 매우 다른 행동을 단백질에 유발하는 여러 후생유전학적 변형 중 하나다. 영향을 받는 효소는 대부분 인산화 반응을 통해 활성화되지만, 억제되는 것도 일부 있다. 정교하고 복잡한 제어 기전에서 인산은 여러 부위에 부착될 수 있으며, 일부는 단백질을 활성화하고 또 다른 일부는 억제한다.

인산화 반응으로 더 잘 녹게 된 단백질은 세포막에서 세포질로 이동할 수도 있다. 이러한 변화는 키나아제가 다른 키나아제에 인산을 부착하기 시작하면서 복잡한 결과로 이어진다. 그리고 연쇄적으로 많은 활동을 활성화하여 궁극적으로 세포 행동을 크게 바꾸며 특정 결과에 영향을 미칠 수 있다. 코로나바이러스감염증-19, 즉 코로나19 같은 감염증을 앓는 환자에게 흔히 발생하는 매우 강력하고 부적당한 면역 반응이 좋은 예다.

코로나바이러스에 대응하여 신호 전달 메커니즘은 인산화 연쇄 반응을 초래하여 궁극적으로 사이토카인이라는 신호 전달 단백질의 방출을 유발한다. 급작스러운 사이토카인의 대량 방출은 통제 불능의 염증 반응인 사이토카인 폭풍cytokine storm으로 조직에 광범위한 손상을 불러올 수 있다. 코로나19가 불러온 사이토카인 폭풍은 생명을 앗아갈 수 있다. 사이토카인 폭풍은 면역 결핍의 결과로, 10장에서 다루겠지만 글리포세이트 만성 노출로 인해 유발되거나 악화될 수 있다.

키나아제의 ATP 결합 부위에는 고도로 보존된 글리신 풍부 모티프가 있는데, GxGxxG 패턴이 특징이다.[9] 이 패턴의 가운데 G는 단백질 키나아제의 99퍼센트에서 보존된다. ATP가 결합하는 부위의 키나아제의 반응속도론에 근거해, 키나아제에서 흔히 발견되는 GxGxxG 모티프의 처음 두 글리신 중 하나를 글리포세이트가 치환하면 유의미한 영향을 미칠 것이다.[10]

옥수수의 키나아제에서 중간 글리신을 아미노산인 아스파르트산으로 치환하면 ATP에서 인산을 제거하는 능력이 크게 **증가한다.**[11] 글리포세이트와 마찬가지로 아스파르트산은 음전하를 띠며 글리신보다 부피가 크다. 아스파르트산은 글리포세이트 행동 예측의 좋은 모델이다. 글리포세이트로 치환된 '돌연변이체'는 ATP 분자에서 인산을 제거하기에 훨씬 더 효과적이지만, 인산을 붙잡는 탓에 인산화 단백질에 부착하는 능력은 떨어질 것이다.

ATP에서 인산이 분리될 때는 속도제한반응(다단계 반응에 있어서 가장 느린 속도의 반응 단계-옮긴이)이 일어난다. 따라서 이 반응을 좀 더 효과적으로 수행한다는 것은 인산화 속도를 더 높인다는 의미다. 하지만 방해하는 글리포세이트나 아스파르트산이 있으면, 인산 음이온을 기질에 부착하기보다는 비유적으로 바닥에 던질 가능성이 더 크다. 이로 인해 본질적으로 ATP 인산 결합의 에너지를 낭비하여, 적절한 양의 ATP를 생산하도록 미토콘드리아에 더 많은 압력을 가한다.

알츠하이머병의 과잉 인산화된 타우 단백질과 암의 인산화 과정의 변화처럼 다양한 단백질의 비정상적인 인산화와 질병을 관련짓는 연구도 많다.[12] B-Raf 키나아제는 세포분열과 세포분화를 제어하는 신호 전달 경로의 주요 조정자다. B-Raf를 부호화하는 종양 유전자 BRAF는 유방암과 관련이 깊다. B-raf의 글리신 풍부 영역에서 일어나는 글리신 돌연변이는 종양 세포에서 흔히 발견되며 BRAF의 암 유발 가능성을 밝혀낼 수 있다.[13]

나쁜 피는 어떻게
만들어지는가?

적혈구는 혈액의 최대 구성 성분이며, 다른 세포들과 비교해 여러 면에서 특이하다. 적혈구는 성숙 과정 초기에 핵을 버린다. 성숙한 적혈구에는 DNA가 없어서 새로운 단백질을 합성할 수 없다. 또한 적혈구는 비교적 수명이 짧다. 골수에서 나오는 신생 적혈구로 꾸준히 교체되며 100여 일이 지나면 비장에서 끊임없이 제거된다. 적혈구의 주요 기능이 조직에 산소를 분배하는 것이니만큼, 풍부한 수송 단백질 헤모글로빈에 철분과 결합한 산소를 운반한다.

또한 적혈구에는 미토콘드리아가 없다는 점이 특이하다. 미토콘드리아는 ATP 형태로 세포에 에너지를 계속 공급하는 세포소기관이다. 적혈구는 미토콘드리아가 없어서 다른 공급원에서 ATP를 얻어야만 한다. 이를 위해 산소에 의존하지 않는 혐기성 과정인 해당작용을 사용한다. 해당작용은 포도당을 젖산으로 전환하면서 포도당 분자에서 소량의 ATP를 생산한다.

역설적으로 적혈구는 많은 산소를 이용할 수 있지만, 포도당을 산화하는 데는 쓰지 않는다. 이러한 회피는 활성 산소종에 대한 노출을 줄이고 항산화 방어의 필요성을 최소화하는 전략일 수 있다. (일반적인 신진대사 과정에서 인간 세포들은 세포의 다른 분자들과 반응하는 산소를 함유한, 불안정한 작은 분자를 만든다. 이 작은 분자를 자유라디칼 또는 활성 산소종이라고 한다.) 어쩌면 조직에 공급해야 할 자원, 즉 산소를 소비하는 게 '똑똑한' 일은 아닐 수 있다.

적혈구는 해당작용 경로에서 중요한 효소인 피루브산 키나아제를 사용한다. 유전적 돌연변이로 인한 피루브산 키나아제 결핍은 골수에서 적혈구를 생성 속도보다 빠르게 파괴하는 질병인 용혈성 빈혈의 두 번째 원인이다.[14] 이 효소는 ADP로부터 ATP 분자가 합성되어 세포의 에너지를 생성하는 해당작용의 주요 단계를 수행한다.

해당작용을 통한 에너지 생산은 미토콘드리아가 없는 적혈구에 특히 중요하다.[15] 미토콘드리아 없이 적혈구는 에너지 수요 충족을 위해 거의 전적으로 해당작용에 의존한다. 적혈구가 에너지를 소진하면 활동 중인 모든 과정은 중단되어야 한다. 적혈구의 나트륨-칼륨 펌프에 에너지가 없으면 적혈구에서 칼륨이 새기 시작한다. 이러한 전해질 손실로 물이 새어 나올 수도 있다. 이 세포는 결국 탈수로 죽어가며 쪼그라든다.

EPSP와 마찬가지로 피루브산 키나아제는 PEP와 결합한다. 피루브산 키나아제는 인산을 PEP에서 ADP로 옮겨 ATP를 생산하는 일을 한다. 알다시피, 글리포세이트가 교란하는 EPSP 합성효소의 PEP 결합 부위다. 피루브산 키나아제는 인산 함유 PEP와 ADP 외에 과당

이인산(과당-인산-인산)에도 결합한다. 중요한 점은 피루브산 키나아제에 인산 결합 요건이 많다는 점이다. 이러한 부위는 글리포세이트의 글리신 치환으로 인해 방해받을 수 있다.

피루브산 키나아제에 발생하는 50여 가지의 유전적 돌연변이가 용혈성 빈혈(계속된 적혈구 파괴로 일어나는 빈혈 – 옮긴이)과 연관되어 있다. 이 중에는 글리신을 다른 무언가로 바꾸는 것도 포함된다. 단백질에서 특정 아미노산의 역할이 중요한지 알아내는 방법 하나는 다른 종에 의해 생산된 여러 버전에 대한 펩티드 서열을 조사하는 것이다.

이와 관련한 한 연구에서 세 가지 종(시궁쥐, 토끼, 고양이)에서 생산된 효소와 인간의 서열을 비교했다. 연구진은 네 종에 모두 존재하는 펩티드 서열에서 완전히 보존된 글리신 잔기 11개를 발견했다. 어떤 아미노산도 이렇게 많이 완벽하게 정렬되지 않았다.[16] 물론 이는 아미노산 글리신이 피루브산 키나아제에서 중요하다는 것을 암시한다. 나는 더 나아가 피루브산 키나아제에서 글리포세이트의 글리신 치환이 특히 적혈구를 손상한다고 제안할 것이다.

항산화 방어가
교란되는 이유

적혈구는 해당작용과 더불어 오탄당 인산 회로PPP라는 또 다른 경로를 통해 포도당을 대사한다. 오탄당 인산 회로는 산화적 손상 방지를 위해 매우 중요하다. 어쩌면 간에서 생산되어 몸에서 독소 제거를 돕는 뛰어난 항산화물질인 글루타티온을 들어봤을지도 모르겠다. 글루타티온을 자연의 대걸레라고 생각해보자.

글루타티온은 환원된 상태에서만 항산화물질로 작용한다. 즉 다른 항산화물질처럼 글루타티온은 산화되면서 '작용'하는 식으로 활성 산소종을 제거한다. 산화형 글루타티온은 산화와 환원이 뒤따르는 수많은 반응에 참여하는 매우 중요한 분자에서 수소 원자들을 훔쳐 환원형 글루타티온 분자 두 개로 다시 전환되어야 한다.

니코틴아마이드 아데닌 다이뉴클레오타이드 인산NADPH이라고 불리는 이 분자는 비타민B3(니코틴산) 또는 트립토판에서 파생된다. 결국 이 두 가지 모두 글리포세이트가 교란하는 시킴산 경로에서 유래한다. NADPH는 NADP+에서 재생되어야만 글루타티온이 환원된 상태를 유지할 수 있다. NADPH에는 인산 음이온이 세 개 있다. 여기까지 잘 따라왔는가?

이러한 일련의 반응은 비타민C(아스코브산)가 항산화물질로 작용할 수 있도록 한 단계 더 나아간다. 환원형 글루타티온은 산화된 아스코브산과 반응하여 체내 사용이 가능하며 항산화 특성을 갖는 유익한 형태로 전환될 수 있다. 글루타티온의 도움 없이 산화된 아스코브산은 옥살산으로 대사되어 옥살산 부하와 신장결석의 유발 가능성을 높일 위험이 있다.[17]

적혈구가 '심하게 부서질' 수 있는 또 다른 방법은 포도당-6-인산 탈수소효소G6PD를 거치는 것으로 글루타티온과 아스코브산에 직접적으로 영향을 미친다. G6PD는 오탄당 인산 회로의 속도 조절 효소다. 속도 조절 효소는 그 경로에서 가장 느린 효소로, 종종 외부 신호로 가장 많이 조절된다. 적혈구는 G6PD를 아주 많이 가지고 있으며, 이를 사용하여 모든 항산화 방어를 재개한다.

G6PD는 NADP+를 NADPH로 복구한다. NADPH는 글루타티온과 비타민C를 유익한 상태로 복구하는 역할 외에도 지방산, 콜레스테롤 신경전달물질, 핵산, 아미노산 합성에 꼭 필요하다. 세포는 NADPH를 환원된 형태로 유지하는 데 상당한 에너지를 소비한다.

인간은 G6PD에 유전자 변형이 많은 편인데, 그중 결함이 있는 일부는 질병을 일으킬 수 있다. 사실 G6PD는 인간 게놈에서 가장 돌연변이가 심한 단백질이다. G6PD 결핍과 글루타티온 결핍은 모두 혈당 상승으로 인한 당화 손상에 헤모글로빈이 더욱 민감해지게 한다.[18] (당화 반응은 포도당, 과당 같은 당이 헤모글로빈 같은 단백질에 달라붙게 하는 비효소 반응이다. 지방산에도 달라붙을 수 있다.) G6PD의 억제가 포도당 불내성과 관련되어 있는 만큼, 일반적인 포도당 불내성 검사에는 당화혈색소HbA1c 검사가 뒤따른다.

결함이 심각한 G6PD 변종은 신생아 황달을 유발하며, 헤모글로빈 대사에서 독성 부산물이 많이 발생하면 뇌 손상으로 이어질 수 있다.[19] G6PD 결핍은 자폐증과도 관련되어 있다.[20] 그 유전자가 X 염색체에 위치하기 때문에, 남자아이가 여자아이보다 G6PD 결핍에 취약하다. 또한 남자아이가 여자아이보다 신경계 질환, 특히 자폐증에 걸릴 확률이 거의 네 배나 높다. G6PD 결핍은 양극성 장애, 조현

병, 발기부전, 백반증과도 연관된다.[21]

글리포세이트는 G6PD의 활성을 억제한다.[22] G6PD의 세 가지 인산 결합 부위에 고도로 보존된 글리신 잔기가 있으므로 놀라운 일은 아니다. 이 효소는 NADP+ 두 분자뿐 아니라 G6P와 결합한다.[23] 488번 위치의 글리신 잔기는 NADP+ 결합 부위 중 하나 안에 있다. 부피가 더 큰 아미노산으로의 변형은 NADP+에 대한 결합 친화도를 줄이는 것으로 나타났다.[24]

2015년 발표된 연구에 따르면 자폐증 환자들에게서 공통 효소인 카탈라아제가 40퍼센트까지 감소한다.[25] 카탈라아제는 적혈구, 간은 물론 전신에 있는 중요 항산화 효소다. 카탈라아제에는 헴기heme group가 있고, 글리포세이트는 헴 포르피린 고리의 기본 단위인 피롤의 합성을 억제한다고 드러났다. 피롤 합성의 첫 단계에서는 글리신을 기질로 사용하는데, 글리신을 사칭하는 글리포세이트가 이 단계를 억제한다.[26]

카탈라아제는 NADPH와도 결합하며, 이러한 결합은 카탈라아제가 고반응성 기질인 과산화수소로 비활성화되는 것을 막는 데 필수적이다.[27] 글리포세이트가 NADPH의 공급과 결합을 모두 억제하면 카탈라아제는 해독 기능의 활성 산소종인 과산화수소로 인한 파괴에서 자신을 보호하지 못할 수 있다.

산화적 스트레스와
질병의 관계

나는 이 장의 초반에서 인간 세포들이 일반적인 신진대사 동안 활성 산소종 또는 자유라디칼을 생산한다고 언급했다. 이와 동시에 세포들은 자유라디칼을 중화하는 항산화물질도 만든다. 건강하게 지내려면, 인간 세포들이 자유라디칼과 항산화물질 간의 균형을 유지해야 한다. 산화적 스트레스는 중화하는 항산화물질에 비해 자유라디칼이 너무 많을 때 발생한다. 환경오염과 방사선 노출이 산화적 스트레스에 영향을 끼칠 수 있다.

산화적 스트레스는 어린이의 신경학적 문제 및 여러 장애와 연관되어 있다. 또한 산화형 글루타티온 대비 환원형 글루타티온의 비율 감소, 카탈라아제 활성 저하, 미토콘드리아의 기능 장애, 세포막 지방산 손상, 신경 흥분독성과도 유관하다.[28] NADPH와 결합하는 여러 단백질에 대한 글리포세이트의 억제가 산화적 스트레스로 이어지는지 연구해볼 필요가 있다.

인간의 피부 세포에 관한 여러 연구 결과, 글리포세이트 계열 제제가 다양한 방식으로 항산화 방어를 와해하고 세포막 지방산에 산화적 손상을 유발하므로, 글리포세이트 노출이 산화적 스트레스를 일으키리라 보인다.[29] 글리포세이트 노출은 혈액과 쥐의 뇌, 심장, 간, 신장에서 글루타티온 수치를 줄이는 반면, 산화적 손상에 관한 공통 징후를 상당히 높인다.[30]

글리포세이트는 동물뿐 아니라 식물의 항산화 방어를 와해한다. 글리포세이트에 노출된 글리포세이트 내성의 유전자 변형 대두는 잎 속에 산화형 글루타티온 대비 환원형 글루타티온의 비율이 매우 감소한다.[31] 동식물이 건강한 환원 형태로 글루타티온을 유지하려면 NADPH가 적당히 공급되어야 하며, 결과적으로 이는 제대로 기능하는 G6PD 효소에 달려 있다. 이러한 연구에서는 글리포세이트가 (NADP+ 대신 NADPH로서) 환원된 형태의 NADPH를 유지하는 효소를 억제한다고 주장한다. 또한 식물에 대한 이러한 영향은 글리포세이트가 항산화 방어 효소의 NADPH 결합을 억제하기 때문으로 보는 게 타당하다.

메틸화 경로의
중요성

메틸렌테트라히드로 엽산 환원효소methylenetetrahydrofolate reductase: MTHFR는 메틸화 경로에서 중요한 구실을 한다. 메틸화는 분자에 메틸기(CH_3)가 부착되는 것을 의미한다. MTHFR은 NADPH에 결합한다. 또한GWGPSG로 구체화된, 498번 잔기에서 시작하여 고도로 보존된 GxGxxG 모티프를 가진다. 다른 네 개의 글리신 잔기에 발생한 돌연변이가 또한 효소의 활성을 떨어뜨린다.[32] 이 중 둘은 음전하를 띠는 단백질 부호화 아미노산 중 하나인 아스파르트산으로 인한 치환으로, 글리포세이트 치환의 좋은 모델이 된다.

메틸화 경로는 유전자의 메틸화 패턴이 대사 원칙을 좌우하는 발달에서 중요하다. 메틸화는 후성 유전의 핵심 기여자 중 하나로, 8장에서 더 다루겠지만 여러 세대에 걸쳐 패턴이 전해질 수 있다.

메틸화 경로 장애는 자폐증을 앓는 어린이 사이에서 흔히 관찰된다.[33] 오만의 생화학자이자 술탄카부스대학교 식품영양학과의 만성 질환 예방 전문가인 무스타파 왈리Mostafa Waly는 메틸화 경로 억제로 변형된 후성 유전이 자폐증의 중심 요소라고 제안했다. 항산화 방어의 손상으로 산화적 스트레스가 반응하면 이 경로들이 변형된다.[34] 이러한 관찰은 메틸화 경로와 항산화 방어의 중요 효소에 영향을 미칠, 글리포세이트 민감성 모티프 모델에서 관찰된 현상과 일치한다. 이는 NADPH와 결합하는 능력이 억제된 데 어느 정도 기인한다.

간 기능 손상과
CYP 환원효소

간은 스테로이드 호르몬 등 많은 화합물을 몸에서 분해하고 제거한다. 간 기능은 사이토크롬 P450CYP 효소라고 불리는 효소 그룹에 의존한다. CYP 효소는 약물 대사 외에도 콜레스테롤, 스테로이드 호르몬, 지방산, 그리고 지방산에서 파생된 신호 전달 분자인 에이코사노이드eicosanoid 합성에 중요하다.[35] CYP 효소의 돌연변이들은 스테로이드 생성 장애, 모호한 생식기, 골격에 영향을 미치는 기형을 특징으로 하는 드문 질환인 앤틀리-빅슬러 증후군과 관련이 있다.[36]

CYP 환원효소는 CYP 효소가 제 역할을 하기 전 필수 단계로서 NADP+를 NADPH로 변환한다. CYP 환원효소는 미생물부터 식물, 곤충, 포유류에 이르기까지 여러 종에 있으며,[37] CYP 환원효소가 손상되면 모든 CYP 효소가 손상된다.

이러한 중요성 때문에 CYP 환원효소 유전자가 완전히 제거되면 쥐의 배아에 치명적이다. 유전공학으로 CYP 환원효소의 기능을 최소한으로 조작하면, 생쥐들은 심각한 장애를 겪는다. 몸에서 약물을 제거할 수 없고 간에는 지방과 콜레스테롤이 쌓인다.[38] 극소량의 글리포세이트에 만성적으로 노출된 시궁쥐는 7장에서 이야기할 비알코올성 지방간 질환에 걸린다.[39]

플래빈 모노뉴클레오티드flavin mononucleotide: FMN와 플래빈 아데닌 다이뉴클레오티드flavin adenine dinucleotide: FAD는 플래빈이라는 분자 부류에 속한다. FMN에는 인산이 하나, FAD에는 두 개가 있다. 플래빈에 결합하는 것으로 알려진 플라보 단백질이라는 효소군도 있다.

CYP 환원효소는 플라보 단백질의 중요한 구성원이며, 제대로 기능하려면 FMN에 결합해야 한다. CYP 환원효소를 보유한 44종에서 FMN 결합 부위에 글리신 잔기가 보존된다.[40] 이 고도로 보존된 글리신 잔기 중 적어도 하나는 다음과 같은 글리포세이트 민감성 모티프와 일치하는 인산과 결합한다.[41] (1) 이 단백질은 최소 하나 이상의 글리신 잔기가 고도로 보존되는 부위에서 인산과 결합한다. (2) 이 부위에서 최소 하나 이상인 글리신 잔기 바로 왼쪽에는 작은 아미노산이 있다. (3) 글리포세이트의 메틸포스폰산기를 단단히 고정할 수 있는 양전하가 근처에 적어도 하나, 되도록 둘 이상 있다.

글리포세이트는 시궁쥐의 간에서 CYP 효소의 활성을 억제한다.[42] 이에 대한 한 가지 설명은 FMN의 인산 결합 부위에서 중요한 글리신의 치환으로 간의 CYP 환원효소가 억제된다는 것이다.

오작동하는
백혈구

NADPH 산화효소는 체내에서 중요한 효소다. NADPH 산화효소의 많은 역할 중 하나는 병원균을 죽이는 것이다. 만성 육아종 질환은 면역세포에 NADPH 산화효소의 결함 있는 변종이 있을 때 생기는 희귀한 유전병이다.[43] 그 결과 면역세포들은 아스페르길루스 푸미가투스Aspergillus fumigatus, 황색포도상구균, 리스테리아Listeria, 클렙시엘라Klebsiella, 녹농균 등의 병원균을 억제하는 강력한 산화제인 초과산화물superoxide을 합성할 수 없다.

만성 육아종 질환을 앓는 사람들은 뇌, 장, 간, 폐, 림프샘, 비장, 위, 피부에 세균 및 진균으로 인한 감염이 일어날 수 있다. 폐 감염, 특히 진균성 폐렴이 흔하다. 이 질환이 육아종이라는 이름을 얻게 된 염증 있는 조직 부분인 육아종도 마찬가지다. 이러한 유전적 결함을 타고난 사람들은 종종 제어할 수 없는 감염으로 40세 이전에 사망한다.

만성 육아종 질환은 일반적으로 NADPH 산화효소의 인산 결합 부위에서 글리신 잔기의 돌연변이와 관련된다. NADPH 산화효소는 글리신 잔기가 세 개인 곳에서 NADPH와 결합한다. GxGxG 서열의 첫 번째 글리신을 글루탐산(또는 글리포세이트)처럼 부피가 더 크고 음전하를 띤 분자로 바꾸면, NADPH의 활성 부위 진입은 물론 FAD 결합을 방해하여 효소 활성을 없앤다.[44] 글리포세이트 노출은 만성 육아종 질환을 유발하는 유전 돌연변이와 같은 방식으로 NADPH 산화효소의 활성을 억제하여 이 유전 질환을 모방한다.

앞서 우리는 2장에서 실질적으로 치료가 어려운 치명적인 신종 진균성 감염인 칸디다 아우리스를 논의했다. 또한 글리포세이트의 면역 방어 교란이 생명을 위협하는 진균 감염과 다른 병원성 감염의 증가에 어떻게 기여하고 있는지를 살폈다.

특히 글리신보다 부피가 크고 음전하를 가지고 있다는 점에서 글리포세이트와 유사한 두 아미노산, 즉 아스파르트산이나 글루탐산으로 글리신 잔기의 유전적 돌연변이가 치환되면 글리포세이트가 글리신을 치환할 때 예상되는 시나리오가 만들어진다. 다시 말해, 만성 육아종 질환은 글리포세이트가 어떻게 면역 기능을 손상하는지 설명하는 데 도움이 된다. NADPH 산화효소 외에 다른 여러 단백질도 면역에 관여한다. 이러한 단백질도 글리포세이트에 억제되리라 예측될 수 있다. 이에 대해서는 10장에서 자세히 설명하겠다.

황에
민감한 사람들

어떤 사람들은 자신이 황에 민감해서 황이 함유된 식품을 먹을 수 없다고 주장한다. 대개는 그들의 장에 아황산과 황산을 황화수소(H_2S) 가스로 변형하는 세균 종들이 과잉 증식했기 때문이다. 황 민감성은 복부 팽만, 가스 통증, 브레인 포그를 일으킬 수 있다. 황화수소가 조직 사이로 자유롭게 떠다니다 뇌에 도달하여 뇌 기능을 교란할 수 있기 때문이다. 아황산염을 줄이는 아황산 환원효소인 두 효소가 이에 관여한다. 한 효소는 황을 생체분자에 통합하고, 다른 효소는 그저 황화수소 가스를 만드는 데 만족한다.

전자인 동화형 아황산 환원효소는 유기물로서 시스테인과 메티오닌을 생산한다. 또한 '헤모플라보 단백질hemoflavoprotein'로서 NADPH와 FAD(플래빈 아데닌 다이뉴클레오티드) 결합에 의존하며 헴에도 부착된다. NADPH와 FAD는 인산화된 분자이기 때문에 동화형 아황산 환원효소는 글리포세이트로 인해 억제될 수도 있다.[45] 알다시피 헴의 합성 역시 글리포세이트로 인해 억제된다. 이와 반대로 황화수소를 생성하는 이화형 아황산 환원효소는 이러한 의존성이 없다.

글리포세이트가 장내 미생물에서 전자를 억제하면 후자의 과잉 생산을 초래할까? 만약 그렇다면, 황을 줄이는 세균은 자폐증과 관련 있으며, 염증성 장 질환의 원인이 될 수 있다. 글리포세이트는 이러한 세균이 번성할 수 있게 해줄 것이다.[46]

서열 분석으로
밝혀낸 사실

4장에서 한 연구팀이 단백질 합성 과정에서 글리포세이트가 글리신을 치환하지 않는다는 것을 증명했다고 말한 바 있다.[47] 킹스칼리지 런던의 분자유전학자 마이클 안토니우Michael Antoniou 박사가 이끄는 이 팀은 단백질 합성 과정에서 글리포세이트가 글리신을 치환하는지 알아보기 위해 시험관 배양에서 자란 유방암 세포를 대상으로 실험을 설계했다. 연구진은 '노출되시 않은' 세포(대조군) 역시 글리포세이트 치환의 증거를 보였기 때문에, 자신들이 찾아낸 모든 '후보'(특정 단백질에서 글리포세이트의 글리신 치환을 탐지한 것)가 위양성(검사에서 사실 실패인데 성공으로 잘못 판단하는 것-옮긴이)이라고 결론지었다.

앞서 얘기했듯이 안토니우 연구팀이 깨닫지 못한 것은 '노출되지 않은' 세포들이 실험 시작 전에 장기간 글리포세이트에 노출되었을 수 있다는 점이다. 인간 체내에서부터 시작하여 실험 도중을 비롯해 시험관 배양에서 여러 세대 동안 성장하면서 글리포세이트에 오염된 양분을 공급받았다면 말이다.

다행히 안토니우 팀의 논문에는 그들이 탐지한 15개 단백질의 정확한 서열이 적혀 있었고, 나는 이를 범용 단백질 자원Universal Protein Resource: UniProt 웹사이트의 생물학적 서열 프로그램을 사용하여 분석할 수 있었다. 분석 결과 단백질 15개 모두 확인할 수 있었는데, 이 중 최소 아홉 개가 인산 함유 분자와 결합했다(345쪽 표 A. 3 참고). 이 발견은 인산과 결합하는 글리신 잔기가 있는 단백질이 특히 글리포세이트 치환에 민감하다는 내 가설을 강하게 뒷받침한다.

글리포세이트 치환으로 특정 글리신 잔기가 변형되며 나타난 인간 단백질 15개를 확인하는 일은 단백질의 글리포세이트 오염을 감지하는 실험에서 중요한 돌파구가 될 수도 있다. 안토니우 팀의 결론에 나는 강하게 반대하지만, 그 팀의 연구는 매우 가치가 있다. 그 연구에서는 피부경화증 환자의 손톱, 건선 환자의 피부 세포, 알츠하이머 환자의 아밀로이드 베타 단백질의 응집, 자폐증 아동의 머리카락 표본, 제엽염을 앓는 말의 발굽, 암 종양에서 얻은 조직 검사 시료, 병든 신장과 간 조직 같은 포유류의 병든 조직에서 추출한 생물학적 표본뿐 아니라 배양해서 자란 세포 유형에도 적용 가능한 규정 절차를 명시하고 있기 때문이다.

특정 치환 패턴의 자료를 수집하여 크기가 작거나 양전하를 띠는 아미노산이 인접했을 때처럼 글리신 잔기가 특히 민감한 펩티드 맥락의 규칙을 예측할 수도 있다. 이 패턴들은 안토니우의 실험에서 찾아낸 소규모 집합에서 이미 명백해지고 있다. 치환되었다고 알려진 글리신 15개 중 여섯 개는 양전하를 띤 아미노산, 즉 리신, 히스티딘 또는 아르기닌이 뒤따랐다. 10개는 발린, 류신, 세린, 트레오닌 중 하나가 뒤따랐다. 이들 모두 글리포세이트의 메틸포스포닐 꼬리를 위한 공간을 지원하는 작은 아미노산들이다.

TOXIC  LEGACY

6장

기적의 일꾼, 황산

●

황 화합물로 '호흡'하는 이러한 필수적인 능력은
오랫동안 비생물 세계에서 생물 세계로 이행하는
초기 단계 중 하나로 여겨져 왔다.

데이비드 와시 David Wacey

황산에 대해 많이 생각해보지 못했을 수도 있지만, 건강을 유지하는
데 있어 황산의 역할은 매우 중요하다. 살아 있는 모든 조직에 존재
하는 황산 분자는 체내에서 좋은 일을 많이 한다. 여기 흥미로운 부
분이 몇 가지 있다. 먼저 황산기는 혈류를 통해 호르몬을 한 곳에서
다른 곳으로 호위하며, 필요한 곳에 도착할 때까지 호르몬을 비활성
화한다. 그리고 수은과 아세트아미노펜 등 독성 있는 원소와 화합물
을 비활성화하고 체외로 실어 나른다. 황산은 세포의 소화계인 리소
좀 같은 세포소기관의 산도 유지를 돕는다.

또한 황산기는 혈중 반응성 물질로부터 혈관 벽을 보호하고 혈중
수분이 조직으로 새어 나가지 않도록 하는 데도 필수적이다. 적혈구

세포막에서 황산 콜레스테롤로서 적혈구가 서로 밀어내도록 하는 음전하를 만들어 적혈구가 서로 달라붙어 흐르지 않는 상황이 벌어지지 않게 한다. 이 음전하는 모세혈관 속에서 적혈구가 나아가게 만드는 데도 도움을 준다. 또한 다당류인 황산헤파란에서 황산기는 체내 세포 대부분에 무엇이 들어가고 무엇이 바깥에 머무르는지를 조절한다.

황산이 왜 그렇게 중요해졌는지 이해하려면, 나와 함께 생화학으로 여행을 떠나야 한다. 그러고 나면 글리포세이트가 황산의 적절한 공급을 유지하는 능력을 체계적으로 손상한다는 불편한 진실, 즉 증가하는 많은 질병에 영향을 끼치는 현상에 대처할 수 있다.

황은 왜 생명에
필수적인가?

황은 풍부하고 자연적으로 발생하는 원소다. 유황에도 있고 썩은 달걀의 냄새 속에도 있다. 주기율표에서 황은 산소 바로 아래에 있다(주기율표에서 세로로 같은 칸에 있는 원소들은 구조가 비슷해서 화학적 성질도 비슷하다). 황은 산소와 같은 성질을 많이 갖고 있는데, 알다시피 산소는 생명에 필수적이다. 황산 음이온은 황과 산소의 조합으로 화학식은 SO_4^{-2}이다. 황 원자 한 개에 산소 원자 네 개가 결합한 2가 음이온이다. 이 전하로 황산 음이온은 다른 분자에 달라붙을 때 음전하를 띤

면을 만들 수 있다.

지구에서 생명이 시작될 무렵, 대기에는 산소가 아주 적었다. 초기 지구에는 심해 열수구와 화산 분출로부터 황화수소 기체가 풍부했다. 에너지 화폐로 불리는 아데노신삼인산은 산소가 아닌 황으로 처음 만들어졌다.[1] 미토콘드리아는 당시에도 포도당을 대사하는 효소 일부를 사용하여 황화수소를 산화해 ATP를 만들 수 있었다. 세포의 동력원인 미토콘드리아가 환경 속에 존재한다면 포도당 대신 황화수소를 우선 섭취할 것이다. 적혈구에서 체내로 산소를 운반하는 헤모글로빈은 원래 산소보다는 황과 결합하도록 설계된 듯 보인다.[2]

인간이 산소를 들이마시는 것처럼 황을 들이마시지는 않더라도, 황은 몸 전체에서 매우 중요하다. 황화수소 기체는 체내에서 합성된 신호 전달 기체로 세포에 특정 과정을 시작하라고 알려준다. 우리에게 더 친숙할지도 모를 신호 전달 기체로는 산화질소와 일산화탄소가 있다. 소량의 황화수소는 유익하지만, 많은 양은 일산화탄소처럼 우리를 죽일 수도 있다.

황산의
또 다른 기능

황산화는 황산 음이온이 또 다른 분자에 달라붙는 과정이다. 이 과정은 생명 작용에서 여러 방면으로 중요하다. 예를 들어, 황산기는 간의 지용성 독소와 독성 화학물질에 달라붙어 이들을 수용성으로 만들고 소변을 통해 배출되게끔 한다. 또한 황산기는 부신에서 생성되는 모든 호르몬이 순환하러 나가기 전에 호르몬에 달라붙는다.

수면을 돕는 호르몬인 멜라토닌은 뇌의 솔방울샘에서 만들어진 후 황산화된다. 콜레스테롤은 피부 속에서 황산화되어 건강한 피부 장벽을 만든다. 황산전달효소라고 하는 특화된 효소는 황산기를 황산기 공여체(일반적으로 PAPS라고 불리는 ATP의 변형된 형태)에서 다른 분자로 옮긴다. 포스포아데노신 포스포술페이트phosphoadenosine phosphos ulfate: PAPS는 인산 중 하나가 황산인 것을 제외하면 ATP와 유사한 황산의 에너지 형태다.

PAPS 합성효소는 서로 다른 두 개의 ATP 분자에 결합하여 황산기를 PAPS로 전환하는 효소다. 두 개의 ATP 중 하나는 반응을 **위한** 에너지원으로 사용되고, 다른 하나는 그 반응으로 **인해** PAPS로 바뀔 것이다. PAPS 합성효소는 이러한 두 ATP 결합 부위에 연관된 두 개의 고도로 보존된 아미노산 모티프를 가지고 있으며, 이 모티프 각각에는 세 개의 글리신이 포함된다. PAPS 합성효소는 이 두 부위 중 한 곳에서 글리신을 치환하는 글리포세이트로 인해 억제될 수 있다.

황산과
스테로이드와 햇빛

스테로이드 호르몬은 신체가 건강을 유지하기 위해 사용하는 중요한 호르몬이다. 부신에서 생성되는 스트레스호르몬 코르티솔과 부신·고환·난소·태반에서 생성되는 성호르몬이 여기에 포함된다. 황산기를 부착하면 운반 과정에서 일시적으로 비활성화되고 수용성이 강해져 호르몬이 혈류를 통해 쉽게 이동할 수 있다. 다시 말해, 황산기는 몸 전체에 호르몬을 퍼트리는 데 필수적이다.

또한 황산화는 **황산**이 몸속에서 이동할 때 비활성화한다. 이는 황산을 조직에 퍼트리는 데 결정적이다. (운반체 분자에 부착되지 않은) 유리된 황산이 너무 많으면 혈액 속 수분 상태를 바꿔 혈액을 매우 걸쭉하게 만들고 혈류를 통한 혈액 순환을 방해할 것이다. 생물학적 유기체들은 명쾌한 해결책을 생각해냈다. 비로 황산기를 호르몬 같은 운반체 분자에 거는 것이다.

예를 들어, 양쪽 콩팥의 맨 위에 자리한 부신은 황산 디하이드로에피안드로스테론dehydroepiandrosterone: DHEA을 생성한다. 폐경기 여성 중에 의사에게 DHEA를 처방받은 사람도 있을 것이다. 폐경기에 접어든 여성들은 테스토스테론 수치가 낮아질 가능성이 있으며, DHEA는 테스토스테론으로 전환되어 폐경과 관련된 몇몇 증상을 줄일 수 있다.[3]

황산 DHEA는 임신 중에도 중요하다. 태반으로 인해 에스트로겐으로 전환되어 태아 발육을 조절한다. 이처럼 황산기는 매우 중요하다. 황산화되지 않은 형태의 DHEA는 황산화된 형태를 대신할 수 없다. 특히 아기의 뇌가 성숙해지는 임신 후반부에 더욱 더 그렇다. 황산 DHEA가 충분히 공급되지 않으면 대뇌피질 없이 태어나는 무뇌증이 발생할 수 있다.[4]

고환 간질 세포는 정자에 테스토스테론을 공급한다. 고환 간질 세포에서 채취한 종양 세포주에 관한 시험관 내 연구는 라운드업 노출이 테스토스테론 생산을 94퍼센트 떨어뜨린다는 것을 밝혀냈다! 이들 세포에서 사이토크롬 P450CYP 효소의 작용이 억제되었고, 미토콘드리아 막을 관통해 콜레스테롤을 CYP 효소로 전달하는 단백질의 활성도 억제되었다.[5] CYP 효소는 콜레스테롤에서 스테로이드를 합성한다. 글리포세이트가 그 과정을 억제하면 내분비계 전체의 균형이 깨진다.

피부 세포는 햇빛에 반응하여 황산 콜레스테롤을 생성하고, 이 역시 비교적 고농도로 혈액에서 순환한다. 실제로 호르몬인 비타민D는 콜레스테롤로부터 유래하며, 이 반응은 햇빛으로 촉발된다. 비타민D는 대개 수송 중에 황산화된다. 자폐증과 여타 신경 질환을 가진 어린이들은 혈청 콜레스테롤[6], 혈청 황산[7], 혈청 비타민D[8]가 낮은 경우가 흔하다. 이에 따르면 콜레스테롤, 비타민D, 황산이 뇌 건강에 중요하며 햇빛 노출이 뇌 보호에 도움을 줄 수 있다. (또한 어린이에게 자외선 차단제를 듬뿍 발라주는 행동이 의도하지 않은 결과를 가져올 수도 있음을 이제 막 인식하기 시작했다.)

황산과
신경전달물질

저자 서문에서 알게 되었듯이, 식물과 장내 미생물은 글리포세이트가 교란하는 시킴산 경로를 통해 방향족 아미노산인 트립토판, 티로신, 페닐알라닌을 생산한다. 트립토판은 신경전달물질 세로토닌과 멜라토닌의 전구체다. 페닐알라닌과 티로신은 도파민과 아드레날린, 그리고 피부를 까맣게 하는 색소 멜라닌의 전구체다. 신진대사를 조절하는 갑상샘호르몬 역시 티로신에서 유래된다. 트립토판뿐 아니라 이러한 호르몬 모두 수송 중에 황산화되는 일이 흔하다. 그리고 이 분자들 모두 생물학적으로 중요하다. 이 분자들이 억제되면 끔찍한 결과가 닥칠 수 있다.

알츠하이머병, 심장병, 관절염, 암 같은 질환으로부터 보호해주는 많은 영양소는 수송 중에 황산화된다. 포도와 포도주에 들어 있는 라스베라트롤, 강황에 들어 있는 항염증성 화합물 쿠르쿠민, 비타민C, 그리고 다채로운 과일, 채소, 커피, 차, 초콜릿에서 발견되는 다양한 폴리페놀과 플라보노이드가 여기에 포함된다. 나는 이런 물질의 이점들이 대체로 황산을 조직으로 수송하고 전달하는 능력에서 비롯된다고 믿는다. 이 영양소 전부 식물로 인해 합성되고 시킴산 경로의 산물에서 유래된다.

글리포세이트는 방향족 아미노산과 그 유도체(신경전달물질과 폴리페놀)의 합성을 억제한다. 이와 동시에 스테로이드 호르몬을 방해하여 생리활성 분자로 인해 황산기를 정상적으로 황산기를 수송하고 전달하는 신체의 능력을 저해할 수 있다.

물의
네 번째 형태

사하라 사막의 투아레그족에게는 "물은 생명이다"라는 뜻의 "아만 이만aman iman"이라는 격언이 있다. 알다시피 물 없이는 살 수 없지만, 물 분자가 생물물리학적으로 얼마나 특별한지 자각하는 사람은 아주 드물다. 물은 단순해 보이지만 그렇지 않다. 물의 과학은 난해하고 복잡하다. 물의 가장 중요한 특성 중 하나가 잘 이해되지 않기 때문이다. 물은 고체, 액체, 기체 외에도 워싱턴대학교 생명공학과의 과학자인 제럴드 폴락Gerald Pollack 박사가 '네 번째 상fourth phase'이라고 부르는 상태를 가지고 있다.

겔화, 구조화, 질서 정연, 액체 결정, 배타 구역, 살아 있는 물이라고도 불리는 물의 네 번째 상은 고도로 조직화되고 전기 전도성이 있지만, 완전히 고체는 아니다. 젤라틴 디저트의 물을 생각해보자. 물 분자는 아주 작다. 분자 수로는 인간의 몸의 98퍼센트 이상을 차지하지만, 질량으로는 66퍼센트에 그친다. 인간 몸속의 물은 대체로 네 번째 상이다. 예외적으로, 혈액 속 물은 혈관 내 혈액의 매끄러운 흐름을 위해 유체 상태다.

황산은 물이 네 번째 상을 유지하는 데 필수적이다. 수용성 표면에 황산기가 달라붙으면, 표면에 인접한 물은 실제로 육각형 결정의 규칙적인 배열로 조직화한다. 이 여섯 갈래의 결정은 얼음 결정 구조를 닮아 액체 상태 대신 단단한 겔을 만든다.

예를 들어, 혈관은 내피세포라고 불리는 단일 세포층에 둘러싸여 있다. 내피나 혈관 벽을 구성하는 내피세포들은 내피를 따라 각 세포의 원형질막에 내장된 단백질 위에 층을 형성한다. 다당류, 즉 당 분자의 사슬이 단백질에 부착된다. 이때 황산 음이온은 불규칙한 패턴으로 이 다당류에 달라붙는다. 그 결과 생성되는 크고 복잡한 분자를 황산 글리코사미노글리칸이라고 하는데, 황산기, 포도당(글리코스-), 질소(아미노-), 다당류(글리칸)로 구성된다.

콘드로이틴황산은 관절 연골에서 발견되는 황산 글리코사미노글리칸이다. 관절염과 관절 통증을 앓는 사람들은 콘드로이틴을 보충제로 복용하는 게 도움이 된다. 항산헤파란은 또 다른 흔한 황산 글리코사미노글리칸이다. 꾸준히 합성되고 분해되는 황산헤파란은 몇 시간만 지속되면서, 그동안 세포막에 박힌 단백질과 일시적으로 결합한다. 그리고 세포에 유용한 혈액의 내용물(예를 들면 지질 단백질)을 낚아채며, 세포의 거의 모든 핵심 활동을 촉진한다.[9] 많은 신호 전달 분자들, 특히 성장인자는 신호 전달 반응을 시작하기 위해 황산헤파란에 결합한다.

세포막의 단백질에서 분리된 황산헤파란은 (그에 부착된 모든 것과 함께) 세포의 소화계인 리소좀으로 이동한다. 리소좀에서 황산헤파란으로부터 분리된 황산 음이온은 이후 황산이 되고, 리소좀이 영양분을 소화하고 세포 찌꺼기로 분해하는 데 필수적인 낮은 pH를 유지하도록 돕는다. 황산이 부족해지면, 재활용을 위해 세포 찌꺼기를 제거하는 세포의 능력이 손상되며 제거되지 못한 쓰레기는 축적된다.

황산헤파란은 건강한 세포를 둘러싸고 보호하는 구조화된 네 번째 상 '세포 외 기질'인 당질피질에 가장 풍부한 글리코사미노글리칸이다(콘드로이틴황산도 여기에 속한다). 당질피질은 체내 모든 혈관의 막을 형성하는 구조화된 네 번째 상의 '벽'을 형성하여 혈액 속에 운반되는 반응성 물질에 대해 거의 불침투성 장벽을 형성한다. 황산화된 당질피질처럼 친수성 표면에 갇힌 물의 점도는 흐르는 혈액 속의 물의 점도보다 훨씬 더 높다.[10] 건강한 장벽을 유지하기 위해서는 당질피질에 충분한 황산기가 있어야 한다.[11] 다시 말해, 글리코사미노글리칸의 황산화가 불충분하면 인간은 곤경에 처한다.

폴락 연구팀은 당질피질에 관한 개략적인 모의실험을 통해 생물학적 활성 물질들이 이 배타 구역에 미치는 영향을 실험했다. 연구진은 코코넛 워터, 강황, 바질 등 특정 음식과 향신료가 특정 농도까지 장벽의 두께를 늘린다고 보았다. 또한 이 음식들이 혈관의 완전한 상태를 보호하는 데 좋을 수 있다고 판단했다. 반면 글리포세이트 계열 라운드업은 아주 낮은 농도에서도 장벽의 두께를 줄였다.[12] 장벽이 얇을수록 혈액 속 독성물질이나 반응성이 매우 높은 물질에 쉽게 뚫린다.

구조화된 물의 주목할 만한 특성은 양성자를 밀어낸다는 것이다.

이 젤은 음전하를 띠며 체내에 전기를 공급할 수 있는 일종의 배터리를 만든다. 젤화된 물은 젤리 표면처럼 혈액 속 물 바로 옆을 매끄럽고 반질반질하게 해준다. 반질반질한 표면은 적혈구가 최소한의 마찰로도 힘들이지 않고 미끄러지게 하여 모세혈관에서 특히 중요하다. 모세혈관 벽에 황산기가 충분히 공급되지 않으면 혈류에 대한 저항이 높아져 심장에 부담이 가중된다. 장기간 황산이 고갈된 사람 중에는 이러한 종류의 혈관 및 심장 문제가 나타나기도 한다.

황산과 인산의 유사점

황산 음이온은 인산 음이온과 생물학적 유사점을 공유한다. 두 분자 모두 중심 원자를 산소 원자 네 개가 둘러싼다. 인산 음이온의 중심 원자는 인이고 황산 음이온의 중심 원자는 황이다. 황산 음이온과 인산 음이온 모두가 두 개의 음이온을 가지고 있다.

알다시피 황산헤파란은 긴 사슬의 다당류로 구성된다. 황산헤파란과 유사한 헤파린은 생물학적으로 중요한 분자다. 헤파린은 알레르기 반응 같은 염증성 질환이 있을 때 비만세포에서 방출된다. 헤파린은 이름에 황산이 들어 있지 않지만, 실제로 황산헤파란보다 고도로 황산화되어 있다. 사실, 헤파린은 생물에서 가장 황산화 정도가 높은 분자다. 헤파린이나 황산헤파란에는 여러 중요한 단백질이 결합한다. 인산과 마찬가지로, 이 중 일부는 글리포세이트 치환의 영향을 받으리라고 추측할 수 있다.

인산 결합 부위와는 다르게, 황산헤파란의 결합 부위는 단순한 아미노산 모티프로 규정할 수 없다. 실제로 연구자들은 아직도 황산헤파란과 결합하는 여러 단백질의 부위를 구체적으로 확인하려고 노력 중이다. 헤파린 결합 부위와 황산헤파란 결합 부위의 특성을 규정하고자 설계된 어느 연구에 따르면, 헤파린이나 황산헤파란이 결합하는 부위에 양전하를 띠는 아미노산 리신과 아르기닌 외에 글리신이 지나치게 많았다.[13]

따라서 이 패턴이 간단한 모티프로 규정될 수 없지만, 인산 결합 부위에 적용되는 원리가 헤파린 결합 부위와 황산헤파란 결합 부위에도 적용될 수 있다. 또한 이 부위들이 같은 방식으로 글리포세이트 치환에 민감할 가능성이 있다.

신호 전달 메커니즘이
교란된다면

인터페론, 인터류킨, 성장인자를 포함해 많은 사이토카인이 황산헤파란과 결합한다. 이 결합으로 세포에서 방출되는 장소 가까이에 사이토카인을 유지하여, 그 활동을 내분비(전체적) 효과가 아닌 측분비(국소적) 효과로 제한한다. 즉 이 결합으로 사이토카인은 체내 전신 순환으로 빠져나가지 못한다. 만약 황산헤파란과의 결합이 약하다면 사이토카인 효과는 국소적으로 그치지 않고 사이토카인은 불규칙하게 행동할 것이다.

몇몇 생물학적 활성 단백질은 당질피질의 황산헤파란과 결합한다 (346쪽 표 A. 4 참고).[14] 이 결합은 세포가 적절하게 반응할 수 있도록 세포 신호를 변환하는 데 필수적이다. 이러한 단백질은 적절한 염증 반응을 유도할 뿐 아니라 혈전을 조절하고 세포분열을 촉진하며 표면에 세포 부착을 유지하고 성장을 촉진하는 데 중요한 구실을 한다.

부록에 실린 단백질은 모두 체내에서 매우 중요하다. 섬유 아세포 성장 인자Fibroblast Growth Factor: FGF는 발달에 필수적인 단백질군이다. 황산헤파란과 섬유 아세포 성장 인자의 결합은 세포막에서 섬유 아세포 성장 인자 수용체와 결합하기 위해 필수적이다. 황산헤파란과 조직 트랜스글루타미나아제의 결합은 트랜스글루타미나아제가 자유로이 풀려서 콜라겐에 많은 가교결합을 형성하여 섬유화(흉터 조직)를 야기하는 것을 방지한다.

순환하는 헤파린에 인터페론이 결합하면, 인터페론이 단백질 가수분해효소로 인해 헤파린이 분해되는 것을 막는다.[15] 헤파린과 황산헤파란에 결합하는 단백질의 또 다른 좋은 예는 항트롬빈이다. 이 단백질은 혈전 연쇄 반응에 관련된 여러 효소를 비활성화하여 혈전으로부터 신체를 보호한다. 실제로 수술 중 혈전을 예방할 목적으로 헤파린을 투여하기도 한다. 항트롬빈으로 인한 헤파린 결합은 항트롬빈의 활성을 1,000배 높인다.[16]

만약 헤파린이나 황산헤파란에 결합하는 단백질의 능력이 손상되면, 항상성에 필수적인 생물학의 기본 기전에서 많은 결함이 발생할 수 있다. 글리포세이트 편입으로 헤파린과 결합하지 못한 단백질은 결국 혈액 속에 자유롭게 떠돌다가 소화 단백질로 인해 매우 빨리 제거될 것이다. 세포막에서 황산헤파린과 결합하지 못한 단백질 역시 의도나 예측을 파악할 수 없는 전신 반응을 일으키며 혈류로 흐를 것이다. 이론상 이러한 생물학의 기본 기전을 교란한 결과를 예측하기는 어렵지만, 전신 염증, 출혈, 혈전증 등을 유발하는 신호 전달 반응으로 이어지리라는 가설을 세울 수 있다.

eNOS의
다양한 역할

내피세포 산화질소 합성효소endothelial Nitric Oxide Synthase, 즉 eNOS는 혈관 벽을 이완해주고 혈액으로 퍼지며 혈류를 촉진하는 신호 전달 기체인 산화질소를 합성하는 중요한 효소다. 산화질소 합성 장애는 고혈압, 심혈관 질환, 당뇨병과 관련이 있다.[17] eNOS는 세포 내부에 있을 때만 산화질소를 생성하고 인산화되어 칼모듈린이라는 단백질에 결합한다. '비활성' 모드의 eNOS는 세포막의 카베올린이라는 단백질에 단단히 결합된 상태로 존재한다.

나는 산화질소 합성이 eNOS의 주요 역할 중 하나에 불과하다고 믿는다. 또 다른 역할은 아황산 산화효소로 인해 황산으로 대사될 수 있는 이산화황(SO_2)을 합성하는 것이다. 즉 내가 옳다면 eNOS는 산화질소 합성뿐 아니라 황산 공급을 적절하게 유지하는 데도 필수적이다. 또한 이건 확실히 추측에 더 가깝기는 하지만, eNOS의 이산화황 합성은 (산화질소 합성처럼 세포 내부가 아닌) 막에 결합할 때이며, eNOS는 햇빛에 의존하여 반응을 촉진하는 게 아닐까 생각한다.[18]

칼슘이 내피세포로 들어가면 eNOS가 세포막에서 분리되고, 세포 안으로 들어가 인산화된다. 이후 칼모듈린과 결합하며, 산화질소를 합성하도록 전환하는 신호 전달 연쇄 반응을 시작할 수 있다. 산소가 있으면 산화질소는 아질산염으로 산화되어 당질피질을 형성하는 당단백질을 약화할 수 있다. (이것이 황산헤파란이 당질피질에서 몇 시간만 살아남는 이유이며, eNOS로 인해 생성된 산화질소는 당질피질의 황산헤파란의 재활용을 촉진한다.)

다시 말해, eNOS는 아황산염과 황산염으로 산화되는 이산화황의 합성과 아질산염과 질산염으로 산화되는 산화질소의 합성을 번갈아 수행한다. 황산은 세포외 기질을 구성하고 아질산은 분해한다. 나는 이것이 정교한 음양의 조화라고 생각한다.

적혈구의
미스터리

적혈구에는 eNOS가 많은데, 이게 커다란 미스터리다. 적혈구는 칼슘을 능숙하게 차단힌다. 이에 따라 eNOS가 막에서 분리되고 세포로 들어가 일산화질소를 합성하도록 야기하는 신호를 억제한다. 실제로 적혈구의 eNOS는 절대 세포막을 벗어나지 않는다.[19] eNOS가 산화질소를 생성하려면 아르기닌이 필요하다. 적혈구는 아르기닌을 세포로 들여오는 수송 단백질이 없을 뿐더러 아르기닌을 분해하는 효소인 아르기나아제를 포함하고 있다.

그래서 산화질소를 합성하는 효소, 즉 eNOS가 풍부한데도 적혈구는 사실상 다른 요건을 전혀 갖추지 못했다. 이는 마치 eNOS가 어떤 성취도 이루지 못하도록 적혈구가 전력을 다해 막는 듯 보인다. 어쨌든 적혈구가 산화질소를 합성하는 것은 좋은 생각이 아닐 것이다. 산화질소는 헤모글로빈에 결합하여 일산화탄소가 그랬듯 적혈구의 산소 운반을 방해할 것이다. 그렇다면 중요한 질문을 던져보겠다. 적혈구는 **왜** 그렇게 eNOS를 많이 만들까?

내 생각은 이렇다. 알다시피 내인성 스테로이드인 황산 콜레스테롤이 적혈구에 중요하다. 세포막에 음전하를 제공하여 세포들이 서로 엉키지 않게 해 혈류 차단을 막는 데 일조하기 때문이다. 또한 효소 eNOS는 세포 내부에 있을 때 질소를 산화질소로 산화한다. 적혈구가 eNOS를 운반하는 이유는 eNOS가 막에 부착되면 황을 이산화

황으로 산화해 콜레스테롤을 황산화하는 원료로 제공할 수 있기 때문이라고 보는 게 그럴듯하다.

eNOS는 많은 생물학 과정에서 중요한 플라보 단백질이라고 알려진 효소군의 일부다. 알다시피 플라보 단백질은 인산 함유 분자를 결합하는 부위에서 글리포세이트 치환에 민감하다. eNOS는 NADPH와 FAD 둘 다 결합한다. 또한 헤모글로빈의 철이 결합된 산소 운반 분자인 헴과도 결합한다. 5장에서 설명했듯이, 헴 합성은 글리포세이트로 인해 손상된다. 거기서 끝이 아니다. eNOS는 촉매로 철과 아연 모두에 의존한다. 글리포세이트가 존재하면 철과 아연은 글리포세이트의 킬레이트화로 부족해질 수 있다.

마지막으로 eNOS에는 미리스토일화(지방산인 미리스트산으로 인한 단백질의 수식반응—옮긴이) 과정에서 세포막에 결합하는 데 필수적인 말단 글리신 잔기가 있다.[20] 말단 글리신은 오른쪽에 아미노산이 없어 글리포세이트의 메틸포스폰신을 위한 공산이 많다. 따라서 글리포세이트가 치환하기 쉬운 장소다. 금속 킬레이트화, 헴 합성의 장애, 플래빈 부위의 인산 결합, 미리스토일화 및 막 결합의 장애 등의 특징은 말단 글리신이 글리포세이트에 매우 취약하다는 사실을 보여준다.

eNOS는 과학자 사이에서 잘못된 행동을 할 수 있는 능력으로 명성을 얻고 있다. 말 그대로 eNOS 기능 장애에 관한 기사가 수천 건이다. 예를 들어, eNOS는 때때로 산화질소를 생산하는 대신 반응성 초과산화물을 내뿜는다.[21] 나는 글리포세이트가 eNOS의 기능을 교란하여 원형질막에 산화적 손상을 일으킬 뿐 아니라 체내에 황산염 공급을 방해한다고 주장한다. 결국 초과산화물은 황산으로 합성되는 이산화황의 합성을 촉매하여 소비되어야 한다. 하지만 글리포세이트로 인해 eNOS가 비활성화되었으므로 그 대신 반응성 산소종으로 남아 있다.

자, 간단히 말해서 이렇게 진행된다. 적혈구는 혈류에서 황화수소 기체를 섭취한다. 세포의 헤모글로빈은 이 기체를 티오황산으로 전환한다.[22] 적혈구의 세포막과 혈관 벽 내피세포의 eNOS 분자들은 아황산 산화효소와 함께 티오황산을 황산 분자 두 개로 변형하여 작업을 끝낸다.[23] eNOS와 결합된 플래빈은 푸른빛에 반응하여 광개시제 역할을 하며, 황의 산화 반응을 촉진할 수 있는 전자를 방출한다. 다시 말해, eNOS는 햇빛에 반응하여 황산염을 합성한다.

나는 심지어 이것이 비타민D의 합성보다 훨씬 더 중요한 햇빛 노출의 이점이라고 추측하고 싶다. 또한 이는 적혈구 막에 eNOS가 많은 이유를 설명할 수 있다. 적혈구는 eNOS를 사용하여 질소가 아닌 황을 산화한다.

높은 혈청 콜레스테롤은 심혈관 질환의 위험 요소로 잘 알려졌다. 여러 실험에 따르면, LDL 상승으로도 알려진 높은 혈청 콜레스테롤이 내피세포를 유도하여 eNOS를 막에 유지시키는 카베올린 단백질을 더 많이 생성하도록 했다. 이는 eNOS의 행동을 바꿔 짝풀림 uncoupling이라는 병적 상황에서 초과산화물을 방출하게 한다.[24] 매우 위험한 일이다.

초과산화물은 산화질소와 반응하여 생물학적으로 가장 반응성이 높은 물질 중 하나라고 알려진 과산화질소를 생성한다. 나는 이것이 글리포세이트가 황을 산화해 황산을 생성하는 eNOS의 능력을 망가뜨린 결과라고 믿는다. 글리포세이트의 방해로 인해 플래빈과 결합이 시원치 않으면 eNOS는 황과 초과산화물을 결합하여 이산화황을 생성하지 못한다. 생성하기는커녕 초과산화물이 방출되어 대혼란을 일으킨다.

그 사이 콜레스테롤은 황산을 생성하도록 내피세포에 신호를 보내려고 한다. 이 황산은 콜레스테롤과 짝지어 수용성 분자인 황산 콜레스테롤을 생성할 수 있는 것이다. 그 후 황산 콜레스테롤은 LDL 입자의 막에 들어가 산화 및 당화 반응 손상으로부터 그것들을 보호할 수 있다. 하지만 글리포세이트가 eNOS를 억제하면 이 중 어떤 것도 제대로 작동하지 않는다. 결국 LDL은 산화되며, 동맥에 축적되는 산화된 LDL은 심혈관 질환의 전조다.[25]

혈액 속
균형 찾기

인간 혈액에 유리된 황산이 많으면 겔화되어 혈류가 둔해질 것이다. 그래서 체내 혈중 황산 수치를 매우 좁은 범위에서 낮게 유지해야만 한다.[26] 나는 이것이 황산 수송을 전문으로 하는 분자가 많은 이유로 추측한다. 앞서 언급한 황산기를 수송하는 생물학적 활성 분자의 대부분, 즉 폴리페놀, 플라보노이드, 방향족 아미노산 및 여기에서 유래한 신경전달물질, 갑상샘호르몬, 콜레스테롤, 코티솔, 비타민D, 성호르몬 같은 스테롤은 고리 구조가 특징이다. 보통 6면 고리와 5면 고리를 적어도 하나씩은 가진다.

나는 이 고리들이 황산 음이온의 음전하를 흩어지게 하고 물을 겔로 만드는 능력을 방해하리라고 추측한다. 또한 이 고리들은 플래빈이 촉매 반응을 촉진하는 것과 비슷한 방식으로 황산기를 세포외 기질로 전달하는 것을 촉진할 수도 있다. 이 모든 황산기 운반체 분자는 혈류를 막지 않는 방식으로 혈관계를 통해 황산기를 모든 조직에 분배하는 데 필요할 수 있다.

타우린은
황산의 예비품일까?

타우린은 아미노산이지만 아주 특이하다. 타우린은 일반적으로 탄소 기반 (카보닐)기 대신 황 기반 (술포닐)기를 가지고 있다. 전자는 단백질 부호화 아미노산의 특징이다. 타우린은 단백질 부호화 아미노산이 아니어서 단백질에 절대 나타나지 않지만, 아미노산 중 단독으로 가장 가용성이 높은 아미노산이다. 타우린은 특히 심장, 간, 뇌에 높은 농도로 저장되며, 이 사실은 과학에 수수께끼를 제기했다. 나는 타우린의 가장 중요한 역할은 황산기를 저장하는 것이며, 황산 수치가 위험할 정도로 낮아지면 비상시에 쉽게 구하게끔 하는 것이라고 믿는다.

황산화 글리코사미노글리칸의 혈관 속 밀도가 희박해지면, 당질 피질이 위태롭게 얇아지며 출혈 위험이 커지거나 잠재적 출혈을 차단하려는 시도로 혈전이 형성되어 생명이 위태로울 수 있다. 흥미롭게도 뇌는 발작이 일어날 때 저장된 타우린을 대량으로 방출한다. 심장마비 때도 마찬가지여서 나는 이를 '심장 발작'의 한 형태로 본다. 이런 타우린 분자들은 간에서 담즙산에 결합한 다음 쓸개를 통해 장으로 운반된다.

타우린은 인간 세포가 분해할 수 없어 비활성으로 여겨진다. 하지만 장내 미생물은 타우린을 대사하여 황화수소 기체를 생성**할 수 있고**, 이후 황화수소 기체는 산화되어 황산을 생성할 수 있다.[27] 실제로 동물 모델을 대상으로 한 방사성 트레이서 실험에서도 방사성 동위원소로 식별한 음식물의 타우린이 나중에 소변에서 황산으로 나타났다.[28] 장내 미생물로 인해 타우린에서 생성된 황산은 이후 숙주가 혈류에서 부족한 공급을 보충할 때 쓰일 수 있다.

글리포세이트가 *대장균*에서 타우린 흡수를 억제한다는 것이 실험을 통해 관찰되었다는 사실은 잘 알려져 있지 않다. 이 때문에 타우린 수송체들이 가장 심각한 영향을 받는다.[29] 타우린 운반체 활성의 억제는 다음과 같은 사실을 시사한다. 타우린은 글리포세이트가 존재할 때는 황산으로 전환될 수 없으며, 결과적으로 광범위한 황산염 결핍을 초래한다는 것이다.

거대한
퍼즐

나는 생물을 정말 좋아한다. 때때로 거대한 조각 그림 퍼즐처럼 보여서다. 하지만 이 퍼즐 조각은 정적이며, 우리가 놓아둔 곳에 머문다. 생물학적 유기체는 하나의 체계이며, 그 안에서 어떤 것도 별도로 작동하지 않음을 기억할 필요가 있다. 즉 생물은 톱니바퀴가 맞물린 3차원 퍼즐에 더 가깝다. 광범위한 영향을 미치지 않고는 어떤 것도 바꿀 수 없다. 산소는 폐에서 교환되지만, 산소가 몸 전체로 이동하지 않는다면 어떤 것도 제대로 작동하지 않는다. 황산도 비슷하다. 황산은 거의 틀림없이 산소만큼 중요하다.

앞서 황산기가 인간 세포의 세포 외 기질, 특히 혈관 내부를 감싸는 내피 세포의 당질피질에 얼마나 중요한지 이야기했다. 물의 겔화를 유도하는 황산기는 (당으로도 알려진) 당화 작용제와 산화제(효소 반응의 결함으로 생산되는 활성 산소종)의 공격으로부터 세포를 보호할 수 있다. 또한 모세혈관 속을 이동하는 적혈구의 표면을 매끄럽게 하여 적혈구가 거의 저항 없이 쉽게 미끄러지듯 나아갈 수 있다.

황산 콜레스테롤 형태의 황산기는 LDL, (소위 좋은 콜레스테롤이라는) 고밀도 리포 단백질HDL과 같은 지질 입자와 적혈구를 손상으로부터 보호하며 순환하는 동안 건강하게 유지해준다. 또한 황산기는 음전하를 제공하여 적혈구가 서로 잘 분리되도록 하고 건강한 혈류를 유지한다.

나는 연구를 통해 주로 글리포세이트 치환에 민감한 단백질에 글리포세이트가 여러 영향을 끼치면서 체내 황산염을 적절하게 유지하는 능력을 좀먹는다고 결론을 내렸다. 글리포세이트는 황산염 운반체(방향족과 스테로이드)의 공급을 크게 줄일 뿐 아니라, 분자 간 황산염 이동에 필수적인 PAPS의 합성 역시 방해한다. 운반체 수가 충분하지 않으면 황산염이 쉽게 부착하지 못한다.

글리포세이트의 가장 파괴적인 효과는 이산화황을 만드는 eNOS의 능력을 망가뜨리는 것으로 추정된다. 이산화황은 정상적으로 황산으로 산화되어 즉시 당질피질에 공급된다. 하지만 eNOS는 초과산화물을 방출하여 세포의 내용물을 손상한다. 전신적 황산 결핍은 심장 질환, 신경계 질환, 장 질환, 자가면역을 포함한 여러 현대병의 주요인이다.

TOXIC  LEGACY

7장

간에서 일어나는 놀라운 일들

●

몸의 모든 장기 중에서 간이 가장 특별하다.
다재다능한 기능과 대체 불가능한 성질 면에서
간에 견줄 만한 건 없다.

레이첼 카슨,《침묵의 봄[1]》

심장? 그렇다. 뇌? 물론이다. 하지만 건강한 사람이라면, 아마 간에
대해 오래 생각해보지는 않을 것이다. 체내에서 가장 큰 내장 기관인
간은 건강 유지에 매우 큰 역할을 한다. 덜 인정받고 종종 오해도 받
지만, 간은 체내 여과 시스템이다. 먹고 마신 많은 것이 결국 간을 통
과하고, 간에서 순환할 영양소와 폐기될 독성물질로 분류된다. 간은
두툼하고 부드럽고 불그스름한 고무 같은 장기로, 갈비뼈로 구성된
흉곽 바로 밑, 그리고 복부의 오른쪽에 자리한다.

간은 500가지의 기능을 수행하는데 주로 신진대사, 비타민과 호
르몬 조절, 해독 작용과 관련된다. 또한 간에서 담즙산이 생성되며,
담즙산은 쓸개에 저장되기 전에 지방의 소화를 돕기 위해 장의 상부

로 방출된다. 또한 간은 혈당이 너무 낮아지지 않도록 조절한다. 포도당신생합성gluconeogenesis이라는 과정을 통해 젖산, 단백질, 지방 같은 영양소로부터 합성되는 당을 방출함으로써 빠르게 반응한다. (포도당신생합성이라는 단어를 쪼개보면, 말 그대로 '포도당glucose을 새로neo 생성하는genesis' 것이다.)

또한 간은 독성 화학물질의 독성을 약화할 수 있다. 어떻게 가능할까? 사이토크롬 P450 효소를 사용하여 독성물질들을 변형한 다음, 글루타티온이나 황산염과 같은 작은 분자와 변형된 독성물질을 결합한다. 간은 그것들을 녹여 혈류를 통해 신장으로 옮긴 다음 소변으로 배출한다. 이런 독성 화학물질로는 장내 미생물이 생성한 페놀 화합물, 아세트아미노펜(타이레놀의 주성분), 스타틴 같은 약물뿐 아니라 다양한 지용성 살충제, 식품 첨가제, 화학조미료, 좋은 구식 알코올, 휘발성 유기 화합물 등이 있다.

이 정도로도 간에 관심이 생기지 않는다면, 다음을 살펴보자. 간은 특정 비타민과 호르몬의 혈중 농도를 조절한다. 그리고 비타민D를 활성화하고, 비타민A를 대사하고, T4(갑상샘호르몬의 하나인 테트라요오드티로닌-옮긴이)를 활성 버전 T3(트리요오드티로닌-옮긴이)로 전환하여 갑상샘호르몬을 활성화한다. 또한 혈액에서 T3를 제거하기도 한다.

인간의 간은 정말 훌륭하다. 체내에서 유일하게 재생 가능한 장기다. 심장과 같은 다른 장기 조직은 손상을 받으면 흉터로 대체된다. 체내 다른 장기와는 다르게 간은 손상되면 새 간세포로 대체될 수 있다.[2] 간 독소, 그중 가장 유명한 알코올에 장기간 노출되면 재생 능력이 떨어질 수 있지만, 간의 회복력은 놀라울 정도다. 주변에서 과음을 즐기면서도 노후까지 건강하게 살았던 사람을 알고 있을 것이다. 나는 분명히 안다.

불행하게도 간은 글리포세이트에 가장 취약한 기관 중 하나다. 수십 년에 걸친 많은 연구로 글리포세이트가 간에 매우 독성이 있으며, 간은 글리포세이트 노출에 가장 먼저 영향을 받는 장기 중 하나라는 게 증명되었다. 간이 혈중 독소와 독성 화학물질을 제거하는 만큼 놀랄 만한 사실은 아닐 수 있다. 따라서 간은 다른 기관보다 글리포세이트에 더 많이 노출된다.

알다시피 글리포세이트는 물고기, 도마뱀, 토끼, 설치류를 비롯해 여러 생물 종의 간을 해친다.[3] 또한 다양한 방식으로 인간의 간도 해친다. 광범위한 연구에 따르면 글리포세이트는 사이토크롬 P450cyp 효소를 망가뜨리고, 글루타티온을 고갈시키고, (이후 미토콘드리아 및 미토콘드리아 DNA 손상을 일으킬 수 있는) 산화석 스트레스는 물론, 지방간 질환을 유발한다.[4]

글리포세이트가 인간의 간에 스트레스를 가하는 많은 화학물질 중 하나일 뿐이라는 사실이 문제를 복잡하게 만든다. 독성 있는 환경에 노출되면 독성이 시너지 효과를 발휘하여 간 질환을 유발하거나 악화한다.[5] 인간은 매일 많은 제초제, 살충제, 환경 오염물질에 노출된다. 또한 다양한 처방약과 일반약을 먹는데, 그중 상당수가 간에 독성이 있다고 알려져 있다. 글리포세이트와 간을 손상하는 약물의 결합은 결코 좋지 않다. 실제로 글리포세이트는 다른 물질의 세포독성을 늘려 간에 더 큰 손상을 불러일으킨다. 때로는 그 손상이 매우 커서 이식만이 유일하게 실행 가능한 선택이 된다.

생화학에 관한
약간의 지식

구슬 목걸이처럼 단백질은 DNA가 지시하는 네 글자로 된 유전자 부호(AGCT는 뉴클레오티드 아데닌, 구아닌, 시토신, 티민을 의미)에 따라 아미노산으로 조립된다. 핵이 있는 모든 세포는 신체가 사용하는 모든 단백질 가운데 특정 부호를 가진다. 하지만 발현되지 않는 부호가 많다. 특정 세포 유형이 특정 단백질을 '발현'한다는 것인즉 특정 부호로 특정 단백질을 생성하는 세포 유형이라는 뜻이다.

몇몇 단백질은 특정 세포 유형에서 꾸준히 발현된다. 이는 세포들이 환경에 상관없이 항상 특정 속도로 단백질을 합성한다는 의미다. 예를 들어 eNOS는 혈관 벽의 내막을 형성하는 세포인 내피세포에서 지속해서 발현되는 효소다. 가까운 사촌인 iNOS(유도성 NOS)는 세균 감염처럼 특정 환경에서 유도될 때만 면역세포에서 발현된다.

5장에서 언급한 대로, 생물학자들이 사용하는 또 다른 용어로 '상향 조절upregulation'이 있다(그 반대는 '하향 조절downregulation'이다). 단백질은 종종 사이토카인인 특정 신호 전달 분자에 반응하여 상향 조절된다. 상향 조절이란 세포가 단백질을 만드는 속도를 높인다는 뜻이다.

특정 단백질의 합성 속도는 신호 전달 분자에 반응하여 1,000배 증가할 수 있다.

간은 다양한 기능의 단백질을 많이 만들지만, 그중 몇몇은 특히 중요하다. 의사들은 정기적으로 이러한 단백질의 혈중 수치를 측정해서 간 질환 지표로 쓴다. 특히 알라닌 아미노전이효소ALT와 아스파르트산 아미노전이효소AST의 높은 혈청 수치가 간 질환 지표로 쓰인다.

그보다 덜 사용되는 지표로는 글루타티온을 분해하는 효소인 감마글루타밀 트랜스펩티다아제γ-glutamyl transpeptidase: GGT다. 정상 수치보다 높은 GGT는 당뇨, 비만, 암 외에도 간 질환과 관련이 있다.[6] 그리고 산화적 스트레스의 비단백질 지표인 말론디알데히드가 있다. AST, ALT, GGT, 말론디알데히드는 실험실, 동물 및 인간 연구에서 화학물질의 독성을 평가하기 위해 정기적으로 측정된다.

간 질환의
유행과 실체

술을 마셔오다 어느 시점에 의사에게 술을 너무 많이 마시면 지방간 질환이 생길 수 있다는 말을 들었을지도 모르겠다. 반면 비알코올성 지방간 질환nonalcoholic fatty liver disease: NAFLD은 알코올로 발생하지 않는 간 질환이다. 이 질환은 현재 전 세계적인 전염병이자 만성 간 질환의 가장 흔한 원인이다.[7] 미국에서만 8,000만에서 1억 명으로 추산되는 미국인이 비알콜성 지방간 질환 진단을 받았다. 이 숫자는 베트남 전체 인구와 맞먹는다.

비알코올성 지방간 질환은 간에 염증과 지방 축적(지방증)을 일으키는 게 특징이다. 이는 체액 축적과 흉터 형성으로 이어지며 간경화, 간암, 간부전 같은 훨씬 더 심각한 문제의 전조다. 5세에서 20세까지 비만 아동과 젊은 성인 156명을 대상으로 한 연구에서 19퍼센트가 비알코올성 지방간 질환을 앓고 있다는 것이 드러났다. 아동에게 나타나는 가장 흔한 형태의 간 질환인 비알코올성 지방간 질환은 지난 20년 동안 두 배 이상 증가했다.[8] 모든 연령대가 비알코올성 지방간 질환을 앓고 있다. 마른 사람들도 점점 더 진단되기는 하지만, 비만이 위험 인자다.

비알코올성 지방간 질환은 자각증상이 없을 수 있다. 적어도 초기에는 말이다. 하지만 이 질환은 비알코올성 지방간염nonalcoholic steatohepatitis: NASH으로도 이어질 수 있다. 미국에서 비알코올성 지방간염 사례가 기하급수적으로 증가했으며,[9] 2002년에는 간이식 환자 3퍼센트에 해당하는 주원인이었다. 10년도 안 되서 2011년에는 19퍼센트로 **여섯 배 증가했다.**[10] 이제 비알코올성 지방간염은 C형 간염에 이어 간이식의 두 번째 원인이 되었다.

비알코올성 지방간염은 진행성 간 질환으로 효과적인 치료법이 없다. 또한 종종 산화적 스트레스와 관련된 지방의 과잉 축적에서 비롯된다. 비알코올성 지방간염은 간세포암종이라 불리는 심각한 간암뿐 아니라, 때로는 간에 치명적일 수 있는 흉터를 형성한다. 그리고 세포의 지방과 미토콘드리아를 손상하여 결국 세포의 죽음과 장기 부전으로 이어질 수 있다. 간세포암종 진단을 받은 사람 중 2년 후에 생존한 사람은 절반도 안 된다.

비알코올성 지방간염은 뇌 질환을 앓는 사람들에게서 훨씬 더 흔하다. 자폐증을 앓는 5만 명과 그렇지 않은 더 큰 집단을 비교했을 때, 자폐증을 앓는 사람은 비알코올성 지방간 질환과 비알코올성 지방간염 모두 발병 위험이 약 세 배나 높았다.[11] 장 질환처럼 간 기능 장애는 뇌 질환으로 이어질 수 있다. 간이 혈액에서 독소를 제거하지 못하면 뇌는 독성에 더 많이 노출된다.

2020년 어느 연구에 따르면, 조직 검사로 확진된 비알코올성 지방간염 환자들은 간 질환이 없는 사람들보다 소변에 글리포세이트 잔류 수치가 매우 높았다. 초기 단계의 환자보다 말기 단계의 환자의 수치가 높은 편이었다. 그리고 간에 가장 심한 흉터가 생긴 경우, 즉 진행성 섬유증을 앓는 환자들은 간 질환이 덜 심각한 환자들보다 글리포세이트의 수치가 훨씬 더 높았다.[12]

글리포세이트로
엉망진창이 된 간

글리포세이트에 가장 먼저 손상되는 장기에 속하는 간은 환경적으로 '안전'하다고 여겨지는 노출 수준에서도 손상될 수 있다.[13] 신장 손상과 더불어 간 손상은 세랄리니 연구팀이 실시한 장기적인 쥐 연구에서 가장 두드러진 영향 중 하나였다.[14] 가축의 글리포세이트 수치는 지방이나 근육에서보다 신장과 간에서 약 100배 더 높다.[15]

캐나다 서스캐처원주의 수의사인 테드 둡메이에르Ted Dupmeier 박사는 글리포세이트에 오염된 유전자 변형 옥수수 먹이가 가축의 건강을 심각하게 해친다고 주장한다. 죽은 젖소를 부검한 결과 '얼룩덜룩하고 안이 톱밥처럼 부서지기 쉬운 살찌고 큰 간'이 드러났다. 글리포세이트가 뿌려진 사료를 제외하자 젖소 무리는 훨씬 건강해졌다.[16]

2019년 파키스탄의 과학자들은 토끼에게 글리포세이트를 세 단계로 노출하여 대사에 미치는 영향을 조사했다.[17] 글리포세이트에 노출된 토끼들은 시간이 지나면서 악영향이 증가했고, 제초제의 양이 더 많았을 때는 최악의 결과가 나타났다. 즉 대상이상은 시간과 양 모두와 상관관계가 있었다.

이 토끼들은 백혈구와 혈소판 수치가 증가했지만, 적혈구와 적혈구 용적률은 감소했다(적혈구 용적률은 혈액의 부피 중 적혈구의 비율이다). 적혈구는 헤모글로빈을 상당히 잃었고, 헤모글로빈은 빌리루빈으로 전환되었다. 빌리루빈은 헤모글로빈 분해의 지표로서 적혈구가 글리포세이트로 인해 손상되었음을 보여준다. 동시에 혈청 ALT, AST, 알칼리성 포스파타아제, 요소, 크레아티닌 등 간 질환의 다른 표준지표가 올라갔다. 즉 간과 신장이 손상되었다.

이러한 결과는 다른 동물 연구와 일치한다. 1회 투여량의 글리포세이트에 노출되고 72시간 뒤에 희생된 흰 생쥐는 간 질환과 신장 질환의 전형적인 대사이상을 갖고 있었다.[18] 글리포세이트는 토끼와 마찬가지로 이 생쥐에서도 혈청 AST, ALT, 요소, 크레아티닌의 증가를 상당히 유발했다. 생쥐의 글루타티온 수치는 크게 감소했고, 산화적 스트레스의 지표인 말론디알데히드 수치는 간과 신장 조직에서 상승했다. 조직 표본에서 염색체 이상과 미세핵이 높은 빈도로 나타났다는 점은 암의 위험 요소인 DNA의 산화적 손상을 의미한다.

2018년 중국의 연구진은 임신 중 글리포세이트에 노출된 어미에게서 태어난 생쥐들의 간에 미친 영향을 조사했다.[19] 이 연구는 표준 간 효소뿐 아니라 지방 및 콜레스테롤과 관련된 혈액 변수를 측정했다. 새끼 생쥐들은 운이 나빴다. 과학자들은 콜레스테롤 합성의 속도 제한효소인 HMG 조효소 A HMG-CoA 환원효소의 발현이 간에서 증가되었을 뿐 아니라 혈청에서도 AST와 ALT가 상승했음을 발견했다. 또한 혈청 총콜레스테롤, LDL, 트리글리세리드가 꽤 많이 증가했다. 이러한 중요한 발견에 따르면, 글리포세이트가 인간의 혈청 콜레스테롤 상승의 주원인일 수도 있다.

쥐들은 안전하다고 여겨지는 극소량의 라운드업을 넣은 물을 먹고도 간이 나빠졌다. 실제로 손상된 간에서 단백질 발현에 관해 상세히 연구한 결과 중증 간 질환 특유의 양상이 드러났다.[20] 동물들에게 아주 적은 양을 투여했을 때 이런 영향이 보인다면 많은 양을 투여할 경우 어떻게 될까?

2008년 이집트의 과학자들은 쥐들에게 15일 동안 매일 체중 1킬로그램당 25·50·100밀리그램의 라운드업을 투여하여 고용량이 흰쥐에게 미치는 영향을 조사했다. 간에 끼친 영향은 치명적이었다. "ALT와 AST의 효소 활성 증가, 세포 침윤, 핵 퇴행의 많은 징후, 국소괴사(하나 또는 소수의 간세포 괴사-옮긴이), 세포질 희박화, 세포소기관의 해체, 지질 방울의 침착."[21] 이것들은 정말 파괴적인 형태학적 결함이며, 이 연구는 글리포세이트 때문에 건강한 조직이 심각하게 망가졌음을 보여준다.

2019년 튀니지의 과학자들이 이 결과를 그대로 반복했다. 고용량의 글리포세이트에 노출되었을 때 쥐의 간 기능에 미친 영향을 조사하여 산화적 스트레스의 중요한 증거를 발견했다. 구체적으로 말론디알데히드의 증가와 단백질 손상이 있었고, 초과산화물 디스뮤타아제, 카탈라아제, 글루타티온, 비타민C와 같은 여러 항산화물질이 감소했다.[22]

글루타티온은
왜 자연의 대걸레일까?

병 없이 건강하게 사는 데 가장 중요한 분자 하나가 대부분의 사람, 심지어 의료 전문가들도 들어보지 못한 (5장에서 언급한) 글루타티온이다. 이 분자는 해독 작용의 달인이며 주요 항산화물질이다.

나는 글루타티온을 자연의 대걸레라고 생각한다. 대걸레처럼 글루타티온은 독성 분자들과 결합하여 체외로 내보낸다. 또한 글루타티온이 아니었다면 조직을 훼손했을 자유라디칼을 소탕한다. 글루타티온은 거의 모든 생명체에서 발견된다. 세균, 진균, 식물, 동물, 인간 모두 글루타티온을 사용한다. 간에 다량 존재하는 글루타티온은 글루탐산, 시스테인, 글리신의 세 가지 아미노산으로 구성된다.

글루타티온은 산화 손상으로부터 간세포를 보호한다. 간은 지용성 독소와 독성 화학물질을 해독하면서 자신의 안전을 위해 글루타티온이 많이 필요하다. 글리포세이트가 있으면 체내에 바로 글루타티온이 많이 생성될 것이다. 이 때문에 장기적으로는 글루타티온 수치가 떨어지고 고갈된다. 물론 간이 없는 식물도 유사한 스트레스를 받는다.[23] 글리포세이트는 옥수수, 완두콩, 땅콩, 밀 등의 식물이 글루타티온과 글루타티온 S-전이효소를 상향 조절하게 한다. 글루타티온 S-전이효소는 글루타티온을 여러 독성 화학물질에 접합하는 효소다. 이로써 독성물질들을 수용성으로 만들어 제거하게 만든다.

글리포세이트 자체만으로는 글루타티온과 결합할 가능성이 거의 없다. 글리포세이트가 다른 해독 경로를 방해하면 글루타티온이 상향 조절될 가능성이 크다. 낮은 수치에서도 글리포세이트는 산화적 스트레스를 유발한다고 밝혀졌다. 그러나 곧이어 논의하겠지만, 글리포세이트는 글루타티온에 함유된 글리신 잔기를 치환함으로써 글루타티온에 **통합될 수** 있다.

시궁쥐들이 8주 동안 글리포세이트에 노출되었을 때, 혈액, 뇌, 심장, 간, 신장에서 글루타티온이 크게 감소했다.[24] 동시에 말론디알데히드 수치는 뚜렷하게 증가했다. 이는 시간이 흐르면서 시궁쥐들이 글리포세이트가 유발한 산화적 손상에 대응하기 위해 글루타티온의 공급을 적절하게 유지하지 못했다는 것을 암시한다.

2012년 어느 연구에 따르면, 15일 동안 체중 1킬로그램당 50밀리그램 또는 500밀리그램의 라운드업에 노출된 시궁쥐의 혈액에서 GGT 수치가 상승했다.[25] GGT가 글루타티온을 분해한다는 것을 떠올려보자. 식물들은 글리포세이트가 존재하는 상태에서 꾸준히 글루타티온의 합성을 늘렸고, 동물도 마찬가지다. 하지만 시간이 흐르면서 글루타티온 수치는 떨어진다.

이 현상은 글리포세이트가 글루타티온의 글리신을 치환하여 글루타티온이 제대로 기능하지 못하게 막는다고 설명된다. 글리신은 트리펩티드 글루타티온 서열에서 마지막 아미노산이다. 이론상 글리포세이트가 치환하기에 쉽다. 결함 있는 트리펩티드는 글리포세이트가 치환하지 않으면 건강한 재조립을 위해 GGT를 통해 분해되어야 한다. 글루타티온 합성에서 글리포세이트의 글리신 치환은 합성과 분해의 무익회로(어떤 물질의 합성 및 분해에 관여하는 각각의 효소가 공존하여 에너지 낭비를 일으키는 회로-옮긴이)를 개시할 것이다.

6장에서 황의 중요성에 관해 언급했다. 공교롭게도 글루타티온은 황의 형태로 저장된다. 글루타티온의 세 가지 아미노산 중 하나인 시스테인은 황을 함유한 아미노산이고, 세 아미노산 모두 황산 합성에 매우 중요하다. 글루탐산과 글리신은 황산 합성에 필수 보조인자인 헴을 만드는 데 필요하며 시스테인은 황 원자를 제공한다.[26]

따라서 항산화물질의 역할 외에도 글루타티온은 혈중에 황이 부족해졌을 때 황산 생산에 필요한 중요 영양소를 공급하는 예비 자원이다. 글리포세이트가 글리신을 대신해 통합되어 글루타티온을 개조하면 글리포세이트에 노출된 동물에서 산화적 스트레스를 처리하고 지용성 화학물질을 해독하는 능력이 손상된다. 이 때문에 혈관에서 황산 공급을 적절하게 유지하지 못한다고 풀이할 수도 있다.

PEPCK 효소가
교란되었을 때 일어나는 일

3장에서 EPSP 합성효소를 형성하는 두 분자 중 하나이자 글리포세이트가 시킴산 경로에서 억제하는 효소인 포스포에놀피루브산을 소개했다. 이제 간에서 젖산, 단백질, 지방산을 포도당으로 전환하여 포도당신생합성에서 필수적인 포스포에놀피루브산 카르복시키나아제phosphoenolpyruvate carboxykinase: PEPCK 효소를 소개하겠다. 차차 알게 되겠지만 PEPCK와 EPSP 합성효소 사이에는 주목할 만한 유사점들이 있다.[27] 이 유사점들이 글리포세이트가 어떻게 간을 손상하는지에 관한 통찰력을 제공한다.

PEPCK가 희귀한 유전적 결함을 타고난 아이들은 종종 건강이 쇠약해지는 많은 문제를 가지고 있다.[28] 저혈당, 혈류의 젖산 형성으로 인한 극심한 탈진, 근육 경련, 신체 약화 등이 대표적이다. PEPCK 결핍으로 인한 합병증은 일찍이 유아기 저성장을 시작으로 결국에는 심각한 간부전과 신장 질환으로 이어진다. 이 질환을 앓는 사람들은 근육 약화, 발달 지체, 발작, 무기력증, 소두증(작은머리증), 그리고 심부전으로 이어질 수 있는 심장 질환을 겪는다.

나는 글리포세이트가 간에서 PEPCK의 기능을 방해한다고 본다. 글리포세이트가 고도로 보존된 글리신 잔기와 근처에 양전하를 띠는 여러 아미노산이 있는 부위에서 PEP 결합을 방해하여 EPSP 합성효소를 억제한다는 사실을 떠올려보자.[29] 글리포세이트의 PEPCK 억제는 이와 같은 패턴을 따른다. 고도로 보존된 글리신 잔기와 근처에 양전하를 띠는 여러 아미노산이 있는 부위에서 PEP 결합을 방해한다.

전문적인 내용이지만 차근차근 살펴보자. PEPCK 효소의 237번 위치에 있는 글리신 잔기는 다른 기질인 구아노신삼인산GTP과 반응할 수 있도록 옥살아세트산을 제자리에 고정하기 위해 옥살아세트산과 결합한다. 그래서 PEPCK는 두 가지 일을 한다. 먼저 PEPCK는 옥살아세트산에서 카복실기를 떼어내고 PEP 생산을 위해 (GTP에서 훔친) 인산을 첨가한다. 또한 PEP로 시작하여 역방향으로도 실행할 수 있다. 이 경우에 첫 단계는 EPSP 합성효소 반응 첫 단계처럼 인산을 PEP에서 떼어내는 것이다. EPSP 합성에서와 마찬가지로 인산을 떼어내면 반응을 촉진할 에너지를 방출한다.

또한 두 개의 양전하를 띤 아르기닌 잔기(R87 및 R405)가 PEP에서 인산에 결합되어 질소 원자를 통해 인산을 제자리에 고정한다. (PEP가 **포스포에놀피루브산**임을 기억하자.) 이 아르기닌 잔기가 PEP가 가야

하는 공간에서 글리포세이트의 메틸포스폰산도 고정하리라 예측할 수 있다. 따라서 글리포세이트가 237번 위치에서 글리신 잔기를 치환하기 매우 적합하므로 PEP를 결합하는 단백질의 능력을 훼손해 효소 활성을 파괴할 수 있다. 이 현상은 글리포세이트가 EPSP 합성 효소에 영향을 미치는 것과 같은 방식으로 PEPCK에 영향을 줄 것이다.

한편 글리포세이트는 PEPCK의 촉매인 망간을 킬레이트화하여 사용하지 못하게 막음으로써 PEPCK를 교란할 수도 있다. 글리포세이트에 노출되면 젖소의 혈청에서 망간이 크게 줄어든다.[30] 또한 글리포세이트는 콩과식물의 망간 흡수도 방해한다.[31] 생후 1개월 이내의 새끼 쥐들에게 망간 결핍을 유발하면 PEPCK 활성이 크게 줄어든다. 실제로 이 새끼 쥐들의 촉매 활성은 정상적인 (즉 망간이 충분한) 새끼 쥐들의 촉매 활성에 비해 60퍼센트밖에 안 된다. 생후 2일 안에 혈장 포도당이 낮아지면 종종 치명적인 결과가 나타난다.[32]

생쥐의 게놈을 조작하는 과학자들은 설치류에서 특정 단백질이 없게끔 유전적으로 조작하여 그 단백질이 몸에서 어떤 역할을 하는지 이해하는 데 도움을 준다. 한 대학에서 세포질의 PEPCK 비활성 변종을 생산하도록 쥐를 조작해 실험을 진행했다. 이 생쥐들은 자궁 내에서 거의 정상적으로 발달했지만 태어난 후 심각한 대사 위기를 겪었다가 이틀도 안 돼 모두 죽었다.[33]

무엇이 잘못되었는지 단서를 찾기 위해 연구진은 생쥐의 간과 혈액을 주의 깊게 검사했다. 일반적으로 세포질의 PEPCK는 태어날 때까지 간에서 발현되지 않는다. 생후에 소화된 음식을 처리하고 대사 요구를 충족하기 위해 PEPCK를 상향 조절한다.

기억하겠지만 PEPCK의 주요 역할은 시트르산 회로의 중간대사물 포도당을 합성하는 포도당신생합성이다. 여기서 중간대사물은 말산과 옥실아세트산처럼 작은 생체분자들이다. PEPCK의 유전적 결함을 겪는 어린이처럼 유전공학으로 조작된 이 쥐들은 48시간 살아 있는 동안 혈당이 크게 감소했다. 그 짧은 시간에 이미 상당한 양의 지방이 간에 축적되어 있었다.

연구진을 깜짝 놀라게 한, 간에 광범위하게 나타난 지질 침윤은 무슨 일이 일어났는지 이해하는 열쇠다.[34] 이 쥐들에게서 발견된 대사 장애로는 혈중 아미노산 알라닌과 아스파르트산의 급격한 증가와 혈청 젖산과 중성지방의 증가가 있었다. PEPCK가 제대로 기능하지 않으면 세포들은 시트르산 회로에서 에너지원으로 젖산과 지방을 사용하며 힘든 시간을 보내고, 그로 인해 혈액에 혈청 젖산과 중성지방이 과도하게 존재하게 된다.

이는 글리포세이트에 노출된 동물들에게서 관찰된 현상과 일치한다. PEPCK 교란이 그중 많은 부분을 설명할 수 있다. 환경에서 흔히 발견되는 글리포세이트 계열 제초제에 노출된 물고기들은 유전적으로 조작된 쥐들과 섬뜩할 정도로 유사한 효과를 보인다.[35] 이 물고기들은 혈청 젖산과 중성지방뿐 아니라 알라닌과 아스파르트산을 합성하는 두 효소도 증가했다. PEPCK가 고장 나면 옥살아세트산이 쌓이며 아스파르트산 합성을 위해 돌려쓰게 된다. 또한 이 물고기들은 간, 근육, 혈액에서 포도당 수치가 감소했는데, 이 역시 손상된 포도당신생합성과 일맥상통한다.

따라서 글리포세이트 계열 제제에 노출된 물고기와 PEPCK가 결함된 생쥐들은 유사한 대사이상을 보인다. 관찰된 이 현상들은 글리포세이트가 매우 중요한 글리신 잔기를 치환하여 PEPCK를 망가뜨린다고 설명할 수 있다. 글리포세이트와 PEPCK 결함 모두 지방간 질환을 초래할 수 있다. 이는 추가 결론을 도출한다.

다 자란 수컷 쥐들이 라운드업에 노출되면, 산화적 스트레스와 간 손상을 나타내는 유사 징후를 보인다.[36] 노출 후 간 글리코겐은 용량 의존적 관계를 보이며 고갈된다. 이는 PEPCK 결핍으로 설명될 수 있어 아주 귀중하다. 간은 두 가지 기전을 통해 혈중 포도당 농도가 위험할 정도로 낮게 떨어지면 포도당을 생성할 수 있다. 바로 (PEPCK에 의존하는) 포도당신생합성 또는 저장된 글리코겐을 포도당으로 다시 전환하는 것이다. 하지만 포도당신생합성이 억제되면 저장된 글리코겐은 적절한 혈당 수치를 유지하는 데 모두 사용된다.

PEPCK 유전자가 삭제된 생쥐들은 정상적인 쥐와 비교해 간 글리코겐이 급격히 떨어졌다.[37] 또한 이 생쥐들은 혈청 지방산은 두 배, 시트르산 회로의 중간대사물 가운데 하나인 간 말산이 10배 증가했다. 강인하기로 유명한 보통 민물고기가 글리포세이트에 노출되면, 특히 말산을 옥살아세트산으로 전환하는 시트르산 회로에서 글리포세이트가 효소의 활성을 억제한다는 것이 발견되었다.[38] 이 효소는 아마도 PEPCK 효소가 고장 나서 옥살아세트산이 PEP로 처리되지 못해 억제되었을 것이다. 시트르산 회로의 중간대사물인 옥살아세트산과 말산은 PEPCK에 결함이 있어 포도당신생합성으로 가는 경로가 차단될 때 쌓인다.

PEPCK는 간과 신장에서 고도로 발현되지만, 다른 조직에서도 발현된다. 어느 흥미로운 연구에서는 간에서만 PEPCK가 결핍되도록 생쥐를 조작했다.[39] 이로 인해 시트르산 회로의 중간대사물이 축적되어 지방을 대사하는 간의 능력이 차단되었다. 그 결과, 이 생쥐들은 지방간 질환이 나타났다. 다시 말해 글리포세이트의 PEPCK 억제가 지방간 질환과의 연관성에 대한 주요 설명이 될 수 있다.

PEPCK 효소의 유전적 결함은 끔찍한 결과를 불러올 수 있다. 글리포세이트의 영향은 PEPCK 분자 전체에 영향을 주는 유전자 돌연변이처럼 극적이지 않을지는 몰라도, 글리포세이트가 어떻게 지방간 질환을 일으킬 수 있는지를 설명한다. 또한 2형 당뇨병의 증가와 핵심 작물에 관한 글리포세이트의 사용량 증가 사이에 강한 연관성을 설명할 수 있다. PEPCK에 결함이 있을 때는 위험할 만큼 낮아지려는 혈당의 지속적인 위협으로 인해 혈당 설정값이 올라간다.

혈당이 갑자기 떨어졌을 때 혼수상태에 빠질 위험을 감수하는 것보다 혈액에 항상 여분의 완충 당분을 가지고 있는 편이 더 낫다. 근육 활동으로 당이 크게 떨어지면 간은 포도당신생합성을 통해 당의 공급을 빠르게 늘릴 수 없다. 혈액 내 과도한 당이 꾸준히 공급되면 혈액 단백질과 지질에 당화 손상이 발생한다. 이렇게 손상된 분자들을 일컬어 최종당화산물이라고 한다. 이는 당뇨병, 심장 질환, 신장

질환, 신경 퇴행성 질환 등 많은 현대병과 연관된 염증 반응을 유발한다.[40]

달리기 위해
태어났다

또한 PEPCK는 근육에서 대단한 역할을 한다. 우리는 대부분 튼튼해지고 신체를 개선하고자 역기를 들거나 운동을 한다. 체중의 상당 부분을 차지하는 골격근 역시 대사에서 중요한 역할을 한다. 특히 격렬한 운동 상태에서 근육은 엄청난 양의 에너지를 소비한다.

우리는 장기적인 건강 증진을 위한 가장 중요한 행동 중 하나가 운동이라고 배워왔다. 장수 연구에서는 온종일 움직이는 게 특히 유익하다고 말한다. 유전공학으로 만든 특별 생쥐 집단을 대상으로 한 흥미로운 연구도 이 말이 옳다고 증명하는 듯 보인다.

오하이주 클리블랜드의 연구진은 근육에서 PEPCK의 역할을 알아내고자 생쥐를 유전적으로 조작해 골격근에서 생성되는 PEPCK를 정상적인 쥐보다 10배까지 상향 조절되도록 했다. 결과를 예상하지 못했던 연구진은 이후 발표한 논문에서 자신들의 발견에서 느낀 놀라움을 표현했다. 바로 "달리기 위해 태어났다, PEPCK-Cmus 생쥐들의 이야기"라는 논문 제목이었다(PEPCK-Cmus는 근육mus의 세포질c에서 발현되는 과도한 PEPCK를 의미한다[41]).

연구진이 발견한 생쥐들은 매우 활기가 넘쳤다! 대조군의 쥐보다 우리에서 7~10배 정도 더 활동적이었고, 트레드밀에서 오랫동안 쉬지 않고 달릴 수 있었다. 또한 정상적인 새끼보다 거의 두 배는 더 먹었다. 하지만 극도의 과잉 행동으로 몸집이 더 작고 호리호리했다. 또한 유진지 조작 생쥐들은 대조군보다 더 오래 살고 더 많은 새끼를 낳았다. 근육에 미토콘드리아 수도 많이 증가했다. 이들의 과도한 PEPCK는 옥살아세트산과 같은 중간대사물을 시트르산 회로에서 끌어냈고, 이후 중간대사물인 PEP를 통해 글리세롤을 생성하는 데 사용되었다. 글리세롤은 생쥐가 근육에서 중성지방을 합성할 수 있게 해주었고, 이 중성지방은 당 대신 미토콘트리아에 연료를 공급할 수 있게 했다. 또한 근육은 엄청난 양의 지방을 태웠고 생쥐들을 비만으로부터도 보호했다.

이 연구는 PEPCK가 근육에 매우 유익할 수 있음을 보여준다. 만약 근육에 PEPCK가 **충분하지 않으면** 어떻게 될까? 유전자 조작 생쥐를 대상으로 한 연구에서 예상할 수 있듯이, PEPCK 결핍은 활동량과 에너지의 상당한 감소, 근육 미토콘드리아의 감소, 근육량 감소, 지방을 에너지원으로 사용하는 근육의 능력 손상, 결국 복부 지방 축적으로 이어지는 혈중 중성지방 축적을 초래한다.

3장에서 언급한 대로, 종일 앉아 있으면 건강에 해로울 수 있다. 주로 앉아서 생활하는 우리는 (아주 걸맞게 통탄하다는 뜻의 SAD라는 별명이 붙은) 미국의 표준 식단과 결부하여 복부 지방을 과도하게 축적할 수 있다. 미국인들은 종종 나태하다고 비난받는다. 충분히 운동하지 않고, 맥주를 너무 많이 마시며, TV를 너무 많이 본다. 미국에서 비만이 성행하는 것은 놀라운 일이 아니다. 우리 잘못이 틀림없다. 그렇지 않은가?

잠깐, 빨리 대답할 필요는 없다.

우리는 보건 의료 전문가들을 몹시 당혹스럽게 하는 수수께끼 질환인 만성 피로 증후군의 가파른 증가를 목격했다. 만성 피로 증후군은 글리포세이트가 먹이사슬에 도입된 후 처음 나타났다. 실험동물을 대상으로 한 실험들이 명확하고 정량화할 수 있는 효과를 내지만, 인간은 틀림없이 더 복잡하다. 항상 여러 변수가 작용하기 때문에, X 원인이 인간에게 Y 효과를 낸다고 주장하기는 불가능하진 않지만 어렵다. 하지만 글리포세이트가 골격근에서 PEPCK를 교란하여, 지질을 연료로 이용하지 못하고 미토콘드리아의 공급을 떨어뜨려 충분한 운동과 육체적 피로를 느끼는 근육의 능력을 손상한다는 것을 보여주는 학술 문헌들이 늘어나고 있다.

결국 우리가 게을러서가 아니라, 오염된 질 나쁜 음식 섭취와 다른 환경의 독성에 끊임없이 과잉 노출되는 것이 결합하여 우리를 뚱뚱하고 허약하게 만들고 있지는 않을까? 아니면, 우리를 서서히 죽이고 있는 글리포세이트와 다른 독성 화학물질 때문에 아주 많은 사람이 시시때때로 그렇게 고갈되었다고 느끼는 것일까?

가축에게
락토파민을 먹였을 때

미국은 세계 시장의 20퍼센트를 공급하는 세계 최대 소고기 생산국이며, 공공 및 민간 소유의 방목장과 목초지가 약 324만 제곱킬로미터에 달한다.[42] 하지만 육우가 대부분 짧은 생애의 첫해만 야외에서 보낸다는 사실을 아는 사람은 많지 않다. 이후 소들은 공장식 사육 시설Concentrated Animal Feeding Operations: CAFOs로 보내져 대두박, 밀 미들링, 보리, 목화씨, 사탕무가 보충되어 가공된 GMO 라운드업 레디 옥수수를 먹는다. 이 식품들은 보통 글리포세이트에 대단히 오염되어 있다.

미국에서는 또 다른 논란을 불러일으키는 관습이 있다. 바로 목장주가 가축의 성장을 가속하기 위해 락토파민이라는 약을 가축에게 먹이는 것이다. 이 약을 사용하면 가축의 지방 대비 근육 비율을 높여 주로 기름기가 적은 고기를 원하는 소비자의 요구에 부응할 수 있다. 이런 수요는 지난 15년 동안 증가했다.[43]

일라이릴리앤드컴퍼니Eli Lilly and Company가 개발한 락토파민은 페이린Paylean이라는 돼지 사료 제품에 포함되어 있고, 옵타플렉스Optaflexx와 토맥스Tomax라는 제품에 포함되어 소와 칠면조의 먹이가 된다. 러시아, 중국, 대만, 그리고 유럽연합의 모든 회원국을 포함해 최소 160개국이 락토파민 사용을 금지했다. 왜일까? 그것이 아드레날린 유사체로 작용하기 때문이다. 락토파민은 심박수, 떨림, 두통, 근육

경련, 고혈압을 높일 수 있다.[44]

락토파민은 근육의 아드레날린 수용체를 자극하여 근육 대사를 바꾸는 복잡한 신호 반응을 유도한다. 락토파민에 반응해 교란되는 단백질이 무엇일까? 짐작했듯 PEPCK다. PEPCK가 더 많이 생산될수록 근육은 지방을 더 잘 대사할 수 있다.[45] 달리기 위해 태어난 유전공학 생쥐처럼 락토파민은 가축에도 이와 유사한 대사를 유도한다.

락토파민은 글리포세이트로 활성이 억제되는 효소의 발현을 늘려서 글리포세이트로 인한 손상을 부분적으로 상쇄한다. 락토파민 없이 글리포세이트에 노출된 가축의 고기들은 기름지고 맛없기 쉽다. 하지만 락토파민이 있다면 그 고기를 섭취하는 인간이 해를 입기 쉽다.

필터가 막히면
재앙이 찾아온다

간은 체내에서 가장 중요한 장기 중 하나이면서 글리포세이트의 영향을 가장 심하게 받는 장기 중 하나이기도 하다. 동물 연구에서 간 기능 손상을 평가하는 데 사용하는 모든 측정 기준(혈청 AST·ALT·GGT 수치 상승, 간 글루타티온 저조, GSH에 대한 GSSG의 높은 비율, 크레아티닌과 요소의 과다)이 글리포세이트 노출과 관련된다고 밝혀졌다. 간 질환을 앓는 사람은 간이 건강한 사람보다 소변에 글리포세이트 수치가 더 높다. 규제 허용치에 못 미치는 용량에서도 글리포세이트는 쥐에 지방간 질환을 일으켰다. 지방간 질환은 오늘날 사람들, 심지어 젊은 사람들 사이에서도 성행한다.

나는 글리포세이트가 PEPCK를 망가뜨린다는 것을 분명하게 밝혀낸 과학이 있는지 전혀 알지 못하지만, EPSP 합성효소에 대한 글리포세이트의 영향에 유추하여 글리포세이트가 PEPCK를 망가뜨린다고 강하게 주장한다. PEPCK 결핍이 글리포세이트 노출에서 관찰한 현상과 동일한 질병으로 이어진다는 사실은 이를 크게 뒷받침한다. 만약 글리포세이트가 PEPCK를 망가뜨린다면 간뿐 아니라 근육에도 영향을 줄 것이다. 이는 오늘날 비만의 유행과 만성 피로 증후군의 증가를 어느 정도 설명할 수 있다.

체내 여과 시스템으로서 간을 생각해보자. 이제 쓰레기로 막히고 여기저기 찢기고 뚫린 필터를 상상해보자. 인간의 간은 놀라운 회복력이 있다. 하지만 간이 생명 유지에 필요한 아주 많은 기능을 이끄는 만큼, 작은 손상이라도 다양하고 비극적인 결과를 가져올 수 있다. 간을 천천히 중독시킨다면, 인간을 보호하는 간의 능력이 위태로워질 것이다.

8장

생명 탄생의 이면

●

불임 남성의 정자 생산을 개선하는 치료법은 없으며,
그 원인도 밝혀지지 않았다.

리처드 샤프 Richard Sharpe, 교수, 에든버러대학교 생식 내분비 학자

자식 계획이 없는 젊은 사람이라면 임신이 쉽다고 느낄 수 있다. 하지만 오늘날 많은 여성이 직업 경력을 쌓는 동안 임신을 미루었다가 30대에 시도하려고 했을 때 아이를 가지는 일이 어려운 일임을 깨닫는다.

수태는 사실 꽤 어렵다. 여성의 몸에서 난자가 난소를 떠나 나팔관을 이동하여 건강한 정자로 인해 수정되려면 수많은 생화학적 과정이 동시에 발생해야 한다. 일단 난자와 정자가 합쳐지면 배반포가 형성된다. 배반포는 여성의 자궁 안쪽에 성공적으로 착상되어 표면 아래 굴을 파고 세포분열과 성장이라는 광란의 여정을 시작해야 한다. 배반포는 빠르게 분열하여 함께 일할 세포들로 분열되는데, 여기에

는 아기에게 영향을 공급해줄 특수 장기인 태반과 실제 아기로 자라
날 세포들이 포함된다.

부모가 될 수 있는 승산이 항상 불리하지는 않지만, 미국의 출산율
은 10년 이상 꾸준히 떨어지고 있다. 2018년에는 35년 만에 최저 출
생률을 기록했다. 출산율과 인구에 관한 논의가 낙태 접근성, 피임
접근성, 10대 임신 감소, 혼인 감소, 출산 전 경력을 쌓으려는 청년
들, 심지어 기후변화와 GDP 등 주로 정치적 측면에 초점이 맞춰져
있지만, 그게 전부는 아니다.

생물학적 이유도 존재하며, 이 또한 중요하다. 전 세계 가임기 부
부 일곱 쌍 중 한 쌍이 불임이다. 이러한 사례의 대략 30~50퍼센트
가 남성 쪽이다.[1] 2017년 미국에서 태어난 아기의 거의 2퍼센트가
보조생식술(체외 수정과 인공 수정을 일컫는 말로 난임 환자의 임신을 위한 시
술-옮긴이)의 도움을 받아 잉태되었다.[2]

많은 사람이 임신이 어렵다는 사실 외에도 임신 중 합병증이 미국
에 만연하고, 미국의 산모 사망률이 선진국 중 최고 수준이라는 사실
을 믿기 어려워한다.[3] 고혈압, 심장 질환, 비만, 의료 실수, 분만 후 출
혈이 산모의 사망으로 이어지는 합병증 일부다.[4] 슬프게도 1987년
에서 2015년 사이에 미국에서 산모 사망률이 두 배 이상 높아졌다.
이와 반대로 다른 선진국의 산모 사망률은 감소했다.

여성이 임신하고, 임신을 유지하고, 임신과 출산에서 살아남는 데
만 어려움을 겪는 것은 아니다. 조산 비율 또한 높다. 많은 신생아가
살아남아 잘 자라기 위해 고군분투한다. 미국은 아동 사망률, 특히

유아 사망률에서 많은 선진국보다 뒤처져 있다. 실제로 미국은 선진국 중 출생 첫날 사망률이 가장 높다.[5]

임신, 출산, 삶이 전반적으로 과거보다 훨씬 안전해졌다고 주장하는 사람도 있지만, 이러한 사실은 충분히 우려할 만하다. 그중에는 유례없이 현대적인 요인이 많다. 산모 연령, 체중, 약물 사용(기분전환 약제와 피임약 같은 의약품), 방사선과 담배 연기에 대한 노출, 식품, 유전적 특징, 근본적인 건강 문제, 특히 가장 눈에 띄는 독성 화학물질에 대한 노출 등이다. 살균제, 제트연료, 비스페놀 A, 디에틸톨루아미드, 아트라진atrazine 등 다양한 물질에 노출되면 임신 중 생식 세포에 엄청난 영향을 미칠 수 있다.[6]

따라서 글리포세이트 계열 제초제들이 임신부의 체내에서도 나타나고 있음을 경계해야 한다. 인디애나주 중부에서 18~39세의 임신부 71명을 검사하자 소변 표본 93퍼센트에서 글리포세이트가 검출되었다.[7] 이 여성들은 서로 다른 임신 기간의 소변 표본 두 개는 물론, 집의 물 표본도 제출했다. 교외 지역에 사는 여성이 도시 지역에 사는 여성보다 글리포세이트 수치가 더 높았다. 이웃 농장으로부터 직접적으로 노출되었기 때문일까?

글리포세이트는 태반을 통해 아기 몸속으로 전해질 수 있다. 실제로 탯줄 혈액에서 글리포세이트가 발견되었다.[8] 또한 글리포세이트는 모유를 통해서 전해질 수 있으며, 모계로부터 노출된 자녀의 혈청에서 글리포세이트가 발견되었다.[9]

내분비교란물질로 인한
호르몬 문제

내분비계는 복잡한 고도의 조절 체계다. 부신, 췌장, 갑상샘, 생식샘, 그리고 뇌하수체 같은 분비샘들은 식욕, 신진대사, 기분, 수면 등에 영향을 미치는 화학적 전달자로서 혈류를 따라 이동하는 호르몬을 분비한다. 많은 독성 화학물질이 내분비교란물질이다. 이들은 수용체에 결합하여 신호를 차단하거나, 잘못된 신호를 보내거나, 호르몬 합성이나 수송을 방해한다.

불임을 초래할 수 있는 내분비 교란 화학물질들은 "용량이 독성을 결정한다"는 격언을 거스르며 종종 높은 용량보다 낮은 용량에서 더 유해하다.[10] 실제로 임신 합병증, 유산, 선천적 결손증은 임산부가 **낮은** 용량의 내분비교란물질에 노출될 때 더 자주 발생하는 편이다. 즉 노출 시점 역시 중요하다.[11]

2003년 브라질의 과학자들은 라운드업 같은 글리포세이트 계열 제제들이 내분비계를 교란한다는 것을 발견했다.[12] 연구진은 임신한 쥐를 임신 6일째부터 15일째까지 비교적 높은 용량의 라운드업에 노출했다(시궁쥐의 임신 기간은 보통 21일에서 23일이다). 21일째 되는 날 제왕절개로 새끼들을 빼낸 다음, 기형 발생 효과나 선천적 결손증이 있는지 검사했다.

연구진은 노출 수준이 낮을수록 새끼들의 건강 문제가 더 확연하다는 사실을 찾아냈다. 낮은 용량 집단의 2퍼센트가 선천적 기형을 보였고, 중간 용량 집단은 불과 0.6퍼센트만 선천적 기형을 보였다. 그리고 높은 용량 집단의 새끼들은 전혀 선천적 기형을 보이지 않았다. 연구 결과는 의문을 제기한다. 만약 가장 적은 양의 글리포세이트에 노출된 네발짐승 어미의 새끼에게서 이 영향이 두드러졌다면, 훨씬 더 적은 양에 노출된 임신한 포유동물에는 어떤 일이 일어날까?

가장 낮은 용량에 노출된 새끼들이 가장 큰 고통을 받았다. 하지만 노출된 새끼들 대부분이 골격 발달이 지체되고, 간, 신장, 심부전과 함께 피부 밑 조직이 광범위하게 부어오르는 전신부종을 보였다. 한편 가장 높은 양에 노출된 어미들은 3주 이내에 죽었다.

2020년에 발표된 어느 리뷰 논문에서는 글리포세이트가 내분비 교란물질이라는 증거를 찾는 데 집중하고, 동료 평가를 받은 글리포세이트 연구들을 대량 검사했다. 그리고 글리포세이트가 내분비교란물질의 10가지 주요 특징 중 여덟 가지를 나타낸다는 사실을 발견했다.[13] 그중 하나를 살펴보자면 글리포세이트는 갑상샘호르몬 조절을 교란한다. 또한 테스토스테론 합성을 억제하고 테스토스테론을 에스트로겐으로 전환하는 방향화효소(아로마타아제)라는 주요 발달효소를 억제하며, 유방암 세포에서 에스트로겐 신호를 강화하는 에스트로겐 수용체 작동제로 작용한다.

글리포세이트가
생식 능력에 미치는 영향

글리포세이트는 정자에 얼마나 유독할까? 2018년 그리스 연구진은 시험관 내 인간의 정자를 1리터당 1밀리그램의 비교적 낮은 농도의 라운드업에 노출했다. 이를 통해 라운드업이 미토콘드리아 기능 장애와 관련된 정자의 운동성에 악영향을 끼친다는 사실을 발견했다.[14]

아트라진은 길고 추잡한 과거를 가진 또 다른 제초제다. 농화학 기업 신젠타Syngenta가 발명하고 제조한 아트라진은 화학적 거세를 통해 수컷 개구리를 완전히 암컷화한 것과 연관되어 있다.[15] 실제로 많은 연구자는 글리포세이트보다 아트라진을 더 위험하다고 본다.

2015년 나이지리아의 과학자들이 아트라진과 비교한 글리포세이트의 안전성을 연구하여 놀라운 사실을 발견했다. 테스토스테론 수치, 정자 운동성, 정자 수, 생존한 정자 비율, 부고환(정자를 정관에 전달하는 고환 뒤의 관)의 무게가 아트라진에 노출된 수컷 쥐들에 비해 글리포세이트에 노출된 수컷 쥐에서 더 낮았다. 두 화학물질에 동시에 노출되면 정자, 테스토스테론 합성, 남성 생식 기관에 훨씬 더 나쁜 영향을 미쳤다.[16]

임신 중에 글리포세이트에 노출된 어미에게서 태어난 수컷 새끼는 어떨까? 좋지 않다. 2019년 어느 연구에서 세 가지 농도의 글리포세이트가 담긴 식수를 암컷 쥐에게 먹였다. 체중 1킬로그램당 하루 0.5밀리그램, 5밀리그램, 50밀리그램이었다.[17] 글리포세이트에 노출된 모든 쥐가 생식 능력에 문제가 있는 수컷 새끼를 낳았다. 낮은 두 용량에서도 수컷들은 고환이 눈에 띄게 기형이었고 테스토스테론이 낮았다. 가장 놀라운 점은 가장 낮은 양의 글리포세이트(체중 1킬로그램당 하루 0.5밀리그램)에 노출된 어미의 새끼들이 정자 수가 **89퍼센트 감소**했다는 것이다.[18]

일부 과학자들은 생식기와 내분비계를 손상하는 것은 글리포세이트 제제의 첨가 성분인 보조제와 계면활성제라고 주장하지만, 이 특정 연구에서 글리포세이트 자체가 생식 결함과 기형을 일으킬 수 있음을 여지없이 밝혀냈다.

2019년에도 이탈리아 과학자들이 이끈 국제 연구팀이 임신한 어미 쥐를 전체 임신 기간과 젖을 뗀 후 13주 동안 식수를 통해 라운드업에 노출했다. 이 쥐들은 인간에게 '안전'하다고 여겨지는 양과 비슷한 양을 매일 받았는데, 미국의 글리포세이트 일일 섭취 허용량에 따르면 하루에 체중 1킬로그램당 1.75밀리그램이다. 하지만 라운드업은 전혀 안전하지 않았다. 라운드업에 노출된 어미에게서 태어난 암컷 새끼들은 테스토스테론 수치가 비정상적으로 높았다.[19]

한편 2019년에 임신 및 수유 기간에 글리포세이트에 노출된 생쥐와 그 새끼들에게 일어난 일을 조사한 연구가 또 있었다. 과학자들은 생쥐의 식수에 0.5퍼센트 농도의 라운드업을 넣었고, 이번에도 수컷 새끼들은 고환 하강 지체, 정자 수 감소, 고환 내부의 구조적 변형 등 건강에 심각한 영향을 받았다. 또한 이 어린 생쥐들은 황체형성호르몬의 농도가 높아져 고환 간질 세포가 자극되는 바람에 고환에서 테스토스테론이 증가했다.[20] 아마도 정자 생산 능력 저하를 보충하기 위해 테스토스테론을 더 만드는 것으로 보인다. 2020년 미국과 아르헨티나에서 발표된 최소 다섯 개의 연구에서도 이 발견을 뒷받침한다. 글리포세이트 계열 제초제는 내분비교란물질로 주요 발달 단계에 있는 새끼들이 노출되면 생식 능력이 줄어든다.[21]

고환 간질 세포는
어떻게 망가지는가?

고환 간질 세포는 고환에서 테스토스테론을 생성하는 세포로 크고 둥근 핵을 가지고 있다. 라운드업은 주로 테스토스테론 합성을 조절하는 스테로이드 생성 급성 조절 단백질steroidogenic acute regulatory protein 또는 StAR이라고 불리는 단백질을 방해하여 이 세포들에서 호르몬 생성을 억제한다.[22] 고환 간질 세포가 해롭지 않은 용량의 라운드업에 노출되면 호르몬 생성이 94퍼센트까지 차단되고 StAR의 활성은 90퍼센트까지 줄어들 수 있다.

StAR은 부신과 고환 양쪽에서 호르몬 합성의 속도제한반응을 조절한다. 고환 간질 세포로 인해 합성된 StAR의 양은 글리포세이트가 존재할 때도 변하지 않지만, 단백질의 효소 활성은 억제된다.

왜 이런 일이 일어날까? 글리포세이트와 글리포세이트 계열 제초제는 고환에서 포스포에놀피루브산 카르복시키나아제PEPCK 활성을 억제할 수 있다. 지방간 질환, 당뇨병, 옥살산의 독성, 신생아 저혈당으로부터 몸을 보호하는 데 중요한 PEPCK는 성호르몬을 포함해 스테로이드 합성을 활성화할 때도 필요하다.[23] PEPCK는 미토콘드리아의 활성을 늘려 ATP를 생성하고, 고환 간질 세포들은 ATP에 의존하여 StAR을 인산화한다.[24]

PEPCK 활성이 억제되어 ATP가 충분하지 않으면, 효소는 계속 정지 상태가 되고 테스토스테론이 합성되지 못한다. 미토콘드리아 외부의 해당작용에 의존하여 필요한 에너지를 공급하는 암세포보다 건강한 세포가 미토콘드리아 억제에 더 민감하다. StAR은 콜레스테롤이 테스토스테론으로 전환되는 미토콘드리아로의 콜레스테롤 수송을 조절한다. 따라서 이 연구 또한 글리포세이트가 미토콘드리아를 억제한다는 것을 암시한다. 몇몇 어린이에게서 관찰되는 불명확하고 치료하기 어려운 미토콘드리아 기능 장애가 이 때문일까?

PEPCK 효소는 고환의 **콜레스테롤**에서 비롯된 테스토스테론을 합성하는 데 매우 중요하다.[25] 한국의 대규모 연구진은 명쾌한 여러 실험을 통해 사춘기가 다가오면서 뇌하수체가 방출하는 황체형성호르몬이 고환에서 PEPCK의 발현을 유도하고, PEPCK를 억제하면 테스토스테론 합성이 방해된다고 확인했다.

이소카프론산은 테스토스테론을 합성하는 데 필요한 콜레스테롤 대사의 부산물이자 지방산이다. 건강한 세포에서 이소카프론산은 시트르산 회로로 보내져 테스토스테론 생산에 필요한 ATP를 생성한다. 그러나 PEPCK가 제대로 기능하지 않으면 중간대사물들이 시트르산 회로에서 제거되지 못하고 지방의 대사를 방해한다.

QT 연장 증후군은 심장의 전기적인 문제로, 심장 박동 사이 재충전 시간이 보통보다 더 오래 걸린다. 이 증후군은 불규칙한 심장 박동으로 이어져 급작스러운 심장마비를 일으킬 수 있으며, 종종 글리포세이드 계열 제초제로 자살하는 사람들의 사인이 된다.[26]

이에 대한 한 가지 가능성은 고환 간질세포에 의한 테스토스테론 합성 장애다. 테스토스테론 합성을 억제해 전립선암 치료에 사용되는 안드로겐 박탈 약물은 암 환자의 QT 연장 증후군에 대한 위험성을 매우 높인다.[27] 반면 테스토스테론 보충은 심장을 이 증후군으로부터 보호하면서, 길어진 간격을 단축한다고 드러났다.[28]

글리포세이트와
다낭성 난소 증후군

여성의 난소는 꾸준히 난자가 함유된 난포를 성장시키며 그중 하나를 매달 배출한다. 만약 난자가 배란 중에 배출되지 않으면, 난소가 커지고 자궁 내벽에 염증이 생길 수 있다. 염증이 있고 액체로 가득 찬 낭종을 초음파 사진으로 보면 진주 목걸이와 아주 비슷해 보인다.

다낭성 난소 증후군PCOS은 여성의 불임과 내분비계 장애의 가장 흔한 원인 중 하나이지만, 일각에서는 실제로 진단이 덜 되고 있다고 주장한다.[29] 이 증후군은 배란 중 배출되지 못한 난포인 낭종(액체로 가득 찬 주머니)의 축적과 관련이 있으며, 전 세계 여성의 약 20퍼센트에 영향을 미친다.[30] 생리통, 다모증(털 과다증), 여드름, 피부의 검은 반점 등의 증상이 나타난다. 다낭성 난소 증후군을 앓는 여성의 4분의 3은 임신하기가 매우 어렵다.[31]

일부 과학자들은 글리포세이트가 장내 마이크로바이옴을 교란하여 장 누수 증후군을 유발하는 만큼, 다낭성 난소 증후군에도 기여하리라고 본다.[32] 또한 다낭성 난소 증후군은 소화관의 투과성을 조절하는 단백질인 조눌린이 상승하는 것과 관련이 있다.

다낭성 난소 증후군의 또 다른 특징은 안드로스텐디온, 테스토스테론 같은 남성 호르몬이 비정상적으로 높다는 것이다. 이 특징은 안드로겐 과잉증이라고 불린다. 다낭성 난소 증후군을 앓는 여성들은 생리 불순과 조모증(남성형 털 분포) 외에도 종종 비만, 인슐린 내성, 2형 당뇨병과 심혈관 질환의 발병 위험 증가 등 전형적인 대사 증후군의 증상을 겪는다.[33] 이러한 여성은 자폐증을 가진 아이를 낳을 가능성 또한 더 높다.[34]

연구진은 다낭성 난소 증후군의 유전적 연관성을 찾기 위해 애썼고, 대부분 실패했다. 다낭성 난소 증후군을 앓는 여성들은 대부분 그들의 질환을 설명할 만한 명확한 유전적 돌연변이가 없었다. 반면 다낭성 난소 증후군이 환경적으로 유도된다는 과학적 증거는 많다. 스테로이드 대사에 관여하는 최소 세 가지 효소가 다낭성 난소 증후군과 관련하여 활성이 억제된다고 드러났다. 육탄당-6-인산 탈수소효소hexose-6-phosphate dehydrogenase: H6PD,[35] 방향화효소(CYP 효소),[36] PAPS

합성효소(황산염을 활성화하는 효소)다.[37] 앞 장에서 이야기했듯이, 세 가지 효소는 글리신 치환을 통해 글리포세이트로 억제된다.

글리포세이트의 방향화효소 억제는 더 나아가 성호르몬 생산의 균형을 깨트린다. 방향화효소는 테스토스테론을 에스트로겐으로 전환히는 일을 하는 핵심 효소다. 방향화효소가 테스토스테론을 에스트로겐으로 바꾸지 못하면 테스토스테론이 쌓이고 에스트로겐은 부족해진다. 글리포세이트의 방향화효소 억제 효과는 직접적으로 입증되었다. 농업의 권장 사용량보다 100배 **낮은** 농도의 라운드업에 노출된 인간의 태반 세포에서 방향화효소의 활성이 억제된 것이다.[38] 이는 쥐의 간에서 글리포세이트가 CYP 효소를 억제한다는 것을 밝혀낸 실험과 꼭 들어맞는다. CYP 효소가 방향화효소이기 때문이다.

성호르몬 결합 단백질SHBP은 간에서 생성되고 혈액 내에서 순환하는 (글로불린으로도 알려진) 단백질 그룹이다. 이름에서 알 수 있듯, 성호르몬 결합 단백질은 성호르몬에 결합하여 성호르몬의 생체 이용률을 떨어트린다. 안드로겐('남성' 호르몬)은 성호르몬 결합 단백질의 발현을 줄여 성호르몬의 생물학적 활성을 높인다. 지방조직은 한때 기본적으로 비활성으로 여겨졌지만, 실제로는 내분비 기관이며 지방세포는 성호르몬을 생산할 수 있다.

글리포세이트로 황산 DHEA의 합성이 막히면 지방세포들은 성호르몬을 더 만든다. 이후 방향화효소가 차단되면 에스트로겐에 비해서 안드로겐을 더 만든다. 이러한 내분비 교란은 과잉 생산된 안드로겐의 생체 이용률을 높여 다낭성 난소 증후군으로 이어진다. 또한 성

호르몬 결합 단백질의 낮은 수치는 남녀 모두에서 2형 당뇨병의 강력한 예측 변수가 된다.[39]

지방조직이 많으면서 글리포세이트에 만성적으로 노출된 여성은 문제가 심각하다. 글리포세이트가 DHEA 황산화를 방해해서 지방세포들은 성호르몬을 더 많이 생성한다. 또한 글리포세이트가 방향화효소를 차단하므로 지방세포들은 에스트로겐에 비해 안드로겐을 더 만든다. 안드로겐 상향 조절은 성호르몬 결합 단백질의 공급을 줄이고, 이후 안드로겐의 활성을 높인다. 이것이 다낭성 난소 증후군의 직접적인 경로다. 낮은 성호르몬 결합 단백질은 당뇨의 징후이며 비만은 위험 인자다.

강에 뿌려진
글리포세이트

6장에서 황산 DHEA가 심하게 낮아지면 아기가 대뇌피질 없이 태어나는 무뇌증이라는 발달 장애를 갖게 된다고 말한 바 있다. 2017년 나는 오리건주 포틀랜드의 그레고리 나이Gregory Nigh 박사와 함께 글리포세이트가 황산 DHEA의 억제를 통해 무뇌증과 여타 신경관 결함을 일으키리라고 예상되는 무수한 방식에 대한 논문을 발표했다.[40] 신경관 폐쇄 결함은 신생아 1,000명 중 한 명꼴로 발생하며, 두 번째로 흔한 선천적 결손증이다.[41]

2012~2013년 동안 워싱턴주의 야키마, 벤턴, 프랭클린 카운티에서 기이하게도 무뇌증이 성행했다. 연구자들은 피해자들의 공통점을 확인하고자 많은 인자를 조사했지만, 결국 알아내지 못했다.[42] 그들은 글리포세이트가 인간에게 독성이 없다고 추정해서 글리포세이트의 연관성을 조사할 생각을 하지 않았다.

하지만 돈 후버 박사가 실태 조사에 나서자, 2010~2012년에 침입성 수생 잡초를 방제하기 위해 로데오사의 글리포세이트 제제 상당량을 세 개 하천에 뿌렸다는 게 밝혀졌다. 이 세 카운티에 관개용수 및 식수를 공급하는 강들이었다. 2년 이내에 농장의 노동자들은 이례적으로 높은 무뇌증과 유산을 겪기 시작했다.[43]

비타민A와
메틸화 경로

비타민A는 배아 발생에서 매우 중요하다. 그러나 자궁의 태아가 제대로 발달하는 데 필수라고 해도, 너무 많으면 임산부와 태아에 해로울 수 있다. 비타민A는 중요한 발생 단계에 발현되고 특수 효소로 인해 재빨리 제거된다. 다양한 CYP 효소가 비타민A의 대사에 관여한다.[44] 배아 발생에 필수적인 게 있고, 생후 생존과 생식 세포 발생에 필수적인 것도 있다.

닭의 배아뿐 아니라 아프리카발톱개구리의 배아에서 글리포세이트 노출은 순수 글리포세이트든 일부 함유된 제제든 간에 신경관 발생에 손상을 초래한다. 이는 소두증과 단안증(머리 중앙에 눈이 하나인 기형) 같은 기형 발생 효과로 이어진다.[45] 이러한 괴상한 기형이 발생하는 이유는 노출된 배아에서 비타민A의 대사산물인 레티노산의 활성이 증가했기 때문으로 보인다. 실제로 기형 발생 효과는 레티노산 길항제로 병행 치료하여 되돌릴 수 있다.

아프리카발톱개구리와 닭이 인간과 어떤 관계가 있을까? 1994년에서 2007년 사이에 아르헨티나에서 태어난 85만 명 이상의 신생아 중 21,844명의 병원 기록을 살펴보니, 옥수수, 콩, 밀이 우세하고 농작물에 글리포세이트를 과하게 쓰는 코르도바주 중부의 농업 지역에 선천적 결손증이 집중되어 있었다.[46] 실제로 과학자들은 코르도바주 내에서 신경관 결함(개중에는 이분척추), 소이증(외이의 발육부전), 구순열, 구개열, 다낭성 신장, 다지증(손가락이나 발가락이 더 많은 것), 다운 증후군 등 여러 선천성 장애의 발생률이 매우 높다고 밝혀냈다. 이 중 많은 수가 비타민A의 독성과 관련이 있다.

생쥐를 대상으로 한 실험에서도 비타민A가 높은 식사가 신경관 결함으로 이어질 수 있다는 게 증명되었다. 특히 생쥐들이 엽산, 메티오닌, 베타인, 콜린처럼 메틸 공여체가 높은 먹이를 먹었을 때 그랬다.[47] (메틸 공여체는 메틸기를 운반하는 영양소이고, 엽산은 분자 간 메틸기 전달을 촉진한다.) 아이러니하면서 놀라운 일이다. 낮은 엽산 또한 신경관 결함과 관련이 있기 때문인데, 그래서 임산부들은 엽산을 먹으라고 권유받는다.

낮은 엽산과 높은 엽산 둘 다 문제가 된다는 사실은, 레티노산이 다양한 단계의 발생 시기를 조절하려면 CYP 효소로 인해 레티노산이 빠르게 대사되는 것이 절대적으로 중요하다는 사실을 시사한다.

프랑스의
어느 농부가 겪은 일

흔치 않은 여러 유전자 결함을 겪는 세 자녀를 둔 농부에 대한 사례 연구는 글리포세이트가 얼마나 위험한지 들추어낸다. 농부의 자녀들은 항문 결함, 발육 부진, 요도하열(요도 구멍이 음경 끝이 아닌 아래쪽에 있는 선천적 결손증), 심장 질환, 비정상적으로 작은 음경 등의 건강 문제가 있었다.[48] 이 농부는 농작물에 글리포세이트를 손으로 뿌릴 때 장갑을 끼고 있었지만, 호흡 마스크나 보호복은 착용하지 않았다.

프랑스의 독물학자들은 농부의 소변에서 글리포세이트의 양을 측정했다. 농작물에 글리포세이트 계열 제초제를 뿌리기 직전에는 검출되지 않지만, 제초제 분사를 끝낸 지 3시간 만에 소변 속 글리포세이트 검출량이 1리터당 9.5마이크로그램으로 빠르게 최고조에 달했다. 이 농부는 필시 글리포세이트를 폐로 호흡하고 피부로 흡수했을 것이다.

또한 자녀 중 한 명의 소변에서도 글리포세이트가 검출되었다. 그의 가족은 밭에서 약 1.6킬로미터 떨어진 곳에 살았는데도 말이다.

아이가 어떻게 노출되었는지는 명확하지 않다. 농부는 옷에 자취를 남겼을지도 모른다. 아니면 들판에서 바람에 실려 왔을 수도 있다.

다가올 7대를
대신하여

글리포세이트 효과는 과학자들이 세대 독성학이라고 부르는, 세대를 망라하는 강력한 후생유전학적 효과다.[49] 후생유전에서 특정 메틸화 경로는 자궁의 생식 세포에서 발생할 수 있으며, 여러 미래 세대를 거쳐 온전하게 전달될 수 있다. 사실, 때때로 가장 파괴적인 효과는 그다음 세대까지 나타나지 않기도 한다.

꼼꼼하게 설계된 2019년 위싱턴주의 연구에서 이를 알 수 있다. 이 실험을 위해 인신한 쥐들은 임신 8일째와 14일째 사이에만 아주 낮은 용량의 글리포세이트에 노출되었다. 투여량은 최대 무독성량No Observed Adverse Event Level: NOAEL의 절반으로 일부러 유지되었다. (NOAEL은 독성 화학물질에 보편적으로 사용되는 용어로, 동물 실험에서 해로운 영향이 관찰되지 않는 최대 용량을 뜻한다.) 임신한 쥐나 그 자손에게 피해는 관찰되지 않았다. 축하할 일이었지만 문제가 있었다. 연구진은 2세대와 3세대에서 생식과 관련한 몇몇 심각한 건강 문제가 급격히 증가한 것을 발견했다.[50]

노출된 쥐의 손자와 증손자뻘 새끼들은 난소, 젖샘, 고환, 전립선이 손상되었고, 그 외에 불명확한 건강 문제도 있었다. 고환에서 가장 많이 관찰된 이상은 위축과 액포, 그리고 떨어져 나간 세포와 파편이었다. 3세대 암컷은 액체로 가득 찬 낭종이나 쪼그라든 사구체 같은 신장 질환이 40퍼센트 증가했다. 사구체는 신장에서 노폐물이 여과되는 곳이다. 다른 화학물질에 관한 이전 연구에서는 거의 관찰되지 않은 독특한 증상이 있었는데, 바로 글리포세이트가 미래 세대의 분만 과정에 미치는 악영향이었다. 2세대 자손의 30퍼센트는 출생 중에 죽거나 출산 시 죽은 새끼를 낳았다. 또한 3세대에서는 설명되지 않는 높은 비만율도 있었다.

그보다 1년 앞서 2018년에 비슷한 연구가 발표되었다. 이 연구에서는 임신한 쥐를 임신 초기와 출산 중에 낮은 양의 글리포세이트에 노출했다.[51] 2019년 워싱턴주 연구와 마찬가지로 이 연구에서 노출된 새끼들은 건강에 별다른 문제가 없었다. 하지만 첫 세대의 후손들은 정상적으로 발달한 듯 보였지만, 임신 중 태반 스트레스, 태아 성장 지연, 조산 등 심각한 문제를 겪었다. 놀랍게도 각기 다른 어미에게서 태어난 새끼 세 마리는 통계적으로 나올 수 없었던 매우 드문 유전자 기형(샴쌍둥이, 사지 상실)을 앓았다.

임신한 어미에게 뚜렷한 영향을 미치지 않은 화학물질이 어떻게 그 새끼와 새끼의 새끼에게 그렇게 엄청난 영향을 미칠 수 있을까? 특히 새끼는 자궁에서만 노출되었을 뿐이다. 암컷 태아는 임신 매우 초반에 모든 난자를 만든다. 난자가 생성되는 시기에는 환경적인 상해에 매우 민감해진다. 만약 그 새끼가 살아서 태어나 어른 쥐가 될 때까지 살아간다면, 그러한 노출로 인한 상해는 유전적 돌연변이와 후생유전학적 영향으로 이어질 수 있다. 따라서 여러 미래 세대를 통해 생존할 수 있다.

이로쿼이족(북미 인디언 부족—옮긴이)은 지구에 첫발을 내디딘 사람부터 아직 첫걸음도 떼지 못한 사람까지, 모든 사람이 시간을 초월한 공동체로 연결되어 있다고 믿는다고 한다. 이러한 관점으로 보면, 인간으로서 우리가 할 일은 우리 이전에 왔던 사람들과 앞으로 올 사람들 사이의 틈을 메우는 것이다. "중재자는 7대에 관한 가르침을 준다." 인권 운동가이자 세네카 부족의 일원인 오렌 라이언스 주니어 Oren R. Lyons Jr.는 이렇게 설명한다. "그가 말하길, 부족의 복지 회의에 참석할 때, 자기 자신이나 자기 가족을 생각하지 말아야 하며, 심지어 자신의 세대도 생각하지 말아야 한다. 다가올 7대를 대신해 오늘 우리가 가진 것을 그들이 누릴 수 있도록 결정해야 한다."[52]

글리포세이트 특유의 극악무도한 효과는 오늘 살아 있는 사람들에게만 미치지 않는다. 그 위험한 유산은 다음 세대와 그다음 세대에게 전해질 것이다. 글리포세이트 노출이 임신과 수유 중인 동물에게 뚜렷한 해를 끼치지 않는다고 하더라도, 여러 세대를 통해 그 자손들은 선천성 결함, 뇌 손상, 내분비 장애, 지방간 질환을 앓는다고 밝혀졌다.[53] 오늘 당장 글리포세이트의 생산과 사용을 모조리 금지하더라도 사람들은 그 여파를 몇 세대 동안 겪을지도 모른다.

TOXIC  LEGACY

9장

독성물질이 일으킨 신경 질환

●

과학적 연구는 이제 아주 분명하다.
독성 화학물질은 어린이의 두뇌 발달에 해를 끼친다.
사회 구성원으로서 우리는 이러한 독성 화학물질을 몰아내거나
노출을 크게 줄일 수 있고, 독성 화학물질의 확산을 허용했던
무능한 규제 체계에 대해 고심할 수 있다.
이러한 조치가 결국 신경 발달 장애의 높은 발병율을 줄일 수 있다.

이르바 헤르츠 피치오토 Irva Hertz-Picciotto, 환경 전염병학자

2018년, 66세의 한 남성이 라운드업을 마시고 자살을 시도했다. 병원에서 그는 글리포세이트 독싱에 대한 치료를 받았다. 하지만 상태는 계속해서 악화했다. 방향 감각을 잃었고 기억상실 징후를 보였으며 환각을 보기 시작했다. 의사들은 이미 종양이나 감염의 가능성은 배제했다. 그 대신 뇌의 급성 염증 반응인 급성 독성 변연계 뇌염으로 진단했다. 5개월 후에도 이 불쌍한 남자는 계속 기억상실을 겪었고, 결국 영구적인 증상으로 진단받았다. 기억을 형성하고 저장하는 역할을 하며 학습, 감정과 관련된 뇌의 구부러진 부분인 해마가 23퍼센트까지 쪼그라들었다.[1] 비슷한 상황을 고려해본다면, 알츠하이머병의 전형적인 수축률은 1년에 3.5퍼센트다.

우리 대부분은 급성 글리포세이트 중독의 위험에 처해 있지 않지만, 정년이 다가오는 사람은 알츠하이머병, 파킨슨병, 다발성경화증, 루게릭병 같은 신경 질환으로 쓰러질 가능성을 걱정하기 마련이다. 미국에서는 65세 이상의 10퍼센트, 85세 이상의 50퍼센트가 알츠하이머병을 앓는 것으로 추정된다.[2] 2017년 치매로 261,914명의 사망자가 발생하며 주요 사망 원인으로 떠올랐다. 2000년에는 이로 인한 사망자가 8만 4,000명이었다.[3]

사망진단서를 바탕으로 한 미국 질병관리청의 수치는 과소평가되었을 가능성이 크다. 사람들이 수년 동안 치매와 함께 살다가 그보다 확실한 무언가로 죽기 때문이다. 단지 인간이 더 오래 살아서 뇌가 힘이 다해 완전히 지치는 게 합당하다고 주장하는 사람도 있지만, 나이를 감안해 조정하더라도 치매 발생률은 2000년 이후 두 배 이상 증가했다.[4]

4장에서 논의했듯이, 알츠하이머병은 치매의 지배적인 하위 유형이다. 알츠하이머병의 특징은 기억과 실행 기능에 문제가 생기는 것이다. 알츠하이머병 말기 환자들은 자신이 어디에 있는지, 칼과 포크를 어떻게 사용하는지, 혼자 화장실에 어떻게 가는지 등을 잊어버릴 수 있다. 따라서 대체로 지속적인 보살핌이 필요하다. 제약 업계는 효과적인 알츠하이머 치료제를 생산하기 위해 노력했지만, 되돌리기는커녕 뇌의 쇠퇴를 막을 수 있는 처방약도 없다.

과학자들은 알츠하이머병과 자폐증에 공통점이 많음을 인식하기 시작했다. 자폐증 진단은 일부 사람들이 신경다양성으로 선언하는 가벼운 뇌 차이에서부터 심각하고 파괴적인 신경 손상까지 다양한 장애를 포함한다. 복합 장애인 자폐증의 특징은 사회적 상호작용의 장애, 제한적인 관심 목록, 정형화된 반복 활동, 인지 능력 저하 등이다. 자폐증을 앓는 아이들의 4분의 1에서 2분의 1은 말이 서투르다. 많은 사람이 독립된 삶을 절대 살지 못할 것이다. 자폐증 환자의 평균 기대 수명은 36세에 불과하다.[5]

샌안토니오에 있는 텍사스대학교 보건과학센터의 연구진은 다종 화학물질 민감증을 가진 여성들이 자폐증뿐 아니라 다른 신경 질환을 가진 아기를 낳을 위험이 세 배나 된다는 것을 발견했다.[6] 이러한 엄마에게서 태어난 아이들은 알레르기에도 더 취약하다. 다종 화학물질 민감증은 대개 평생 독성 화학물질에 과하게 노출되었을 때 발생한다.[7]

탄광 속 유해가스 위험을 경고하는 카나리아처럼 노르웨이의 연구원 올라브 크리스토페르센Olav Christophersen은 현대 세계에서 자폐증 발생률이 가속되었다고 확인했다. 2012년 자폐증 발생률이 상당히 낮았을 때, 크리스토페르센은 자폐증이 환경 독소로 인해 유발된 DNA의 돌연변이 폭풍을 통해 인류 멸종으로 가는 길을 닦는 것일지도 모른다고 경고했다.[8]

콜로라도대학교 볼더 캠퍼스에서 일하는 스탠퍼드대학교 출신의 대기과학자 신시아 네비슨Cynthia Nevison은 자폐증 증가가 발병 수 때문인지 진단 수 때문인지 조사했다. 그리고 1980년대 이래 자폐증 증가가 개선된 진단 결과 때문만은 아니라는 것을 발견했다. 오히려 자폐증 증가의 75~80퍼센트가 실제다.[9] 이 과학적 분석은 자폐증 비율이 증가하고 있음을 분명히 보여준다. 더 이상 의사들이 자폐증을 더 진단하고 있을 뿐이라고 주장할 수 없다.

동시에 네비슨은 환경 독성물질에 대한 노출이 미국 어린이들 사이에서 자폐증 비율 증가와 얼마나 밀접한지 보여주고자 자폐증과 가장 밀접한 연관이 있는 환경 독성물질 10가지의 통계적 분석을 수행했다. 연구 결과 납, PCB, 유기염소계 농약, 자동차 배기가스, 대기 오염 모두 변동이 없거나 **감소** 추세였다. 즉 이 연구를 발표한 2014년까지 노출은 매우 감소했다. 네비슨은 자폐증과 높은 상관관계가 있는 세 가지 독성 노출을 확인했다. 알루미늄, 폴리브롬화 디페닐에 테르(PBDEs, 난연제로 사용되는 화합물), 그리고 글리포세이트다.

추정하건대 이들이 범인이다. 알루미늄은 신경조직에 유독하다. 백신의 보조제로서 체내에 주입되면 대식세포로 인해 탐식되고, 대식세포는 뇌를 포함한 스트레스를 받는 조직으로 알루미늄을 운반한다.[10] PBDEs는 내분비계를 교란한다. PBDEs 노출과 신경 발달 손상 사이의 연관성은 광범위하게 연구되어왔다.[11] 그리고 글리포세이트가 있다. 이 장에서 더 알아보겠지만, 글리포세이트가 자폐증 증가에 기여하고 있다는 건 분명한 사실이다.

시너지 효과를 내는
독성물질

다른 독성 화학물질에 노출되었을 때 뇌 장애가 일어날 수 있다고 해서 글리포세이트에 대한 우려를 축소해서는 안 된다. 이 물질들은 시너지 효과를 일으켜 각각 단독으로 작용할 때보다 훨씬 더 큰 방식으로 뇌에 해를 끼친다. 알루미늄이 좋은 예다. 알루미늄은 글리포세이트와 결합한다. 글리포세이트 분자 두 개가 알루미늄 이온을 둘러싸 알루미늄의 3가 양전하를 감춰 알루미늄이 장벽을 더 쉽게 넘도록 한다.[12]

최근의 많은 연구는 알루미늄을 자폐증의 특징인 뇌염의 유발 요인으로 관련짓고 있다.[13] 또한 알루미늄은 알츠하이머병 및 치매와도 관련되어 있다.[14] 이에 대한 최고의 증거는 투석성 뇌병증, 다시 말해 신부전 환자이 투석액 내 알루미늄 오염과 관련된 질환의 연구일 것이다.[15] 영국 킬대학교의 생물무기화학 교수인 크리스토퍼 엑슬리 Christopher Exley 역시 자폐증 어린이의 사후 뇌에서 높은 수치의 알루미늄을 발견했다.[16]

엑슬리 팀은 다른 연구에서 상수도를 통해 장기간 알루미늄에 다량 노출되었던 여성의 사후 뇌에서 알루미늄 분포를 분석했다. 알루미늄은 여성의 신경아교세포와 맥락총 내벽의 림프구 안에 농축되어 있었다.[17] 맥락총은 뇌실에 박혀 있으며 뇌척수액을 생산하는 역할을 한다. 아마 알루미늄으로 인해 유발되었을 염증성 질환이 림프구를 끌어들였을 것이다. 이와 같은 패턴의 세포 내 비신경적 알루미늄 분포 역시 엑슬리 팀이 연구한 자폐성 두뇌의 특징이다.

솔방울샘을 비롯해 뇌간핵은 뇌혈관장벽 바깥에 자리하여 대뇌피질보다 독성 금속에 덜 보호된다. 다양한 뇌 조직에서 알루미늄 농도를 검사한 연구에 따르면 뇌의 다른 부분보다 솔방울샘에서 두 배나 더 많은 양이 발견되었다.[18] 하지만 글리포세이트가 뇌혈관장벽을 넘어 알루미늄 수송을 촉진할 수도 있다. 글리포세이트가 알루미늄을 킬레이트화하면 알루미늄의 3가 양전하를 상쇄하여 알루미늄-글리포세이트 복합체는 장벽을 더 쉽게 넘을 수 있다.[19]

기존 연구자들은 대부분 근시안적으로 자폐증의 유전적 토대에 초점을 맞추었다. 하지만 뇌 손상의 원인은 유전적 특질과 환경 사이의 복잡한 상호작용임이 점점 분명해지고 있다.[20] 자폐증은 동시에 발생하는 여러 건강 문제와 관련된다. 장내 미생물 불균형, 호르몬 불균형, 미네랄 결핍, 중금속 중독, 대사장애, 염증 지표 등이다. 1943년 존스홉킨스대학교의 정신과 의사인 리오 캐너Leo Kanner는 어린이 11명을 대상으로 한 연구에 근거해 처음으로 자폐증을 설명한 선구적인 논문을 발표했다. 자폐증에 대한 이해가 거의 없고 대부분 들어보지 못했던 당시에도 캐너 박사는 자폐증이 행동 징후가 있는 위장 장애와 식이 문제를 가진 질병이라고 설명했다.[21]

제임스 라이언스 웨일러James Lyons-Weiler 박사는 1,000건 이상의 연구 자료를 분석했다. 그 결과 자폐증 위험성이 일차적으로 유전적 소인, 특히 환경 스트레스 요인과 상호작용하는 발달이나 해독 작용의 여러 중요한 생물학적 경로에서 기능 상실로 이어지는 돌연변이 때문이라는 이론을 발전시켰다.[22] 이러한 소인-노출 조합이 많을수록, 뇌 기능 장애의 위험성이 더 커진다.

최근 캘리포니아 샌호아킨 밸리의 농업 지역에서 최대 규모의 농약과 자폐증 관련 조사가 수행되었다.[23] 클로르피리포스와 글리포세이트가 함유된 농약과 제초제를 검사한 결과, 분사 지역의 2킬로미터 내에 거주하는 임신부들이 심각한 자폐증을 가진 아이를 출산할 승산비가 30퍼센트 더 높았다. 승산비는 특정 인자가 질병에 기여하는 정도를 나타내는 척도다. 비율이 높을수록 영향이 강하다는 의미다.

여러 화학물질이 연관되었을 때, 다른 화학물질의 영향에 비례하여 각 화학물질의 영향을 계산할 수 있다. 이 연구에서 동시에 뿌려진 다른 농약들을 고려해 보정하자 상승된 승산비의 상당수가 덜 분명해졌다. 하지만 다른 살충제와의 공존을 고려하자 글리포세이트의 승산비는 **증가**했다. 가장 높은 승산비는 생후 1년 동안 글리포세이트에 노출된 어린이 사이에서 발견되었다.

글리포세이트는
뇌를 어떻게 망가트리는가?

글리포세이트는 두뇌 발달을 어떻게 방해할 수 있을까? 치명적인 방법이 몇 가지 있다. 매우 중요한 효소에 장애를 일으키고, 글루탐산의 흥분독성을 초래하고, 효모의 과잉 증식을 유도하고, 장내 미생물 불균형을 유발하고, 코발아민과 황산염의 결핍을 유발하고, 단사슬 지방산의 불균형을 유발하고, 미토콘드리아 손상을 유발하고, 갑상샘호르몬 결핍을 유발한다. 몇 가지만 예로 들자면 말이다.

글리포세이트는 글루탐산 수송 경로를 따라 세포에 흡수될 수 있다. 아미노산 글루탐산처럼 음전하를 띠기 때문이다. 이는 기존의 아미노산 수송체를 이용하여 그전까지 침투하지 못했을 세포 장벽을 넘어 접근할 수 있다는 의미다. 예를 들어보자. 알다시피 피부, 장기, 요로의 상피세포는 방어벽 역할을 하며 침입자에 맞서 보호하는 하나의 기전이다. 하지만 글리포세이트에 맞서지 않는다. 배양액에서 자란 몇몇 상피세포는 능동적으로 글리포세이트를 섭취한다. 비강, 폐의 호흡기 점막, 위장관의 내막을 형성하는 상피세포가 여기에 포함된다.[24]

즉 글리포세이트는 비강 통로를 거쳐 뇌로 갈 수 있고, 피부나 삼킨 오염 식품을 통해 흡수된 글리포세이트 역시 뇌로 갈 수도 있다. 일반적으로 글리포세이트처럼 작은 수용성 분자는 뇌혈관장벽을 통과할 수 없다. 그러나 뇌혈관장벽을 구성하는 세포와 함께 배양된 신경세포들이 글리포세이트에 취약하다는 것을 밝힌 연구가 있었다. 글리포세이트는 아미노산 수송체를 통해 방어벽 기능을 교란하고 뇌에 침투하는 듯 보인다.[25]

방어벽 기능 교란으로 인한 손상에 특히 민감한 뇌의 영역 가운데 하나가 대뇌변연계다. 대뇌변연계는 주로 감정, 기억, 성격, 식욕, 사회적 행동, 성적 행동과 관련이 있으며, 시상, 시상하부, 편도체, 해마로 구성되어 있다. 라운드업을 마셔 자살을 시도하고 그로 인해 해마가 급격히 쪼그라들었던 66세 남성을 떠올려보자. 이 비극은 특히 해마가 글리포세이트에 얼마나 민감한지 보여주는 많은 사례 중 하나다.

글리포세이트는 NMDA(N-메틸-D-아스파르트산) 수용체를 과도하게 자극하여 해마에서 신경독성을 유발한다.[26] 과도하게 자극된 NMDA 수용체는 신경세포로 하여금 아미노산이자 신경전달물질인 글루탐산을 과잉 섭취하게 한다. 글루탐산은 흥분 독소로 신경세포들을 매우 빠른 속도로 흥분시켜 탈진하게 만들고 손상을 줄 수 있다. 글리포세이트는 글루탐산 수송체에 편승하여 세포에 들어갈 수 있다. 2019년 종합 리뷰에서 알 수 있듯, 뇌를 해치고 우울증을 유발하고 불안을 조장하는 것은 글리포세이트로 인해 유발된 장내 미생물 불균형 때문만은 아니다. 글리포세이트가 글루탐산의 흥분독성을 통해 해마를 직접 훼손할 가능성도 있다.[27]

해마는 새로운 신경세포가 줄기세포에서 성숙하여 뇌의 다른 부분으로 이동할 수 있는 두 부위 중 하나다. 다른 하나는 뇌실에 인접한 영역인 뇌실밑 구역이다. 글리포세이트가 생쥐의 신경줄기세포에 미치는 영향을 조사한 연구에서, 과학자들은 글리포세이트가 세포 이동과 분화를 크게 줄이고, 세포 보호성이 있다고 알려진 CYP 효소의 활성을 억제하며, 산화적 스트레스의 징후를 유도한다는 것을 발견했다. 2020년에 발표된 이 연구는 글리포세이트가 뇌에서 새

로운 신경세포의 성숙을 방해한다고 제안했다.[28]

글리포세이트가 세포 수준에서 신경학적 손상을 일으키는 한 가지 기전은 쥐의 PC12 세포와 연관된 실험에서 제안되었다. PC12 세포들은 부신의 내부인 부신수질에서 비롯되며, 신경세포와 비슷한 성질이 많다. 그리고 배양액에서 잘 자라 다양한 스트레스 요인이 신경세포에 미치는 영향을 조사하는 데 인기 있는 도구가 되었다.

과학자들은 PC12 세포를 글리포세이트에 노출한 다음, 글리포세이트가 용량의존적으로 세포의 생존성을 줄인다는 것을 찾아냈다. 또한 세포의 찌꺼기를 제거하는 청소 과정인 자가포식을 유도했다. 즉 글리포세이트가 손상된 세포 성분의 축적을 초래한 것이다. 또한 글리포세이트는 세포예정사의 한 형태인 세포자멸사를 유발했다.[29]

황산 결핍이
불러온 영향

다른 모든 세포처럼 신경세포는 자기 세포 찌꺼기들을 치운다. 이때 황산에 의존한다. 알츠하이머병과 자폐증의 많은 증상이 황산 결핍으로 거슬러 올라간다. 6장에서 언급한 대로, 중요한 황산 분자인 황산헤파란은 세포의 거의 모든 핵심 활동을 촉진한다.[30] 많은 신호 전달 분자, 특히 성장인자는 신호 전달 반응을 시작하기 위해 황산헤파란에 결합한다. 세포와 혈관 성장은 황산헤파란으로 조절된다. 또한 황산헤파란은 세포가 지방, 콜레스테롤, 지용성 비타민을 흡수할 수 있게 한다.

황산헤파란은 신경 발달에 매우 중요하다. 신경 발생, 축삭 인도, 시냅스 성숙을 조절한다.[31] 그리고 사후 연구에서 자폐증 아동의 뇌 심실에 황산헤파란이 부족하다고 밝혀졌다.[32] 황산헤파란 합성 능력이 없어진 생쥐는 자폐증 특징을 보였다.[33] 나는 뇌에서 발생하는 황산헤파란 결핍이 자폐증과 알츠하이머병의 핵심 요소라고 믿는다.

독성물질이
신경전달물질에 끼치는 해악

유리된 글루탐산은 척추동물 신경계에 가장 풍부한 흥분성 신경전달물질로, 뇌의 시냅스 연결의 90퍼센트 이상을 차지한다. 라운드업을 마신 남성의 아주 손상된 해마에는 특히 글루탐산 수용체가 풍부하다. 이 수용체들은 학습과 기억에 필수적이다. 해마는 뇌의 다른 부분보다 글루탐산 신호에 더 의존한다.[34]

글리포세이트가 글루탐산을 교란한다는 사실은 명확하다. 2014년 이탈리아의 연구진은 라운드업이 새끼 쥐의 해마에서 글루탐산의 신경독성을 유발한다는 것을 발견했다. 이 새끼들은 자궁에서 어미 쥐의 노출을 통해, 그리고 수유 기간 모유를 통해 매일 낮은 양의 라운드업에 노출되었다. 새끼의 어미들은 라운드업을 함유한 물을 먹었고, 전체 노출량은 매일 약 40퍼센트로 최대 무독성량의 절반에도 미치지 못했다.

새끼들은 생후 15일째에 희생되었고, 연구진은 죽은 새끼 쥐들의 뇌 조직을 분석했다. 동일 실험의 또 다른 분야에서 노출되지 않은 15일 새끼 쥐들의 해마 조각이 준비되었고, 이후 해마 조각을 다양한 농도의 라운드업에 노출했다. 그 결과, 라운드업에 노출되면 칼슘 경로뿐 아니라 글루탐산에 민감한 NMDA 수용체가 활성화되며 세포의 칼슘 흡수가 증가했다. 라운드업은 신경세포가 시냅스로 방출하는 글루탐산의 양을 늘렸다. 또한 시냅스에서 (글루탐산을 글루타민으로 전환하여) 글루탐산을 제거하는 뇌세포의 능력을 방해했다.[35] 산화적 스트레스는 체내에서 제거되지 못하는 자유라디칼이 과잉된 상태다. 시냅스의 과도한 글루탐산은 섬세한 뇌세포 구성 성분을 손상하는 산화적 스트레스와 함께 신경세포를 매우 탈진하게 했다.

자폐증을 앓는 어린이가 건강한 대조군에 비해 뇌에 글루탐산 농도가 더 높다는 사실은 2006년부터 알려졌다.[36] 그 아이들은 혈액에도 글루탐산이 과도하다. 고기능성 자폐증을 앓는 소년 23명의 혈장과 건강한 대조군 22명의 혈장을 비교한 연구에 따르면 자폐증 소년들의 혈액에 통계적으로 유의미한 글루탐산 수치가 더 높았다(그리고 글루타민 수치는 더 낮았다).[37] 그들의 다른 아미노산들 중 어떤 것도 대조군과 유의한 차이가 없었다.

글루탐산이
신경독성을 띠는 과정

글루탐산이 신경독성을 띠게 되는 방법을 알아보려면 뇌에서 어떻게 작용하는지 이해해야 한다. 글루탐산은 신경전달물질로서 신경세포 활성의 강력한 자극제다. 일반적으로 신경세포 소포에 격리되어 있다가 이웃 세포에 신호를 전달하기 위해 시냅스로 방출된다. 그다음 별 모양이어서 별아교세포라고 이름 붙은 주변의 뇌세포로 인해 빠르게 제거된다.

별아교세포는 글루탐산을 흡수하고 글루타민 합성효소의 도움을 받아 어떠한 신경 흥분 효과 없이 무해한 분자인 글루타민으로 전환한다. 그리고 글루타민은 시냅스를 제외한 경로를 통해 신경세포로 돌아간다. 신경세포는 글루타민을 흡수하고 다시 글루탐산으로 전환하여 소포 속에 격리한다.

곤란하게도 글루타민 합성효소는 망간에 의존한다. 그런데 망간은 글리포세이트에 킬레이트화되어 이용하지 못할 수도 있다. 별아교세포가 글루탐산을 글루타민으로 전환하는 능력을 잃으면, 그 회로는 정상적으로 돌아가지 못한다. 글루타민 합성효소 역시 에너지원으로 ATP와 결합한다. 또한 ATP 결합 부위에 고도로 보존된 아미노산 GAGCHTNFS를 포함하고 있다. 두 번째 글리신(G)은 왼쪽에 알라닌(A)이 있어 글리포세이트의 곁사슬을 위한 공간이 많이 남는다. 그리고 오른쪽에는 히스티딘(H)이 있어 글리포세이트의 인산 유닛을 끌어들이기 위한 양전하를 제공한다. 5장에서 설명한 글리포세이트 민감성 모티브를 기억할지도 모르겠다.

나는 글리포세이트가 이러한 중요한 글리신 잔기를 치환하고 글루타민 합성효소의 ATP 결합을 방해하여 별아교세포가 시냅스에서 글루탐산을 제거하지 못하게 한다고 믿는다. 글리포세이트는 시냅스에 글루탐산의 축적을 일으킬 뿐 아니라 글리신 유사체로 작용하여 NMDA 수용체와 결합한다.[38] 그리고 글루탐산 수송체들을 따라 세포에 흡수된다. 글리포세이트와 함께 글루탐산은 해마에서 NMDA 수용체를 흥분시켜 신경독성을 초래한다.

자궁에서 그리고 수유 기간에 새끼 쥐들을 라운드업에 간접적으로 노출했던 실험의 후속 실험이 3년 후에 수행되었다. 이번에는 새끼 쥐들을 임신 기간과 태어난 후에 (식수에 1퍼센트로 희석해서) 비슷한 용량의 글리포세이트 계열 제제에 노출했다. 이전 실험과 마찬가지로 새끼 쥐들은 어미를 통해 글리포세이트에 처음 노출되었고, 이후 물을 통해 글리포세이트 계열 제초제를 직접 마셨다. 글리포세이트 노출은 2개월이 될 때까지 지속되었다. 그 후 새끼 쥐들은 일련의 행동 검사를 받았다. 이전 실험처럼 사후 해마 조각들을 분석했는데 이번에는 새끼 쥐들이 생후 3개월 되었을 때였다.[39]

죽기 전에 글리포세이트에 노출된 새끼 쥐들은 우울한 행동을 보였다. 이후에 꼭 이전 연구에서처럼 글루탐산 교란, NMDA 활성화, 칼슘 흡수, 신경세포의 산화적 손상이 발견되었다. 2017년에 발표된 이 연구는 글리포세이트가 해마에서 콜린에스테라아제(또 다른 신경

전달물질인 아세틸콜린을 분해하는 효소)도 억제한다는 것을 찾아냈다.

좀 더 최근의 또 다른 생쥐 대상 연구에서는 글리포세이트 계열 제초제에 만성적으로 노출되었을 때 뇌의 콜린에스테라아제 및 항산화 효소의 활성 감소에 따른 기억력과 인지 장애가 초래된다는 비슷한 결과를 찾아냈다.[40] 또한 글리포세이트는 물고기의 뇌에서 콜린에스테라아제를 상당히 줄였다.[41] 이는 콜린에스테라아제의 억제가 유기인산 살충제의 신경독성의 핵심 요소이기 때문에 중요하다.

글리포세이트는 포스폰산염organophosphonate이지만 유기인산organo-phosphate과 완전히 똑같지는 않다. 그럼에도 글리포세이트는 아세틸콜린에스테라아제를 억제하여 신경독성에 기여하는 과도한 콜린성 신호를 초래하는 것으로 보인다.

MSG 뒤에 숨은
글루탐산

생화학자이자 자폐증을 앓는 딸을 둔 캐서린 리드Katherine Reid 박사는 유기농 식단으로 바꾸고 글루텐과 카세인을 제거하자 딸의 자폐증 증상이 개선되는 것을 보았다. 비록 자폐증을 앓는 사람들에게 글루텐과 카세인이 없는 식단이 이로운지는 논란의 대상이지만, 자폐증 자녀를 둔 많은 부모는 자녀의 식단에서 글루텐을 제거했을 때 자녀의 소화기 증상이 개선된다는 것을 발견했다.[42]

글루텐과 카세인을 없애는 것이 왜 도움이 될까? 캐서린 리드는 글루텐과 카세인으로 만든 제품들에 종종 글루탐산 함량이 높다는 것을 깨달았다. 대부분의 부모는 많은 가공식품에 글루탐산이 숨겨져 있다는 것을 모른다. 주로 글루탐산 모노나트륨MSG 형태의 화학 조미료로 사용되어서다. MSG는 중국 요리에 매우 인기가 있어서 심지어 몇몇 소금 브랜드에 첨가되기도 한다.

음식의 글루탐산을 없애기는 예상보다 더 어렵다. 글루탐산은 '가수분해 단백질', '자가분해된 식물성 단백질', '효모 추출물'을 비롯해 식품 라벨의 많은 위장된 이름 뒤에 숨는다. 리드는 자녀의 식단에서 글루탐산을 없애기 시작했다. 가족을 위해 완전히 건강한 음식, 진짜 음식 식단으로 바꾸고 모든 가공식품을 없애자 딸은 완전히 회복되었다.

과도한 글루탐산은 우울증을 비롯해 여러 신경 질환의 요인으로 알려졌다.[43] 비정상적으로 높은 수준의 글루탐산은 뇌의 과도한 산화적 스트레스로 이어져 특히 해마에서 신경세포의 손상을 일으킨다. 은퇴한 신경외과 의사 러셀 블레이록Russel Blaylock에 따르면 글루탐산 모노나트륨과 아스파탐 같은 흥분 독소를 함유한 식품 첨가제는 "죽이는 맛"이다.[44] 과도한 글루탐산과 싸우기 위해, 인지신경과학자이자 콜로라도주립대학교 심리학과장인 도널드 로자스Donald Rojas는 글루탐산 수용체에 대한 약물 길항제를 자폐증 치료로 용도를 바꿔야 한다고 제안했다.[45] NMDA 수용체 길항제인 케타민은 자폐증과 우울증 치료에서 가능성을 보여왔다.

그렇다면 글리포세이트 노출이 어떻게 인간과 다른 동물의 뇌에 영향을 미칠까? 글리포세이트 제제와 글리포세이트가 해마에서 어떻게 신경독성을 일으키는지에 관한 세 가지 기전이 있다. 망간을 킬레이트화하여 글루타민 합성효소의 촉매로 사용할 수 없게 하는 것, ATP 결합 부위에서 글리신을 대신해서 글루타민 합성효소에 통합되는 것, 신경전달물질처럼 글리신을 치환하여 NMDA 수용체를 과잉 자극하는 것이다. 이 세 가지 모두 세포가 글루탐산을 과잉 섭취하게 한다.

게다가 글리포세이트는 아세틸콜린에스테라아제의 활성도 억제하는 듯 보이는데, 이때 유기인산 살충제의 신경 손상 효과와 아주 유사한 방식으로 작용한다. 정확한 기전에 대해 알아야 할 것이 여전히 많지만, 글리포세이트가 뇌를 해친다는 과학적인 증거가 점점 많아지는 것을 보면 분명하다.

비타민B12 결핍으로 인한
변화

27년 넘게 응급실 간호사로 일한 샐리 패콜록Sally Pacholok은 수십 년간 환자들을 관찰한 결과 미국에 비타민B12 결핍이 성행한다는 것을 깨달았다. 코발아민으로도 알려진 비타민B12는 수용성 비타민으로 적혈구 형성, 뇌 기능, DNA 합성에 매우 중요하다. 비타민B12는 소의 간, 조개, 계란, 연어와 송어 같은 생선, 우유, 그리고 가금류 고기를 비롯해 동물성 식품에서 자연적으로 발견된다. 엄격한 채식 식단에는 코발아민이 없다.

사람들은 음식에서 비타민B12를 충분히 얻지 못할뿐더러 비타민 B12 이용에도 어려움을 겪고 있다. 코발아민은 미네랄 코발트를 함유하며, 코린 고리에 박힌 중심의 코발트 이온 없이는 제 기능을 할 수 없다. 혈중 코발트와 망간의 양은 글리포세이트에 만성적으로 노출된 동물에게서 매우 낮을 수 있다.[46] 설상가상으로 (5장에서 설명한 헤모글로빈의 포르피린 고리 같은) 코린 고리는 다중 피롤 서브 유닛(한 입자 또는 생체 고분자의 기본 구성 단위로, 비공유 결합으로 결합되어 있어서 혼자서는 활성을 나타낼 수 없는 단위체–옮긴이)으로 조립되는데, 피롤 합성 경로의 중요한 효소가 글리포세이트로 인해 억제된다.[47]

비타민B12 결핍은 발달 지연, 성장 장애, IQ 저하, 발작, 행동 문제, 섬세한 근육 운동 조절 및 팔다리 움직임 결함 등 다수의 건강 문제를 일으킬 수 있다. 유아기에 비타민B12 결핍이 치료되지 않으면 영구적인 장애로 이어질 수 있다. 코발아민은 자폐증을 앓는 어린이, 노인, 조현병을 앓는 사람들의 뇌에서 병적으로 낮다.[48] 실제로 코발아민의 두 가지 형태인 (메틸화에 필수적인) 메틸코발아민과 아데노실코발아민의 수치가 뇌 기능이 손상된 사람들에게서 최대 세 배 낮다.

글루타티온코발아민은 훨씬 더 가파르게 줄어든다.[49] 나는 이 사실이 특히 중요하다고 생각하는데, 글루타티온 결핍이 뇌 장애와 연결되어 있음을 암시하기 때문이다. 코발아민과는 별개로, 낮은 글루타티온과 메틸화 장애는 자폐증의 특징으로 알려져 있다. 두 문제 모두 코발아민 결핍으로 더욱 악화되며 뇌 기능에 부정적인 영향을 미친다.[50]

메틸화 장애와 낮은 글루타티온에 더해 비타민B12의 낮은 수치는 결국 뇌에 글루탐산, 호모시스테인, 암모니아의 양을 늘릴 수 있다. 이는 결국 저등급 만성 뇌증으로 규정되는 염증 반응을 유도한다. 비타민B12가 신경세포의 시냅스에서 글루탐산의 분비를 용량의존적으로 억제해서, 비타민B12의 결핍이 글루탐산 분비를 늘린다고 알려졌다.[51] 낮은 비타민B12가 자폐증과 관련된 글루탐산 독성의 구성 인자라는 사실은 분명하다.

샐리 패콜록과 그의 동료인 응급실 의사 제프리 스튜어트Jeffrey Stuart가 비타민B12로 환자들을 치료하여 일부 사례에서 치매를 되돌릴 수 있었다(심지어 치유할 수도 있었다)는 건 칭찬받을 만한 일이다.[52]

글리포세이트가 코발아민을 어떻게 교란하는지 알게 된 후 나는 코발아민의 체내 역할에 특히 관심을 두게 되었다. 2019년, 나는 포틀랜드의 종양학자인 그레고리 나이 박사와 함께 신체가 코발아민 결핍을 어떻게 보완하는지 설명하는 또 다른 논문을 발표했다. 비타민B12에 의존하는 효소는 소수에 불과하지만, 각각은 세포의 건강에 매우 중요하다. 이 효소들은 상관없어 보이지만, 코발아민 결핍으로 인한 손상을 개선하기 위해 우아하게 춤을 추며 협력한다. 하나의 효소가 교란되면, 축적된 화합물이 세포 대사를 바꿔서 교란을 회피할 것이다.[53]

이러한 축적된 화합물, 즉 프로피온산과 메틸말론산은 뇌로 들어가서 대사 활동을 수정하여 대식세포와 혈관에 공급하기 위해 뇌에서 황산을 추출한다. 이는 건강한 혈액 순환과 면역 체계를 유지하는 데 필수적이지만, 뇌에 황산 결핍을 일으킬 수도 있다.[54]

뇌가 형성되는 동안 신경줄기세포는 대개 신경세포나 신경아교세포 중 하나로 분화한다. 희소돌기아교세포, 미세아교세포, 별아교세포를 포함하는 신경아교세포는 신경 섬유를 절연하고 신경세포의 영양 지원과 면역 보호를 제공하기 위해 미엘린을 형성한다. 이건 다 좋다. 하지만 신경세포에 비해 신경아교세포가 너무 많으면, 신경세포 사이의 연결이 교란된다. 또한 신경아교세포는 뇌에서 염증을 개시하는 역할을 한다. 자폐증의 경우 뇌에 신경세포에 비해 신경아교세포가 너무 많다.[55]

프로피온산은 세포분화 방식에 영향을 미친다. 초기 발생 동안 뇌에 프로피온산이 너무 많으면 신경아교세포의 과잉 생산을 초래할 가능성이 있다. 인간 신경아교세포에 관한 실험에서 신경세포나 신경아교세포로의 분화에 프로피온산이 미치는 극적인 효과를 볼 수 있다.[56] 정상적인 배양 상태에서는 세포의 47퍼센트가 신경아교세포가 되지만, 세포가 프로피온산에 노출되면 최대 80퍼센트가 신경아교세포가 된다. 쥐의 뇌실에 프로피온산을 주입하자, 쥐들은 자폐증의 전형적인 반사회적 행동을 보였다. 또한 뇌병증 및 자폐증의 관련 질환인 신경아교세포 활성이라고 불리는 뇌의 신경염증 반응을 겪었다.[57]

일찍이 2002년에 자폐증이 코발아민 결핍의 결과일 수 있는 소변 내 메틸말론산 증가와 관련된다는 사실이 관찰되었다.[58] 코발아민 결핍으로 메틸말론산이 과도해지면 ATP를 생산하는 산화적 인산화와 포도당을 대사하는 시트르산 회로에 모두 참여하는 유일한 효소이자 미토콘드리아의 중요한 효소가 억제된다.[59] 플라보 단백질인 이 효소는 숙신산 탈수소효소다. 숙신산 탈수소효소의 손상은 짐작했겠지만 역시 자폐증과 관련이 있다.[60]

낮은 용량의 글리포세이트 계열 제제가 숙신산 탈수소효소를 억제하여 인간의 탯줄, 배아, 태반 세포에서 세포 죽음을 유도한다고 밝혀졌다.[61] 숙신산 탈수소효소는 플라보 단백질이어서 글리포세이트로 인해 억제되리라 예상할 수 있다. 5장에서 언급한 대로, 플라보 단백질은 세 개의 고도로 보존된 글리신 잔기가 있는 부위에서 플래빈 FMN과 FAD와 결합하고, 이러한 플래빈에는 글리포세이트의 메틸포스폰산 유닛으로 인해 치환되는 인산이 있다.

글리포세이트는
사랑 호르몬을 싫어한다

옥시토신은 사람들을 기분 좋게 만들어주기 때문에 종종 사랑 호르몬이라고 불린다. 이 짧은 신경 펩티드는 임신 말기의 자궁 수축 유도와 모유 수유 동안 젖샘으로부터 모유 배출 외에도 복잡한 사회적 행동 조절과 연관된다.

신경 펩티드는 6억 년 전으로 거슬러 올라가는 고대 펩티드의 일원이다.[62] 같은 종류의 다른 호르몬처럼, 옥시토신은 원래 카복실 말단에 달린 아홉 번째 글리신 잔기의 잔여물인 (G*라 불리는) 질소 원자와 함께 여덟 개의 아미노산뿐이다. 이 펩티드들은 모두 더 긴 펩티드에서 합성된다. 옥시토신 합성의 마지막 단계는 효소 작용을 통해 말단의 글리신 잔기 대부분을 절단하고 질소 원자만 남겨두는 것이다. 질소 원자는 글리신에서 유래되었음을 나타내기 위해 G*로 표시된다.

글리포세이트가 말단 글리신을 치환하면 글리신 분자를 쪼개는 이 마지막 단계를 억제할 가능성이 있다. 글리신이 분할되면 펩티드가 분해로부터 보호되므로 문제가 된다. 그리고 비록 분할 효소가 글리신을 대신한 글리포세이트와 여전히 작용한다고 할지라도, 그 말단 끝에 메틸포스포닐기가 달린 펩티드 버전을 만들어낸다.

비록 아직 연구되지는 않았지만, 이는 분명히 기능에 중요한 결과를 낳는다. 지렁이, 연체동물, 곤충, 거미, 척추동물은 옥시토신처럼 최소 14가지의 짧은 펩티드를 집합적으로 합성한다. 그것들은 모두 아미노산 아홉 개로 구성되며 싹둑 잘린 글리신 잔기로 끝난다. 아마도 글리포세이트는 같은 메커니즘을 통해 그 호르몬들을 교란하고 있을 것이다.

옥시토신 결핍은 사회적 상호작용을 훼손한다. 자폐증 어린이는 일반적으로 옥시토신이 결핍된 상태다. 옥시토신 보충제로 치료하면 사회적 상호작용을 개선할 수 있다.[63] 과연 옥시토신 결핍은 말단의 글리신 잔기를 글리포세이트가 치환하여 비롯된 것일까?

임신부의 갑상샘에
문제가 생기면

알다시피 곤충, 잡초, 곰팡이를 방제할 때 쓰이는 것들을 비롯해 많은 환경 오염물질이 내분비교란물질이다. 시상하부-뇌하수체-갑상샘 축은 영향을 가장 많이 받는 신경 내분비계 중 하나다. 3만 5,000명이 넘는 사람들을 대상으로 한 연구에 따르면 글리포세이트를 포함해 여러 농약에 크게 노출된 개인에게서 갑상샘 기능 저하증의 위험성이 증가했다.[64] 갑상샘호르몬은 시킴산 경로의 산물인 티로신에서 생성된다. 글리포세이트의 장내 마이크로옴 교란은 티로신의 공급을 억제하여 갑상샘호르몬의 불충분한 생산으로 이어질 것이다.

자궁에서 그리고 수유 기간에 글리포세이트 계열 제초제에 노출된 시궁쥐에 관한 최근 두 연구는 쥐들의 갑상샘호르몬 조절 과정에 문제가 생겼음을 밝혀냈다. 한 연구에 따르면 자손의 유전자는 마치 산모가 갑상샘 기능 저하증을 앓는 것처럼 단백질을 발현했다.[65] 다른 연구에서는 수컷 어른 쥐들에서 갑상샘호르몬의 다량 생산을 유도하기 위해 뇌하수체 호르몬인 갑상샘 자극 호르몬이 크게 증가했다.

생애 초기에 글리포세이트에 노출되면 쥐들의 갑상샘 자극 호르몬의 설정값이 바뀌었다.[66] 첫 번째 연구에서는 글리포세이트 수치가 비교적 높았던 반면, 두 번째 연구는 '안전한' 노출에 대한 미국의 지침을 따랐다. 갑상샘에 티록신이 부족하자 더 많이 생성되도록 자극을 받았다는 게 그럴듯한 설명이다. 갑상샘 기능이 좋지 않아 갑상샘 호르몬을 충분히 만들지 못하는 여성들은 자폐증 자녀를 낳을 확률이 거의 네 배에 달한다.[67]

글리포세이트에 따른
신경 기능 장애의 급증

자폐증이 글리포세이트 노출 하나 때문만은 아니라는 건 분명하다. 자폐증, 심지어 1943년 리오 캐너가 설명한 심각한 자폐증도 글리포세이트의 개발 이전부터 존재했다. 하지만 자폐증 발병률이 증가하고 있고, 더군다나 평상시에 독성 환경에 더 많이 노출되면서 매우 증가하고 있는 것도 분명하다. 1988년 영화 〈레인맨Rain Man〉이 나오기 전에 자폐증이 무엇인지 아는 사람은 거의 없었다. 오늘날은 심각한 자폐증을 앓는 친구나 가족을 두지 않은 사람을 찾기 어려울 정도다.

특히 두뇌 발달이 빠르게 이루어지는 시기에 환경 스트레스 요인에 노출된 아이와 세월에 따라 만성적으로 노출되어 온 노인 사이에서 뇌 기능 장애의 발병률이 높아지고 있다는 것은 분명하다. 이런 환경적인 노출 중 일부는 진화 압력을 가하여 예상치 못한 결과를 가져오는 돌연변이를 대거 일으킬 수 있다. 개중에는 이로운 돌연변이도 있을 수 있지만, 다수는 파괴적인 기능 장애를 초래한다. 수많은 환경 요인이 뇌 장애 증가와 확실하게 연관되어 있다.

생물학적 항상성을 유지하기 위해 우리가 먹는 음식, 숨 쉬는 공기, 마시는 물, 우리를 위해 아주 열심히 일하는 미생물, 우리가 필요로 하는 미네랄, 심지어 우리 DNA로 프로그래밍 되는 매우 중요한 단백질까지. 인간이 의존하는 거의 모든 것에 영향을 미치는 가장 음흉한 독성 노출 중 하나가 글리포세이트다.

독성이 점점 심각해지는 세상에서, 자폐증 같은 신경 기능 장애는 글리포세이트 없이도 증가할 수 있다. 하지만 글리포세이트가 생물의 체계를 교란하는 많은 방식, 특히 두뇌 발달에 영향을 미치는 무수한 방식들이 현재 목격되는 시너지 효과를 내는 독성들의 빠른 축적에 영향을 끼친다는 사실은 틀림없다. 결국 우리 모두를 두렵게 할 것이다.

TOXIC  LEGACY

10장

불행하고도 치명적인 자가면역

●

현대 의학은 '무엇'과 '어떻게'를 묻는다.

당신에게 있는 질환은 무엇인가? 그리고 어떻게 치료하는가?

하지만 우리는 '왜'를 물어야 할 것이다.

그것이 예방을 향한 매우 중요한 첫 단계다.

왜 일어나는지 모른다면, 멈추기를 바랄 수 없다.

윌리엄 파커 William Parker, 듀크대학교 의과대학 박사

미국은 2019년 보건 의료 부문에 1인당 비용으로 세계 어느 나라보다 훨씬 많은 거의 4조 달러를 지출했다. 보건 의료는 2028년까지 국내 총생산의 약 20퍼센트를 차지하리라 예상된다.[1] 그와 동시에 8장에서 언급한 대로 미국의 건강 관련 성과들은 선진국 대부분에 뒤처져 있다.[2] 미국 질병관리청은 미국 보건 의료 지출의 90퍼센트가 만성질환과 정신 질환이 있는 사람 대상인 것으로 추산했다.[3]

자가면역질환의 영향을 받은 인구 비율은 미국에서 꾸준히 상승해왔다. 현재 최소 4,100만 명의 미국인이 자가면역질환을 앓고 있다.[4] 자가면역 장애란 무엇일까? 신체가 혼동을 일으켜 자기 단백질과 DNA를 이물질 분자처럼 취급하며 다양한 증상을 일으키는 것이

다. 종종 자기 조직을 장기와 관절을 공격하는 위협으로 착각한다. 만약 자가면역질환을 앓는다면 과민 후천면역 체계, 즉 침습성 병원균에 대한 과도한 항체 반응으로 자가항체가 생기게 된다.

자가면역질환에는 적어도 80여 가지가 있다. 애디슨병, 항인지질 항체증후군, 자가면역성 갑상샘염, 소아지방변증, 만성 피로 증후군, 염증성 장 질환, 건선, 류머티즘 관절염, 전신 홍반 루푸스, 1형 당뇨병, 그리고 가장 흔한 다발성경화증 등이다.

음식 알레르기 또한 예전보다 훨씬 흔해지고 있다. 대부분의 공립학교에서 어린이는 점심으로 땅콩버터 샌드위치를 싸 올 수 없다. 알레르기가 있는 학급 친구가 땅콩 제품을 접했을 때 아나필락시스(심한 쇼크 증상처럼 나타나는 전신성 항원 항체 반응-옮긴이) 쇼크에 빠질 수 있기 때문이다. 미국 어린이의 최소 8퍼센트가 음식 알레르기를 가지고 있으며, 복합적인 알레르기와 심각한 반응을 보이는 어린이도 많다.[5] 음식 알레르기는 때에 따라 치명적일 수 있다. 미국 질병관리청에 따르면 식품 알레르기를 가진 미국 어린이의 비율이 1998년부터 2010년까지 50퍼센트 증가했다.[6] 어린이들은 달걀, 유제품, 밀, 대두, 땅콩, 나무 견과류 등 가장 흔한 음식에 알레르기가 점점 더 생기고 있다.

인간의 면역 체계가 인간에 등을 돌리는 이유에 대한 몇 가지 작업 가설이 있다. 가장 인기 있는 것은 인간이 "매우 깨끗해졌다"는 것이다. 이에 대해 3장에서 이야기한 바 있다. 위생 가설 이면에는 항생제, 저온 살균, 예방접종, 수질 위생 등 감염 질환의 확산을 아주 성공적으로 제한해온 공중 보건 대책이 예기치 않게 만성질환도 초래했다는 생각이 깔려 있다. 매우 깨끗한 환경이 감염을 공격하게 면역체계를 '교육'하지 못하기 때문이다. 맞서 싸울 감염 질환이나 기생충이 없다면 신체는 자신과 싸운다. 이 가설을 뒷받침하는 증거는 대부분 역학적이다. 일례로 대규모 집단 연구에 따르면 위생 상태가 좋지 않은 나라에서는 알레르기와 천식이 훨씬 덜 만연하고 심지어 존재하지도 않는다.[7]

2016년 학술지 〈뉴잉글랜드 저널 오브 메디슨New England Journal of Medicine〉에 발표된 한 연구에서 농업 공동체 두 곳, 아미시파Amish와 후터파Hutterites의 어린이 집단 사이에 천식의 위험을 비교했다.[8] 아미시파는 '전통적인 농업 관행'을 실시했지만, 후터파는 '산업형 농업 관행'을 채택했다. 후터파 어린이 사이에서 천식은 네 배, 알레르기는 여섯 배 더 많았다. 연구진은 아미시파 어린이들이 동물과 흙과 훨씬 너 친밀한 관계를 즐겼다고 지적했다. 이는 여러 이유 중 한 가지일 뿐이다. 어쩌면 후터파 어린이들은 그들 공동체의 산업형 농업 관행을 통해 더 많은 독성물질(독소와 독성 화학물질)에 노출되었던 것은 아닐까?

독성물질에 대한 과도한 노출이 자가면역 유행병에 한몫하고 있음이 점점 더 분명해지고 있다. 일례로 곰팡이 독소에 노출되면 아플 수 있는데, 어느 정도는 자가면역질환의 발생 때문이다. 핀란드에서 수행된 한 연구에 따르면 습기로 손상된 학교에 다니는 교사와 학생들 사이에서 자가면역질환의 발병이 매우 증가했다. 유독성 곰팡이

에 만성적으로 노출되었기 때문이다.[9]

나는 글리포세이트 역시 자가면역질환에 중요한 역할을 하고 있다고 제안한다. 내 가설은 이렇다. 글리포세이트가 글리신을 치환하면, 글리신을 합성한 세포에서 분비되지 못하는 결함 있는 단백질로 이어진다. 이 단백질이 잘못 접히면, 체내 면역세포들은 이물질의 단백질로 착각하고 심지어 항체가 생겨 건강한 단백질을 공격하게 된다.

음식 단백질에도 글리포세이트가 박혀 있을 수 있으며, 이 때문에 내장에서 분해되기 더욱 어려울 가능성도 존재한다. 마지막으로 글리포세이트는 선천성 면역 체계도 억제하는데, 보통 선천성 면역 체계는 항체를 관여시키지 않고 인간의 죽은 세포와 침입한 병원균을 제거할 수 있다. 이게 가장 중요한 요인일 수 있다.

면역 체계의
기초

인간의 면역 체계는 복잡하고도 기적적인 생물학적 성취다. 면역세포는 골수의 줄기세포에서 발생해 여러 특수 기능을 수행하는 다양한 세포 유형으로 성숙한다. 총괄적으로 면역 체계는 백혈구leukocyte로 구성되는데, 헤모글로빈이 없는 무색 세포라서 그렇게 불린다.

백혈구는 크게 선천성 면역세포와 후천성 면역세포로 분류될 수 있다. 호중구, 수지상세포, 비만세포, 단핵구, 대식세포 모두 선천성 면역 체계를 구성하는 식세포(말 그대로 '먹는' 또는 '삼키는' 세포)다. T세포, B세포, NK세포(자연살해세포)는 모두 림프구로, 후천성 면역 체계를 구성한다. 총괄적으로, 모든 백혈구는 문제를 찾아다니며 체내를 감시한다.

문제는 기본적으로 둘 중 하나의 형태로 발생한다. 침입성 병원체이거나, 다치거나 변형되어 제거되어야 하는 인간의 세포다. 인간의 세포는 암세포일 수도 있다. 또한 일부 면역세포는 손상된 물질을 제거하는 특별한 역할을 하는데, 이러한 물질은 주로 산화되거나 당화된 지방과 콜레스테롤이거나 잘못 접히거나 산화된 단백질로, 면역세포로 인해 흡수되었다가 다시 원료로 분해되어 건강한 새로운 분자를 만들 수 있다. 알츠하이머병과 관련된 아밀로이드 베타 단백질의 응집이 이에 포함된다.

많은 사람에게 친숙한 적응 면역 시스템의 일부인 항체는 바이러스나 세균과 결합하여 인간의 세포를 공격하지 못하게 막는 단백질이다. 하지만 선천성 면역 체계 역시 강력하다. 보통 항체 생성을 유발하지 않고도 감염원을 제거할 수 있다. 선천성 면역세포들은 병원균을 가두고 침습성 미생물을 죽일 수 있는 사이토카인을 분비한다. 이후 인간의 대식세포(대식가)가 결국 죽은 미생물들을 먹는다. 또는 과학적 용어로 식균한다. 선천성 면역 체계가 침입자를 증식하는 만큼 빨리 제거하지 못하면 후천성 면역 체계가 나서서 돕는다.

'도움 T세포'는 일종의 림프구로, 골수에서 생성되는 백혈구이며 체내 백혈구의 약 20퍼센트를 차지한다. 도움 T세포는 Th1 세포와

Th2 세포 두 하위 집단으로 나뉜다. Th1 세포와 Th2 세포 모두 사이토카인을 분비할 수 있는데, 사이토카인은 (Th1으로부터) 염증 반응을 유도하는 무리와 (Th2로부터) 알레르기 반응을 유도하는 무리로 나눌 수 있다. Th1 세포에서 방출되는 전염증성(염증을 촉진하는 성질-옮긴이) 사이토카인은 세균을 죽일 수 있지만, 국소 조직 손상을 일으킬 수도 있다. Th2 세포는 (항체라고도 알려진) 면역글로불린, 특히 알레르기와 관련된 IgG(면역글로불린G)를 생산한다.[10]

후천성 면역 체계는 선천성 면역 체계 구성원으로 인해 제시된 특정 항원에 대응하여 항체를 만들고 개량하는 정교한 기전을 가지고 있다. 이 항원들은 대개 침입하는 병원균으로 인해 독특하게 만들어지는 단백질이다. 면역 체계가 제대로 작동하면 후천면역 '기억 B세포' 집단은 침입자의 특징적인 단백질을 인식하고 그것을 중화할 것이다. 다음에 이 병원체가 나타나면, 이 놀라운 B세포들이 병원성 세포들을 기억하고 울창한 숲의 나무에 꼬리표를 달 듯 항체로 재빨리 표시한다. 이로써 선천성 면역세포로 인해 침입한 세포들이 쉽게 식별되고 제거될 수 있다.

후천성 면역 체계가 백신의 기반이다. 이 면역 체계는 백신의 항원에 특화된 항체를 전문적으로 생산하는 기억 B세포들을 만든다. 전형적인 항원은 표적 바이러스나 세균으로 인해 정상적으로 생산되는 단백질 일부이거나, 또 어떤 경우에는 악화된 형태의 전체 병원체다. 흥미롭게도 체내에서 백신 성분을 이물질로 인식하기 어려울 때가 있다. 선천성 면역 체계가 건강한 사람들은 백신에 반응하여 항체를 전혀 생산하지 못할 수도 있다.

반면에 선천성 면역력이 손상된 사람들은 백신에 매우 잘 반응할 수 있다. 백신 접종은 과도한 항체 반응을 생성해서 이후 분자 모방이라는 과정을 통해 자가면역질환으로 이어질 수 있다. 특수한 B세포들로 인해 생성된 항체가 혼동될 때 그렇다. 그 항체들이 인간의 조직을 공격하는데, 인간의 단백질에는 질병과 연관된 항원의 펩티드 서열과 매우 유사한 펩티드 서열이 있기 때문이다.

선천성 면역 체계에서 중요한 아주 오래된 구성 요소는 보체 연속단계 반응complement cascade이다. 보체 연속단계 반응은 항체와 식세포가 체내에서 침입자와 손상된 세포들을 제거하는 것을 돕는 선천성 면역 체계의 일부다. 충분히 강하다면 혼자서도 그 일을 해낼 수 있다. 침습성 병원균이나 스트레스를 받는 곧 죽을 세포에 반응하여, 즉시 복잡한 일련의 사건들이 일어난다. 이 일련의 과정은 간에서 분비되어 필요해지기 전까지는 비활성 형태로 혈액에서 순환하는 C1에서 C9까지의 단백질이 연루된다.

병원균이나 유발 요인이 있으면 효소가 이 단백질들을 활성화하여 이들이 연속단계 반응에서 보체 분자들을 바꿀 수 있게 한다. C1이 활성화되면 일련의 분할과 순차적인 추가 단백질 활성화를 통해 연속단계 반응을 개시하여, 궁극적으로 치유를 촉진하는 여러 사건을 초래한다.[11]

그중 하나가 반찬을 뜻하는 고대 그리스어 옵손opson에서 이름을 따온 옵소닌 작용opsonization이다. 옵소닌 작용은 보체 또는 항체가 될 수 있는 옵소닌을 수반하는데, 옵소닌은 항원에 결합하여 식세포 작용을 준비한다. 신호 전달 분자로 인해 소환되는 대식세포는 세포막을 녹인 후에 침입자들을 '먹는다'. 그다음 그 찌꺼기를 재활용한다.

부상, 세포벽 내 바이러스 증식, 산화적 스트레스, 독성물질에 노출, 생존에 필요한 중요 영양소 결핍 등 세포들이 죽는 이유는 아주 많다. 만약 죽어가는 세포와 그 찌꺼기가 면역 체계로 인해 효과적으로 제거되지 않는다면 자가면역질환이 발생할 수 있다. 죽은 세포들이 자신의 DNA와 같은 알레르기 물질을 분비하고, 이로 인해 후천성 면역세포들이 자가항체를 생성하여 다른 세포들을 공격하게 하기 때문이다.

취약한 펩티드,
AMPs

5장에서 글리포세이트가 어떻게 면역세포의 NADPH 산화효소를 억제하여, 침입하는 병원균을 죽이기 위한 초과산화물 분비를 막는지 이야기했다. 하지만 선천성 면역 체계가 의존하는 여러 단백질 역시 글리신 치환을 통해 글리포세이트에 교란될 수 있다.

선천성 면역 체계의 중요한 구성 요소는 양이온을 띤 항균성 펩티드다. AMPs라고 알려진 이 펩티드는 면역세포에서 병원균의 침입에 반응하여 유리된다. 인간의 세포 안이 아니라 세균막의 외막 가장 바깥쪽에 흔히 존재하며, 인지질에 부착된 강한 음전하를 띤 인산 음이온에 결합하여 작용한다. AMPs는 인산에 결합해야 해서 글리포세이트 치환에 취약해진다.

AMPs의 종류는 아주 다양하다. 또한 펩티드 서열에서 단 하나의 아미노산만 일치한다고 밝혀졌다. 펩티드 중간에 위치한 글리신이다. 글리신은 짧은 두 구조물 사이에 경첩 또는 꼬임 구조를 유지하며, 이는 펩티드 기능에 필수적이다.[12] AMPs는 보통 양전하를 띠며 아르기닌(R)과 리신(K)이 지나치게 많다.[13] (아미노산 한 글자 부호는 344쪽의 표 A. 1 참조.) 경첩의 글리신 잔기 외에도, 이 펩티드는 전체적으로 글리신이 풍부한 편이다.

알다시피 인산과 결합하는 단백질에 글리신과 양전하를 띤 이웃이 있으면 재앙을 초래할 수 있다. 글리포세이트의 중간 글리신 잔기 치환은 인산과 결합하는 펩티드의 능력을 방해한다. 따라서 병원균을 죽이는 능력을 방해한다.

콜라겐에 매우 치명적인
글리포세이트

콜라겐은 인체의 틀로 여겨진다. 골격, 인대, 피부, 힘줄에 구조를 제공하는 단백질이기 때문이다. 중국 사람들은 콜라겐을 젊음의 원천으로 여겨서, 주름과 관절통 감소 그리고 장수를 위해 족발과 상어

지느러미처럼 콜라겐이 많은 음식을 때때로 먹는다. 콜라겐은 4장에서 언급한 특징적인 GxyGxyGxy…… 모티브를 가진다. 이 패턴의 긴 서열은 우아한 삼중 나선으로 접힌다.[14] 세 번째 아미노산마다 글리신이기 때문에 콜라겐은 삼중 나선 대형을 교란할 글리포세이트 지환에 대단히 취약하다.

콜라겐 모티브는 콜라겐에만 있는 게 아니다. 간에서 주로 합성되어 혈류로 분비되는 주요 단백질 두 가지는 면역 반응을 자극하는 생화학적 사건의 연속단계 반응인 보체 활성화에 중요하다. 바로 보체1q C1q와 만노스결합단백질Mannose Binding Protein: MBP이다. 둘 다 대식세포의 세포외 기질 결합에 필수인 전문화된 '도메인', 즉 줄기를 형성하는 콜라겐 유사 영역이 들어 있다.

C1q 분자 여섯 개는 삼중 나선 대형으로 조립된 다음 서로 협력하여 줄기를 구성하는 육량체를 형성한다. C1q 분자 각각의 Gxy…… 서열에 글리신이 26개이고, 각 줄기는 분자 여섯 개로 조립된다. 따라서 글리포세이트가 대식세포에 결합하는 단백질의 능력을 억제하며 글리신을 치환할 기회가 156번이다. 이는 파국을 불러일으킨다. 이러한 방해로 병원균 및 죽거나 죽어가는 세포의 찌꺼기를 제거하는 대식세포의 능력이 손상된다.

C1q 단백질은 그람음성균, 바이러스, 죽어가는 세포, 조직 손상의 산물, 면역 항체-항원 복합체, 아밀로이드 단백질 등 광범위한 표적에 결합하는 둥근 머리globular head라고 불리는 도메인이 더 있다.[15] 대식세포는 기본적으로 침습성 병원균과 제거 대상이 된 물질을 낚아

챌 낚싯바늘로 C1q를 사용한다. C1q의 콜라겐 유사 줄기는 대식세포의 세포외 기질에서 황산헤파란과 특이적으로 결합하지만, 그것이 자신의 '물고기'를 낚은 후에만 결합한다.

그래서 C1q는 먼저 바이러스를 대식세포의 막에 연결하고, 거기에 바이러스를 가둔다. 이후 대식세포는 바이러스에 묶인 황산헤파란 조각을 분리하여 세포의 소화계인 리소좀으로 운반해서 '먹는다'. 파리잡이 끈끈이에 잡힌 파리와 방을 날아다니는 파리를 상상해보자. 끈끈이에 잡힌 파리가 훨씬 죽이기 쉬운 대상이다!

만노스결합단백질은 주로 인간의 세포에서는 생성되지 않는, 즉 바이러스, 세균, 효모, 곰팡이로 생성되는 특이 유형의 당類인 만난 mannan에 주로 결합한다. 이 결합으로 만난을 생산하는 병원균은 면역 체계의 손쉬운 표적이 된다. 만노스결합단백질이 침입자와 결합하면 대식세포는 그것을 잡아 몸에서 제거한다.

만약 만노스결합단백질이 제대로 작용하고 있다면, 감염을 제거하기 위해 특정 항체가 필요하지 않다. 하지만 C1q처럼 만노스결합단백질의 콜라겐 유사 줄기가 글리포세이트에 교란된다면, 대식세포의 세포외 기질에 걸기가 어려워질 것이다. 만노스결합단백질에 유전적 결함이 있는 사람들은 특히 유아기 급성 호흡기 질환에 더 취약하다.

콜라겐 유사 도메인을 갖는 C1q 및 만노스결합단백질과 유사한 단백질 집단이 더 있다. 이러한 대식세포의 청소수용체 A형SRA 단백질은 찌꺼기와 그람음성균 및 그람양성균의 청소에 중요하다. 자유

분방한 이 분자들은 음전하를 띠는 한 여러 분자와 결합한다. 대식세포의 청소수용체 단백질들은 산화 LDL, 아세틸화 LDL, 당화 LDL, 인지질, 설파티드, 황산화 다당류, 지질다당류, 리포테이코산과 결합할 수 있다. 이러한 청소수용체 단백질은 진공청소기처럼 손상품들과 병원균을 빨아들여 제거한다.[16]

"휴스턴, 문제가 생겼다"(아폴로 13호의 사고 순간 교신을 인용한 것—옮긴이). 대식세포의 청소수용체 단백질을 교란하면, 면역 체계에서 가장 중요한 측면 중 하나가 교란된다. 대식세포의 청소수용체 단백질들은 세균과 찌꺼기를 염증 반응 없이 제거할 수 있다.[17] 결국 염증 반응이 자가면역질환을 초래한다. 선천성 면역 체계가 효과적으로 병원균을 가두고 제거하지 못하면, 후천성 면역 체계가 소환된다. 초기 대응은 침입자들에게 꼬리표를 붙일 항체를 생산하는 것이다. 만약 침입자 단백질이 인간의 단백질과 유사하다면, 면역세포들은 혼란에 빠져 분자 모방을 통해 자신을 공격할 수 있다.

CRP에 담긴
또 다른 진실

일부 단백질은 문제를 표시하고 수리 메커니즘을 개시하는 역할을 주로 맡는다. 혈청 C반응성 단백질CRP이 그중 하나로, 전신 염증성 질환의 일반적인 생물학적 지표다. 의사들은 CRP에 대한 혈액검사로 숨겨진 염증을 찾아낸다. 건강한 사람이라면 CRP 수치가 낮을 것이다.

반대로 검사 결과 CRP 수치가 높다면, 진균증, 장 질환, 골수염, 패혈증 등 심각한 감염의 징후일 수 있다. 간은 외상, 염증, 감염에 반응해 CRP를 훨씬 더 많이 생산하여 1,000배까지 늘릴 수 있다.[18] 글리포세이트 노출은 간에서 염증성 반응을 유발한다. 이에 대응하여, 간은 CRP 단백질을 많이 조립할 것이다. 이는 라운드업에 노출된 쥐를 대상으로 한 실험에서 입증되었는데, 간의 CRP 생산 증가는 용량 의존적이었다.[19]

CRP 생산 증가 시, CRP 생산에서 글리포세이트 치환에 취약한 CRP 단백질의 글리신으로 인해 악순환이 일어난다. CRP는 포유류, 어류, 심지어 투구게를 포함해 많은 종에서 발견되는 카복실 말단 단백질 서열(IILGQEQDSFGGNF)을 가진다. 즉 이 서열이 단백질의 필수 부분이다.[20] 첫 번째와 마지막 G는 포유류에서 보손되고 GG쌍의 첫 번째 G는 이를테면 염소와 젖소에서 이따금 A(알라닌)로 인해서만 치환된다. 심지어 투구게조차 G 세 개를 모두 가지고 있다.

CRP는 펜트라신이라는 단백질의 한 부류로, 단백질의 복사본 다섯 개를 함께 조립하여 오량체를 형성하기 때문에 그런 이름이 붙여졌다. 펜트라신은 다양한 병원체와 위험에 처한 세포를 인식하고 꼬리표를 붙여서 보체 경로와 대식세포의 도움을 받아 쉽게 제거되도록 한다.[21] CRP는 IgG처럼 여러 방식으로 작용하지만, IgG와는 달리 알레르기를 일으키지 않는다.

CRP는 콜린인산과 결합한다. 물론 인산 결합은 글리포세이트 치환에 취약한 단백질의 공통 특성이다. GG쌍의 두 번째 G는 왼쪽에 작은 이웃이 있어 글리포세이트 치환에 특히 취약할 수 있다. *폐렴구균, 헤모필루스 인플루엔자*Haemophilus influenzae, 녹농균 같이 호흡기 질환과 중이염을 초래하는 많은 세균은 바깥막에 콜린인산을 부착한다. 이러한 감염원과 CRP의 결합은 선천성 면역 체계가 감염원을 인식하고 제거하는 것을 도울 수 있다. CRP 결합에 문제가 생기면 흉부 감염, 호흡기 질환, 중이염이 발생할 수 있다.[22]

또한 CRP는 인간의 죽은 세포를 제거하는 것을 돕는다. 세포의 표면 위에 있는 콜린인산과 CRP가 결합하면 보체계가 활성화되어 대식세포가 그러한 세포들을 제거하는 식이다. 이러한 콜린인산 분자는 건강한 인간의 세포막에서는 보이지 않는다. 기능을 멈출 세포와 CRP의 결합은 면역세포들이 CRP를 훨씬 더 빨리 식별하여 그 내용물이 쏟아지기 전에 제거하도록 해주는데, 이는 시간이 지나면서 자가면역질환으로 이어질 수 있다.

2000년 코넬대학교 의과대학 연구진은 CRP의 효과를 다음과 같이 요약했다. "CRP의 항염증 효과는 C1q와 H인자를 필요로 했고, 일단 세포가 괴사되면 효과가 없었다."[23] (H인자는 보체계의 복합 조절 인자다.) 다시 말해, 아픈 세포를 효과적으로 제거하려면 C1q와 CRP 모두 필요하다. CRP나 C1q, 또는 모두 결함이 있어 세포가 제거되지 않고 남게 되면 괴사나 세포소멸이 시작된다. 이러한 주요 면역 전달물질 모두 글리포세이트에 교란될 수 있다.

CRP와 그 도움 세포들은 비염증성 방식으로 결함 있는 세포의 제거를 촉진하기 위해 협력한다. 코넬대학교 연구진에 따르면 '보체 반응의 고전적 경로'에서 특정 펜트라신(급성 면역 반응에 수반되는 콜라겐 함유 단백질)의 결함이 어떻게 사멸 세포의 조작을 손상하고 자신에 대한 면역 반응을 일으켜 괴사를 늘리는지 설명하는 데 도움이 될 수 있다."[24]

다시 말해, 염증을 예방하려면 '고전적 경로'의 CRP와 C1q 모두 제대로 기능하는 버전이 필요하다. 이러한 단백질이 작동하지 않으면 괴사가 시작되고, 이제 소환되어야만 하는 항체들 때문에 자가면역질환이 초래된다. '자신에 대한 면역 반응'이 자가면역질환이다.

아군의
오인 사격

여러 고약한 만성질환은 대부분 자가면역질환으로 여겨진다. 자폐증 같은 수많은 질환과 장애에는 자가면역 요소가 있다. 지금까지 글리포세이트 노출이 어떻게 선천성 면역 체계를 약화하는지 살펴봤다. 또한 글리포세이트는 특정 자가면역 장애를 악화하는 데 불행하고도 치명적인 역할을 한다.

전신 홍반 루푸스는 만성 자가면역질환이다. 루푸스 증상에는 특유의 '나비 모양의 발진', 관절염, 신장 손상, 피부 발진, 신경 질환이 있다. 루푸스는 신체 장기에 전신적인 영향을 미친다. 면역세포는 조직을 공격하는 여러 다양한 항체를 만든다. 후기에는 인지 기능 장애와 정서 불균형으로 분류되는 신경정신학적 루푸스 질환이 나타난다.[25] 광범위한 연구에도 불구하고 몸이 쇠약해지는 이 질환의 원인은 아직 규명되지 못했다.

그전까지 의사들은 루푸스에서 림프구(주로 면역 체계의 후천성 무기를 형성하는 NK세포, B세포, T세포) 이상이 자가면역의 주원인이라고 믿었다. 건강한 상태에서, T세포와 B세포는 항체가 없어도 바이러스와 세균을 포식하여 세포막에 부착된 외래 단백질로 내놓을 것이다. 활성화되면 B세포와 T세포는 외부 침입자를 죽이기 위해 독성 사이토카인을 분비한다.

하지만 최근에는 선천성 면역 체계의 필수 무기인 단핵구와 대식세포로 책임이 옮겨갔다.[26] 단핵구와 대식세포의 기능 중 하나가 T세포와 B세포에게 인식되지 않은 외래 단백질을 제시하여 이들이 항체를 생성하도록 유도하는 것이다.

루푸스의 핵심 특징은 선천성 면역 체계가 림프계와 일반 순환에 부적합하게 진입한 바이러스, 세균, 음식 단백질들을 효과적으로 죽이고 먹어 치우지 못한다는 것이다. 이러한 선천성 면역세포는 기능하는 항균성 펩티드를 생산할 수 없다. 또한 앞서 설명한 매우 중요한 세 가지 단백질, 다시 말해 MBP, C1q, 청소수용체 A형의 콜라겐 유사 줄기가 교란의 직접적인 결과로 손상될 수 있다. 이러한 문제는 글리포세이트로 오염된 CRP 결함으로 인해 악화된다. 선천성 면역

세포들은 문제를 인식하고서도 해결할 수 없다. 따라서 침입자들을 죽이기 위해 경보를 울려 청소부 B세포와 T세포가 침입자들에 매달 꼬리표, 즉 항체를 생산하도록 유도한다.

신경정신학적 증상들은 루푸스 환자의 거의 절반에 영향을 준다. 증상은 가지각색이지만, 두통, 우울증, 불안, (대부분 브레인 포그라고 여기는) 인지 기능 장애가 가장 흔하다. 이러한 증상의 주원인은 항체 매개 신경독성, 항인지질 항체로 인한 혈관병증, 사이토카인으로 인한 신경독성이다.[27] 이러한 모든 증상은 선천성 면역 체계가 근무 중 잠을 자고 있을 때, 그리고 후천성 면역 체계가 감염과 싸우고 죽은 세포들을 제거하는 일을 넘겨받을 때 나타나리라 예상된다.

신경정신학적 루푸스는 뇌혈관장벽이 새지 않는 한 일어날 수 없다. 루푸스 항체가 뇌척수액을 침범하면 뇌의 수용체 반응이 강화되어 과도한 신경 자극과 신경 흥분독성이 일어날 수 있다. 이는 신경 힉직 증상의 근본 원인일 수 있다. 글리포세이트는 두 가지 방식으로 관련된다. 하나는 글리포세이트가 장점막 방어벽이 새도록 유도한다. 그리고 여러 연구에서 글리포세이트가 글리신 유사체로 작용하고 뇌의 시냅스에서 글루탐산의 제거를 억제함으로써 NMDA 수용체를 흥분시킨다고 밝혀졌다.[28] NMDA가 지나치게 흥분되면 내부에 칼슘이 쌓여 결국 비극적인 미토콘드리아의 기능부전이 일어난다.

또한 루푸스는 심혈관 질환의 위험성 증가와 관련된다. 동맥벽의 염증은 혈관을 따라 늘어선 내피세포들을 손상한다. 이 세포들은 죽으면서 표면에 물집(기본적으로 수포)을 분비하는데, 대식세포를 끌어들여 그 찌꺼기를 치우기 위해 보통 C1q와 결합한다. 하지만 줄기에 결함이 있으면 C1q는 대식세포에 결합할 수 없다. 노출된 찌꺼기는 축적되어 자가면역 반응을 유발한다.[29]

불행하게도 거기서 끝나지 않는다. 루푸스는 피부 문제, 특히 햇빛에 대한 지나친 민감성과도 관련이 있다. 루푸스를 앓는 사람들은 햇빛 아래서 시간을 보낼 때 피부에 붉은 반점이 생기고 얼굴, 목, 팔에 비늘 같은 자줏빛 발진이 일어날 수 있다. 이 불편하고 당황스러운 반응은 칼레티쿨린이라는 분자에 대한 루푸스 항체로 인해 발생할 가능성이 있다.[30] 칼레티쿨린은 세포가 상처를 입지 않는 한 대체로 세포 내부에 머문다. 자외선에 노출되면 각질형성세포라 불리는 피부 세포들이 손상될 수 있다. 그러면 칼레티쿨린을 세포막으로 내보내는데, 이는 청소 과정을 총괄하고자 대식세포에 보내는 신호로 추정된다. 건강한 사람들은 각질형성세포가 끊임없이 죽고 대체되고 있다.

일반적으로는 칼레티쿨린이 세포 표면에 노출되면 C1q의 둥근 머리가 칼레티쿨린에 결합한다. 이렇게 대식세포들은 보체 연속단계 반응을 시작한다. 하지만 일례로 글리포세이트가 줄기에 박혀 C1q에 결합이 있다면, 칼레티쿨린 꼬리표가 달린 죽어가는 세포들을 제거하는 능력이 손상될 것이다. 내 가설은 루푸스 환자들이 죽어가는 각질형성세포를 제거하는 정상적인 과정에 결함이 있다는 것이다. 건강한 C1q에 기반을 둔 기전과는 다르게, 항체에 기반을 둔 기전은 붉은 반점과 비늘 같은 피부를 초래하는 염증 반응과 관련된다.

심각한 C1q 결핍을 앓는 젊은 남성의 사례는 글리포세이트가 단백질을 어떻게 손상하는지에 관한 통찰을 제공한다. 유전적 형태의 루푸스를 앓고 있던 이 남성은 부모로부터 C1q 줄기 영역의 34번 잔기에 글리신 돌연변이를 물려받았다. 유전적 상태 때문에 아르기닌이 글리신을 치환했다. 이 한 가지 변화가 그것을 합성했던 간세포에서 결코 유리된 적 없던 결함 있는 단백질 버전을 만들어냈고, 이는 루푸스와 관련된 심각한 증상으로 이어졌다.

24세의 이 불쌍한 청년은 피부 문제, 무력한 팔, 시력 손상, 간헐적 발열, 구내염, 햇빛 민감성, 기억력과 집중력 저하, 발작 장애를 가지고 있었다.[31] 다른 무언가로 대체된 단 하나의 글리신 분자 때문이었다. 글리포세이트가 C1q에서 이 중요한 글리신 잔기를 치환하면, 비록 정도는 덜하더라도, 결과가 비슷하리라 예측할 수 있다.

소아지방변증과
글루텐 불내증

주류 의사들은 원인을 밝혀내지 못했지만, 젊은이들은 물론이고 모든 종류의 내장 질환이 증가해왔다. 소아지방변증, 대장염, 기타 염증성 장 질환은 전 세계적인 문제가 되고 있다.[32]

소아지방변증은 소장의 융모에 손상을 입히는 소화 장애로, 보리, 호밀, 밀에서 발견되는 글루텐에서 유래된 펩티드에 대항하여 발달하는 자가항체로 인해 유발된다. 비록 시중에 라운드업 레디 밀은 없지만, 수확 직전 건조제로 글리포세이트를 사용하기 때문에 밀은 흔히 글리포세이트에 매우 오염된다.

소아지방변증이 오늘날 훨씬 만연하다는 것은 틀림없는 사실이다. 1948년에서 1954년 사이에 채취한 혈청 표본을 오늘날 채취한 표본과 비교한 결과에 따르면, 그 이후로 글루텐에 대항하는 자가항체가 최소 **네 배** 증가했다.[33] 소아지방변증으로 확진되지 않은 훨씬 더 많은 사람이 글루텐 불내증을 앓는다.

글루텐 불내증은 글루텐에서 유래된 다중의 짧은 펩티드가 소화되지 않고 남아 있을 때 생긴다. 이 중에는 프롤린으로 끝나는 펩티드가 많은데, 이는 프롤린을 떼어내는 효소에 결함이 있음을 암시한다. 현재 사용 가능한 소화효소 보충제는 단백질의 일부이자 항체가 부착될 부분인 면역원성 글루텐 항원결정기를 분해하는 데 효과적이지 않다. 이는 펩타이드 사슬의 추가 분해를 막는 프롤린 잔기가 막히면서 발생했기 때문이다.[34]

글리아딘은 글루텐의 주요 단백질 성분으로 소아지방변증에서 글루텐 항체들의 주요 표적이다.[35] 글리아딘에는 고농도의 글루타민과 프롤린이 있는데, 둘 다 질병 과정에서 한몫을 한다. 프롤린은 질소 원자에 곁사슬을 가지는 유일한 단백질 부호화 아미노산이다. 그로 인해 프롤린은 펩티드 사슬에서 이웃과 분리되기 어렵다. 그 결과,

특화된 효소가 특별히 프롤린을 처리하는 쪽으로 진화해왔다.[36]

락토바실러스균에는 펩티드 서열에서 프롤린 분리에 특화된 효소가 여럿 있다. 물을 사용해 결합을 깨는 가수분해효소들은 인간의 세포에 존재하지 않는다. 이 효소들은 활성 부위에 세린 잔기를 둘러싸는 모티브를 가지는데, 이 부위에는 글리신 세 개가 포함되어 있다. 이를테면 GxSxGG(글리신-x-세린-x-글리신-글리신)이다.[37] 모든 가수분해효소가 이 글리신 잔기 중 하나 이상에서 글리포세이트의 방해에 취약한 것으로 보인다. 장내 락토바실러스 또한 글리포세이트에 민감해서 글리포세이트 노출에 위태로워진다.

2019년 21명의 과학자로 구성된 국제 연구팀은 글루텐 불내증이 글루텐을 대사할 수 있는 엘라스타아제라고 불리는 미생물 프로테아제(단백질가수분해효소)의 발현 증가와 관련된다는 점을 찾아냈다. 또한 글루텐 불내증이 엘라스타아제를 발현하는 막대 모양 세균인 병원성 녹농균 종의 과잉과 관련 있다는 것도 발견했다.[38] 글루텐 대사가 저하되면 소화되지 않은 글루텐 단백질이 결장에 축적될 수 있다. 이는 결국 엘라스타아제를 생산하는 종의 과잉 증식을 지원한다. 논문 저자들은 생쥐 모델을 통해 글루텐 노출이 녹농균의 과잉 증식으로 이어지고, 융모가 뭉툭해지거나 표면이 평평해지는 염증 반응을 유도한다고 밝혀냈다.

결장에서 소화되지 않은 단백질을 미생물이 대사하면 아세트산 합성이 방해되어 pH가 상승하고 암모니아 생산이 늘어난다. (기억할지도 모르겠지만, 아세트산은 세포를 위한 에너지를 생산하기 위해 시트르산 회로에 공급되는 분자인 아세틸조효소 A의 전구체다.) 녹농균은 글리포세이트를 완전히 대사할 수 있는 몇 안 되는 세균으로, 글리포세이트에 만성적으로 노출된 상태에서 다른 세균과의 경쟁에서 우위에 있다. 여러 항생제에 내성이 있는 다제내성 녹농균 감염은 미국 의료계에서 문제로 떠오르고 있다.[39]

프롤린을 처리하는 효소가 글리포세이트로 오염되면 글리아딘 대사가 억제되는 것 외에도 사멸 세포 제거에 결함이 생긴다. 이는 소아지방변증에 기여하는 또 다른 요소다. 결함 있는 청소수용체의 발현은 만노스결합단백질MBP의 결함에서처럼 소아지방변증과 관련된다.[40] 사멸 세포가 효율적으로 제거되지 않으면 면역 활성화로 이어져 이후 창자의 융모가 손상되기 쉽다. MBP의 콜라겐 유사 줄기 영역에서 글리포세이트의 치환은 MBP 및 청소수용체에 결함을 일으킬 수 있다.

코로나19에도
글리포세이트가 숨어 있다

코로나19는 전 세계적으로 대유행한 파괴적인 신종 전염성 바이러스 질병이다. 하지만 나라마다 이 바이러스가 인간에 끼친 영향에는 큰 차이가 있다.

미국, 영국, 브라질, 남아프리카처럼 가장 큰 피해를 본 나라들은 글리포세이트를 많이 사용한다. 선진국에서 만연하는 질환인 당뇨병, 비만, 고혈압은 코로나19로 인한 사망의 확고부동한 위험 인자다.[41] 미국에서 글리포세이트 사용은 이 질환들의 증가와 매우 밀접하다.[42] 심각한 질환으로 이어지는 주요인이 항체 생산 증가와 사이토카인 폭풍으로 이어지는 후천성 면역 체계의 과도한 반응이라는 것이 분명해지고 있다.[43] 이 반응은 글리포세이트가 대체로 바이러스 제거에 중요한 역할을 하는 선천성 면역 체계를 심각하게 교란하기 때문으로 예상할 수 있다.

마지막으로 코로나19에서 회복된 환자들은 분자 모방 메커니즘을 통해 숙주를 공격하는 바이러스 단백질에 대한 항체를 과잉 생산하게 되어 끝내 자가면역질환에 걸릴 수 있다는 인식이 늘어나고 있다.[44] 코로나 바이러스SARS-CoV-2의 맥락에서 글리포세이트를 이야기하는 연구자는 거의 없다. 하지만 그들은 그래야만 한다.

만성 탈진이
일어나는 이유

만성 피로 증후군은 흔하지만 잘 이해되지 않는 질환이다. 만성피로를 앓는 사람들은 인지 기능 장애, 수면 방해, 운동 후 육체적 탈진을 겪는다. 만성 피로 증후군은 보통 치료된 후에 만성질환으로 발전하는 감염으로 발생한다.

일부 연구자는 만성 피로 증후군이 장내 미생물 불균형과 장 누수 증후군에서 발전한 자가면역 장애로 가장 잘 이해된다고 주장한다.[45] 정상적으로는 장에 머물던 미생물들이 전신 순환으로 이동하면, 면역반응을 일으킨다. 이로 인해 미생물들이 생성한 항원에 반응하여 항체를 생성하는 기억 B세포가 꾸준히 생산된다. 게다가 바이러스 감염, 특히 이 질환과 자주 관련되는 엡스타인-바 바이러스epstein-barr virus의 영구적인 항체가 발달될 수 있다. 이 모든 항체가 미토콘드리아에서 에너지 생산에 필요한 체내 고유의 단백질을 공격하는 자가항체가 될 수 있다.

흥미롭게도 엡스타인-바 바이러스에 걸려도 사람에 따라 부작용을 겪지 않거나 수년 동안 만성피로를 겪을 수도 있다. 왜 그럴까? 환경 독성물질에 대한 과도한 노출이 자가면역으로 잘못 진입하도록 신체를 자극하는 것일까? 글리포세이트의 장내 마이크로바이옴 교란, 누수 장점막 방어벽, 선천성 면역 억제 효과가 만성피로와 다른 증후군에 대한 민감성을 유도하는 지뢰가 되는 것일까?

자가면역 장애는 인간뿐 아니라 반려동물에서도 증가세다. 자가면역성 갑상샘 질환을 앓는 개들은 때때로 갑상샘 대체 호르몬을 처방받는다. 개의 루푸스 역시 염증성 장 질환처럼 점점 흔해지고 있다.[46] 고양이 또한 고양이 전신 홍반 루푸스를 앓는데, 이 루푸스는 피부병변과 절뚝거림 등 다양한 증상이 나타날 수 있다. 관절염, 염증성 장 질환, 면역매개성 용혈성 빈혈을 비롯해 고양이의 자가면역 장애 또한 증가세다. 심지어 말들도 자가면역질환을 겪고 있다.[47]

앞서 언급했듯이, 환경 독소와 독성 화학물질이 자가면역질환을 유발하는 데 한몫하고 있는 건 틀림없다. 위생 가설에서 제시하듯 인간이 "매우 깨끗"한 이유 때문만은 아니다. 인간은 과잉 진찰을 받고 중금속과 곰팡이에서 나온 독소처럼 세포를 손상하는 독소들에 과도하게 노출되어 있다. 의사와 수의사 모두 자가면역 장애를 촉발할 수 있는 방아쇠로 항생제와 과잉 예방접종을 지적해왔다. 그러나 장내 마이크로바이옴을 교란하고 다양한 단백질에서 글리신 대신 삽입되어 접힘과 기능을 손상하는 글리포세이트 역시 주요 장본인이기도 하다.

글리포세이트가 인간 (그리고 미생물) 건강에 해를 끼치는 기전을 이해하면, 생체 조직에 글리포세이트가 존재하면 애초에 다른 것으로 촉발되었을지도 모르는 건강 상태를 어떻게 악화하는지 알 수 있다. 자가면역질환은 몸을 진압하기 위해 고군분투하는 불과 같다. 때때로 꺼진 듯 보인다(몇 주, 심지어 몇 달이나 몇 년을 증상 없이 지낼 수 있다). 그러다 다시 확 타올라 몸이 쇠약해지는 문제와 고통을 유발한다. 무엇이 이러한 질병을 재발되도록 불을 지피는가? 종래의 대답은 "우리는 모른다"였다. 하지만 우리는 안다. 지구상의 생명체가 글리포세이트에 더 자주 노출될수록 우리 모두에게 더 나쁘다는 것을.

TOXIC  LEGACY

11장

건강한 미래를 향한 재부팅

●

햇빛 아래서 살아라.
바다를 헤엄쳐라.
야생의 공기를 마셔라.

랠프 월도 에머슨 Ralph Waldo Emerson

매일 나는 전 세계 사람들에게서 이메일과 편지를 받는다. 사람들은 자신의 이야기를 나와 공유하려고 한다. 음식 민감성과 여러 알레르기를 겪고 있어 먹을 만한 것을 찾으려 분투하는 사람들이 있다. 수년 동안 몸이 쇠약해져 의사들을 당혹스럽게 하는 기이한 건강 상태를 설명하는 사람들도 있다. 자폐증과 여타 신경 질환을 앓는 자녀를 둔 부모들은 실의를 나누며 내게 조언을 구한다.

이 편지들에 감사하다. 나는 자신을 아프게 하는 것들을 이해하려는 끈질긴 집념, 학교에서 배운 적 없는 복잡한 과학에 뛰어들고자 하는 열망, 수십 년의 식습관과 생활습관을 바꾸는 겸손과 개방성에 고무되었다. 우리는 예상보다 더 잘할 수 있다. 질문을 던지고 이런 책들을 읽으려는 의지도 올바른 방향으로 나아가는 한 걸음이다. 우리는 골리앗에 맞서고 있다. 어린이를 포함하여 많은 사람을 매우 아프게 하는 것으로부터 엄청난 이익을 얻는 강력한 힘이 작용하고 있기 때문이다.

글리포세이트는 전 세계적인 위협이며, 글리포세이트가 지구상에서 금지되기 전까지 우리는 만족할 수 없다. 농약 업계의 지속적인 유해성 부인은 거의 범죄나 다름없다. 글리포세이트를 합성하는 제조 공장은 문을 닫아야 한다. 연구 기금은 글리포세이트를 식수, 강과 바다, 토양, 인체에서 빼내는 방법을 연구하는 프로젝트에 쓰여야 한다.

글리포세이트가 영원히 사라지고 그 잔류물이 토양, 식품, 상수도, 소변에서 더 이상 검출되지 않을 때 비로소 우리가 이겼음을 알게 될 것이다. 이제 변할 시간이다. 식량 생산 해결책으로 재생 가능한 농업을 이용하고, 토양 오염 없이 해마다 토양을 개선하는 관행이 필요하다. 절대 DDT로 저지른 실수를 되풀이해서는 안 되며, 또한 글리포세이트를 단순히 다른 독성 제초제로 대체해서도 안 된다.

나는 글리포세이트가 특유의 독성 기전, 무심한 사용, 만연한 존재로 인해 오늘날 우리가 직면한 가장 위험한 환경 화학물질이라고 믿는다. 하지만 다른 독성물질 역시 우리 건강을 파괴하고 지구를 중독시키고 있다. 알루미늄, 비소, BPA 같은 비스페놀은 물론, 불소, 납, 수은, 프탈레이트, 폴리염화비닐, 폴리우레탄, 테프론, 스티렌 등 매우 많다.[1] 농업에 흔히 쓰이는 유독 제초제, 살충제, 살균제도 물론이다.

 앞서 설명했듯이, 이러한 화학물질 중 상당수가 독성을 증폭하는 방식으로 시너지 효과를 발휘한다. 때때로 몸에 가해지는 부담이 너무 커서 불임이 될 때도 있다. 그렇지 않더라도 다음 세대가 부모나 심지어 조부모의 어렸을 적 노출로 피해를 입을 수 있다.

 여러분이 나와 같다면, 산업이나 경제 전반이 인간의 질병에 근거한다고 추측하기는 어렵다. 그냥 그렇게 믿기 힘들다. 어쩌면 우리가 맞서야 하는 가장 모순된 자각은 보건 의료 부문이 사람들을 아프게 하고 그걸 유지하는 것을 기반으로 한다는 점이다. 돈을 따라가면 제약 산업과 의료 시설 대부분이 만성질환 증상 치료로 막대한 이익을 얻고 있음을 깨닫게 된다.

 제약 산업은 지난 20년 동안 가파르게 성장했다. 의약품 연구, 생산, 유통은 수익성이 너무 좋아서 단 한 해 동안 1조 2,500억 달러의 수익을 창출한다.[7] 제약 시장은 매년 1,080억 달러짜리 산업이다.[3] 이렇듯 아주 많은 이윤이 창출되는데 만성질환의 근본 원인을 식별하고 바로잡거나 애초에 병에 걸리지 않게 하려는 사람들에게 자율권을 줄 장려책이 있을 리 없다. 실제로는 정반대다. 미국이 허약할 때 제약 산업은 번창한다. 활기찬 건강은 그들의 수익에 해를 끼친다.

 이는 나쁜 소식이다. 무분별한 인간 활동이 식물, 동물, 수로, 그리고 인간을 어떻게 오염시키는지 생각하면 절망의 잡초 사이에서 길을 잃기 쉽다. 하지만 좋은 소식도 많다. 사람들이 하나둘씩 깨어나서 직면한 위기의 긴급성을 깨닫고 있다. 단순히 수확량보다는 토양과 음식의 영양 가치를 높이는 데 초점을 맞춰야 한다는 점을 인식하고 있다. 소규모 유기농 농부들은 21세기의 슈퍼히어로다. 바이엘 AG 등 화학 기업들과 싸우고 국회의원에게 못 본 척하지 말라며 촉구하는 건강 옹호자, 정치 활동가, 변호사들도 마찬가지다.

재생 기술은 토양에서 탄소를 격리하여 기후변화를 저지하고 심지어 완화하여 지구를 치유할 수 있다. 토양 안팎에 사는 생물체를 오염하지 않고도 잡초 성장을 줄이는 유기농 제품을 찾아볼 수 있다. 인간의 면역 체계는 자신이 보호하는 인간이 잘 먹고 독물에서 벗어날 때 가장 잘 기능한다. 만약 식량 작물에 양분이 잘 공급된다면, 식량 작물 역시 더 단단해지고 진균 증식과 곤충의 공격에 더 잘 견딜 수 있다. 이는 살균제, 살충제, 제초제의 필요성을 줄이며 건강한 순환을 만들어낸다. 우리는 개인과 집단으로서 힘과 책임을 가지고 전 세계적인 글리포세이트 사용을 중단해야 한다.

'환자 치료' 분야는 사람들을 계속 만성적으로 아프게 하는 편이 그 목적에 맞다. 따라서 많은 대체의학자는 치료를 돕기 위해 생물학적 경로를 방해하는 합성 약물 대신 음식과 허브 및 다른 천연 산물을 사용하는 새로운 방법을 찾거나 고대의 방법을 재발견하고 있다. 바라건대 나는 곧 인간이 지구의 목자가 되어 고통이 없고 기쁨이 가득하며 강하고 건강한 삶을 누릴 미래를 상상한다. 우리는 그렇게 해낼 능력이 있다. 단지 의지가 필요할 뿐이다.

내 목표는 글리포세이트가 원인임을 암시하는 과학에 눈을 뜨게 하는 것이다. 이 중 일부분이 압도적이기는 하지만, 이 정보는 행동에 대한 요구이지 절망의 이유가 아니다. 잘 알수록 더 잘할 수 있다. 우리는 우리 아이들과 아이들의 아이들에게 위험한 유산을 남길 필요가 없다.

인체의 생리는 신기하고 기적과도 같다. 글리포세이트와 다른 화학물질로 인한 많은 손상은 되돌릴 수 있다. 잘못된 방향으로 천천히 떠내려가 바다로 가는 바지선을 건강이라고 생각해보자. 방향을 되돌리려면 오래 걸린다. 하룻밤 새에 되진 않겠지만 결국 되돌릴 수 있을 것이다. 일단 손안에 확고히 건강을 되찾고 나면, 우리에게 얼마나 더 많은 에너지가 생기는지, 피부가 얼마나 더 맑아지는지, 두뇌가 얼마나 더 또렷해지는지, 그리고 기분이 얼마나 더 좋은지 깨닫고 놀랄 것이다. 아는 것이 힘이다. 지금 당장 할 수 있는 간단하지만 강력한 변화들이 다른 세상을 만들 것이다.

진짜 음식을
먹자

오래 건강한 삶을 향한 가장 중요한 단계는 건강에 좋고 영양가 있는 진짜 음식을 먹는 것이다. 만약 운 좋게도 농산물 직판장, 공동체 지원 농업CSA 네트워크, 식품 협동조합을 이용할 수 있거나 자신의 텃밭을 가지고 있다면, 내가 먹을 음식이 무엇이고 어떻게 재배되었으며 독성물질이 뿌려졌는지 가장 무난하게 알 수 있다. 만약 이러한 방식으로 접근하지 못한다면, 어디에서 식품을 사든 (미국에 있다면) '유기농 인증' 라벨을 찾아보자. 유기농 인증 라벨은 완벽하지 않고 지역 농부에게서 사는 진짜 음식을 대신할 만하지는 않다. 그래도 소비자가 글리포세이트로 오염될 가능성이 적은 음식을 선택하는 간단한 방법이다.

또한 유기농 인증 식품은 유전자 변형이 허용되지 않는다. 어디에서 음식을 사든, 식단 대부분이 가공식품이 아닌 진짜 음식이 되도록 최선을 다하자. 가공제품에 유기농 및 비GMO 라벨이 붙어 있더라도, 반드시 건강에 좋은 식품이라고 볼 수 없다. 당, 밀가루, 기름 같은 기본적인 영양소로 분해되는 가공 유기농 식품은 건강에 여러 이점을 주는 모든 복합 생체분자와 많은 미량영양소를 생략하는데, 그 중 일부는 아직 파악되지 않았다.

저널리스트이자 음식 평론가인 마이클 폴란Michael Pollan은 식료품점 주변을 자주 돌아다니라고 권한다. 가능하다면 신선한 채소와 과일, 자연산 생선, 목초 먹인 고기, 자연 방목 유기농 고기를 쟁여두자. 기다란 성분분석표가 붙은 포장된 음식은 피하자. 알아보기 힘든 성분들이라면 더욱 그렇다. 가공식품에는 종종 항곰팡이제, 인공 염료, 인공 색소가 들어 있다.

어찌해야 할지 모르겠다면, 할 수 있는 작은 일부터 찾아보자. 일주일 동안 유기농 아보카도 몇 개로 과카몰리를 만들어보자. 유기농 플레인 전지유 요거트를 사서 과일을 넣어 달콤한 스무디를 만들어보자. 저렴한 달걀 대신에 야외에서 많이 지낸 닭들이 낳은 좋은 달걀을 사자. 영양분이 부족한 기존 달걀보다 비싸지만 초코바보다는 싸다. 평생 건강이라는 선물은 마라톤이지 단거리 경주가 아니다.

저지방, 고지방, 저탄수, 고단백이 최고라고 주장하며 유행하는 많은 식단으로 혼란스러울 수 있지만, 중요한 것은 미량영양소의 밀도다. 우리는 비타민과 미네랄뿐 아니라 과일, 채소, 허브와 향신료에 든 폴리페놀과 플라보노이드도 필요하다. 흔히 향료료 여겨지는 허브 중에는 실제로 건강과 장수를 증진하는 것이 많다. 오레가노, 로즈메리, 바질, 고수, 딜, 세이지, 파슬리, 강황, 마늘, 생강이 여기에 포함된다. 이러한 음식들은 맛을 더하고 신진대사와 해독작용을 돕는데도 매우 중요하다.

다음을 고려해보자. 1만 1,000명 이상의 사람들을 대상으로 한 연구에서 장이 가장 건강한 사람들은 매주 30종 이상의 식물을 먹는 사람들이었다.[4] (글리포세이트와 다른 독성물질로 오염되지 않는 한) 채소를 먹으라고 말씀하시던 엄마가 옳았다. 우리는 풍부한 유기농 허브와 향신료를 사용하여 자연적으로 맛을 낸 지방, 탄수화물, 단백질을 제철 음식으로 다양하게 먹어야 한다.

황을 섭취하는
효과적인 방법

식이유황, 특히 황산 결핍은 많은 현대병의 요인이다. 따라서 황을 함유한 식품을 많이 먹는 게 좋다. 동물성 단백질에는 식물성 단백질보다 황 함유 아미노산(타우린, 메티오닌, 시스테인)이 더 많다. 해산물, 목초 먹인 소고기, 생선, 달걀, 치즈 모두 황을 공급하는 좋은 식품이다. 식물 중에는 양파, 서양 대파, 마늘, 그리고 양배추, 방울양배추, 브로콜리, 콜리플라워 같은 십자화과 채소가 황을 함유한 생체분자의 최고 공급원이다. 자주 먹어야 하는 음식인 마늘에는 특유의 냄새를 나게 하고 건강에 아주 좋은 유기황 화합물인 알리신이 있다. 사람마다 받아들이는 방식은 다르지만, 모두 영양소와 섬유질로 가득 찬 매우 건강한 음식들이다.

십자화과 채소에는 황 원자 두 개를 포함하는 독특한 유기화합물인 설포라판이 들어 있다. 고농도의 설포라판이 들어 있는 브로콜리 새싹을 예로 들어보자. 설포라판은 씨앗에서만 생산되기 때문에 브로콜리 새싹 한 개에는 다 자란 식물만큼 설포라판이 많이 함유되어 있다.

2009년 이탈리아 연구팀은 설포라판이 신경세포의 글루타티온을 늘려서 산화적 스트레스로부터 보호하며 세포자멸사의 지표를 줄인다는 것을 발견했다.[5] 파킨슨병은 도파민 신경세포의 손실과 관련되는데, 설포라판은 이 신경세포들을 보호하는 데도 도움이 되는 듯하다. 실제로 최근에 진행된 조현병 환자를 대상으로 한 연구에서 조현병 환자의 뇌에 글루타티온이 적다는 것을 확인했다. 이 연구에 따르면 설포라판 보충제가 뇌의 글루타티온을 늘렸다.[6]

식수 또한 황의 좋은 공급원일 수 있다. 아이슬란드처럼 현무암이 많은 지역은 자연적으로 식량 작물과 식수에 높은 수준의 황이라는 축복을 받는다. 불행하게도 물속 글리포세이트 제거를 위해 거치는 역삼투 처리에서 황도 제거된다.

N-아세틸 시스테인NAC은 황을 함유한 아미노산이다. NAC와 글리포세이트 계열 제초제에 노출된 쥐를 대상으로 한 연구에서 NAC에 예방 효과가 있다고 밝혀졌다. NAC 보충제는 보통 글리포세이트가 유발한 혈액, 간, 신장, 뇌에서의 글루타티온 수치 감소로부터 글리포세이트에 노출된 동물들을 보호했다. 글리포세이트는 또한 산화적 스트레스의 지표인 말론디알데히드의 증가를 유발한다. NAC를 동시에 보충하면 이 측정 지표도 개선되었다.[7]

다른 황 함유 보충제로는 알파리포산, 콘드로이틴황산, 글루코사민황산, 엡솜염(황산마그네슘), 메틸 설포닐 메탄MSM, S-아데노실메티오닌SAMe, 리포솜 글루타티온, 타우린, 마늘 등이 있다. 엡솜염을 푼 욕조에 몸을 담그면 황산염이 피부로 흡수된다. 자연 유황 온천에서 목욕하는 편이 훨씬 더 좋다. 피부를 통해 황산염을 흡수하면 글리포세이트에 만성 노출된 상태에서 특히 문제가 될 만한 장에서의 복잡한 황 대사를 건너뛸 수 있다. 글리포세이트는 내장에서 황화수소 가스를 과도하게 생산할 수 있는 황 환원 세균의 과잉 증식을 일으켜 브레인 포그와 함께 복부 팽만과 복통을 유발한다.

체내에서 황산을 제대로 사용하려면 합성만으로는 충분하지 않다. 혈액에 유리된 황산 수치는 혈액의 겔화를 막기 위해 저농도로 유지되어야 한다. 많은 허브와 향신료는 혈액의 황산기 수송과 조직으로의 황산기 전달을 촉진해서 영양과 의학 측면에서 가치가 크다. 여기에는 베르베린, 계피, 쿠르쿠민, 라스베라트롤, 그리고 다른 플라보노이드와 폴리페놀이 포함된다.

내장을
치유하자

프리바이오틱스는 소화되지 않는 식물성 섬유질이다. 인간의 소화계로는 소화할 수 없는 이 복합 탄수화물은 인간의 장에 사는 (결장상재균으로도 알려진) 유익한 세균으로 인해 발효된다. 올리고당과 락툴로오스 같은 프리바이오틱스는 결장의 pH를 낮추고 부티르산과 칼빈딘을 늘려서 미네랄과 미량 원소의 흡수를 높인다. 이러한 유익한 변화는 결장에 거주하는 장내 미생물들이 프리바이오틱스를 발효하며 실현된다.[8] 가공식품을 주로 먹으면 우리 몸은 프리바이오틱스가 부족해진다.

매번 끼니마다 프리바이오틱스가 많이 든 음식을 먹자. 대표적인 음식으로는 아스파라거스, 아티초크, 바나나, 민들레 잎, 마늘, 서양대파, 양파가 있으며 모두 건강에 좋고 맛있다. 많은 음식에 유독성 곰팡이 때문에 생겨난 미코톡신이 존재한다. 하지만 프리바이오틱스는 이러한 미코톡신을 독성 적은 대사물로 대사할 수 있는 장내 미생물의 공급을 늘리는 데 도움이 되는 편이다.[9] 프리바이오틱스의 이점으로는 *비피도박테리아*와 *락토바실러스*의 증가, 장내 병원성 종의 감소, 유익한 대사물질 생성, 칼슘 흡수 개선, 단백질 발효 및 암모니아 생성 감소, 장점막 방어벽 기능 개선, 면역력 향상 등이 있다.[10]

생균제는 인간의 건강을 증진하는 살아 있는 세균이다. 김치, 사우어크라우트(독일식 양배추 김치), 플레인 요거트, 콤부차처럼 자연적으로 발효된 미가공 식품raw food에서 찾을 수 있다. 어떤 유익균 종을 함유한 브랜드가 도움이 되는가는 현재 과학적 논쟁 대상이지만, 보충제에서도 발견될 수 있다. 생균제로 흔히 바실러스 종이 선택되는데, 인간의 소화관에서 번성하고 포자 형성을 통해 위산으로부터 살아남을 수 있기 때문이다. 포자는 소장에서 발아하여 내장에서 대량 서식할 수 있다. 8주 동안 *고초균*을 복용한 연구에 따르면 처치 후 염증성 지표인 TNF-α와 IL-6이 크게 감소했다.[11]

주류 의료계에서도 환자에게 생균제를 점점 권장하고 있으며, 생균제를 대상으로 면밀한 과학 조사가 이뤄졌다. 인체는 수조 개 미생물의 집이다. 생균제는 대부분 12가지 이상의 세균 중 적어도 하나를 포함한다. 하지만 어떤 살아 있는 미생물을 얼마나 섭취해야 실제로 도움이 될까?

프리바이오틱 섬유 혼합물과 함께 포자를 형성하는 바실러스 다섯 종을 함유한 제제의 건강상 이점에 관한 연구는 이러한 미생물이 장에서 글리포세이트를 제거하고 있다는 관점과 일치하는 놀라운 결과를 낳았다.[12] 실험 설정에는 인간의 위장관 시뮬레이션이 포함되었다. 보충제를 첨가한 결과 락토바실러스와 비피도박테리아의 발현 증가와 함께 시뮬레이션된 결장에서 미생물의 다양성이 증가했다. 또한 대장 내 아세트산 수치와 함께 전체 결장을 따라 부티르산과 젖산 농도가 증가했다. 글리포세이트가 내장에서 아세트산 수치를 낮추고 락토바실러스와 비피도박테리아를 우선 죽이기 때문에 이러한 발견들은 고무적이다.

생균제 보충은 또한 (미숙아에게 치명적일 수 있는 질환인) 괴사성 대장염의 위험도 줄인다. 그리고 설사가 지속되는 어린이를 돕고 항생제의 부작용도 일부 반전시킨다고 밝혀졌다.[13]

식물의 힘을
활용하자

폴리페놀 화합물은 식물이 질병, 감염, 손상으로부터 자신을 보호하고자 생산한 대사물질이다. 플라보노이드, 스틸벤, 페놀산, 리그난 등 크게 네 가지로 나눌 수 있다. 많은 폴리페놀 화합물이 암, 당뇨병, 심혈관 질환, 신경 변성을 포함한 질병 예방에 도움이 된다고 밝혀졌다.

과일, 채소, 허브, 시리얼, 차, 커피, 견과류, 씨앗, 맥주 등 다양한 식물성 음식에 폴리페놀 화합물이 존재한다. 그중 (녹차의) 퀘르세틴, (매자나뭇속 식물의) 베르베린, (포도 잎과 와인에서 발견되는) 라스베라트롤, (카레 가루의) 강황이 어쩌면 친숙할지도 모르겠다.[14] 폴리페놀은 종양으로의 진전 과정에서 매우 중대한 단계인 상피간엽이행(상피세포의 성질로부터 간엽세포의 성질로의 전환 — 옮긴이)을 예방하여 암을 방지한다고 여겨진다.[15] 여러 가공 처리를 거친 식품으로 주로 구성된 식단에는 폴리페놀이 부족하다.

폴리페놀이 전신 순환에 거의 들어가지 않는다는 주된 이유로, 연구자들은 폴리페놀이 인체에서 정확히 어떻게 작용하는지 이해하지 못하고 있다. 폴리페놀은 장과 간 사이를 순환하며, 간에서 황산, 글루쿠론산, 메틸기와 결합하며 변형된다. 나는 폴리페놀이 생물학적으로 유용한 이 분자들의 운반체로 작용한다고 추측한다. 폴리페놀의 페놀 기반 고리가 아마도 그 복합 유닛을 당질피질의 다른 분자에 효율적으로 전달하는 데 중요할 것이다. 특히 위장 벽의 뮤신에 황산과 글루쿠론산의 공급을 강화해 장 건강을 지원하리라고 본다.

아보카도가 제철일 때면, 남편 빅터와 나는 점심으로 맛있는 과카몰리를 자주 만든다. 도마토, 고수, 양파, 마늘, 할라피뇨를 넣고 신선한 라임즙으로 맛을 더한다. 아보카도는 엽산, 섬유질, 비타민K, 구리 외에도 뇌에 좋은 건강한 다가불포화 지방이 들어 있다. 다른 재료들, 특히 고수, 마늘, 양파, 고추에는 여러 복합 폴리페놀과 테르페노이드, 플라보노이드가 들어 있다. 토마토와 라임즙에는 비타민C가 있고 마늘과 양파에는 황이 있다. 더군다나 비타민 알약보다 훨씬 더 맛있다!

음식으로 글루타티온과
비타민C를 얻는 방법

글루타티온과 비타민C는 체내 다른 부분뿐 아니라 간과 혈액에서 중요한 항산화물질이다. 알다시피 글리포세이트는 아세트아미노펜과 마찬가지로 간에서 글루타티온의 공급을 방해한다. 글리포세이트와 여러 독성물질이 산화적 스트레스를 유발하기 때문에 체내에서 이 두 가지 항산화물질의 공급을 가능하면 높게 유지하는 것이 중요하다.

글루타티온은 일부 음식에서 자연적으로 발견된다. 아스파라거스, 아보카도, 오크라, 시금치가 가장 풍부한 식이 공급원 중 일부다. 한편으로 타우린, 시스테인, 메티오닌과 같이 황을 함유한 아미노산이 풍부한 음식을 먹었을 때도 글루타티온 수치가 상승한다. 견과류와 씨앗뿐 아니라 소고기, 치즈, 닭고기, 오리, 계란, 생선, 돼지고기, 콩, 칠면조도 좋은 선택이다.

이러한 전구체로부터 글루타티온 합성에 필요한 효소들이 제대로 기능한다고 가정하면, 이러한 공급원으로부터 체내에서 글루타티온을 만들 수 있다. 글리신 역시 글루타티온의 구성 요소이기 때문에, 유기농 소고기 수프처럼 글리신이 풍부한 음식을 먹으면 도움이 될 수 있다.

비타민C가 풍부한 음식을 먹으면 글루타티온에 대한 필요를 줄일 수 있다. 비타민C 역시 효과적인 항산화물질이기 때문이다. 많은 과일, 특히 자몽, 레몬, 라임, 오렌지에 비타민C가 풍부하다. 채소도 마찬가지다. 파슬리와 타임 같은 향신료뿐 아니라 브로콜리, 방울양배추, 케일은 놀랍게도 비타민C가 풍부하다.

여기서 중요한 정보는 신선한 향신료를 아낌없이 사용하여 음식을 더 맛있고 영양가 높게 만들라는 것이다. 가능한 한 자주, 가급적이면 끼니마다 신선한 과일을 즐기자. 다만 과일과 채소가 유기농 인증인지 아니면 살충제와 제초제 없이 재배되었는지 확인하자. 이 강력한 음식들의 이점이 훼손되기를 원하지 않는다면.

미네랄을
잊지 말 것!

글리포세이트는 주요 금속 킬레이트제로 특히 철, 마그네슘, 망간, 코발트, 구리, 아연처럼 2가 양이온의 킬레이트제다. 그 결과 글리포세이트에 노출된 농작물들은 이러한 필수 영양소를 덜 이용하게 된다. 곧이어 농작물이 영양적으로 결핍된다.

나는 특정 미네랄 보충제를 권하지 않는다. 보충제를 많이 먹으면 생화학적 불균형으로 이어질 수 있어서다. 여러 미네랄을 제공하는 단일 보충제를 이용하여 식품 섭취에서 발생하는 영양 결핍을 해소하는 데 도움을 얻을 수도 있다.

간단하게 할 수 있는 일은 식탁용 소금(염화나트륨)을 지중해 소금이나 히말라야 소금으로 바꾸는 것이다. 이 소금들에는 자연에 존재할 때와 같은 균형으로 여러 미네랄이 포함되어 있다. 시골 국물, 해산물, 달걀, 내장육처럼 자연적으로 영양이 많고 미네랄이 풍부한 음식을 먹는 것이 다양한 미네랄의 균형 잡힌 공급을 유지하는 최고의 방법이다.

채식 식단의
한계

엄격한 채식 식단은 모든 고기 외에도 치즈, 달걀, 꿀처럼 동물 유래 제품도 배제한다. 채식주의는 최근 몇 년 새 상당한 세력을 얻었고, 건강한 식단일 뿐 아니라 지구를 구하는 데 일조하는 방법으로도 옹호되고 있다. 식물성 식품보다 동물성 식품을 생산하는 데 훨씬 많은 에너지가 들어간다는 게 그 논거다. 소는 트림하며 메탄(CH_4)을 배출하고, 이는 인간이 발생시키는 온실가스의 5퍼센트 이상을 차지한다.

이런 점을 충분히 고려하더라도 식물만 먹으며 영양분을 적절히 섭취하는 것은 인간에게 훨씬 더 어렵다. 식물에 기반을 둔 식단은 적절한 양의 황을 함유한 아미노산 섭취 능력을 낮춘다. 걱정한 대로 식물성 식단에는 코발아민이 전혀 없다.

또한 카리브해, 일본, 동남아시아 해안을 따라 발견되는 김을 즐기지 않는 식물성 식단에는 타우린이 없다. 참풀가사리, 불등풀가사리,

잎꼬시래기, 꼬물꼬시래기 등 홍조류는 비교적 타우린이 높다.[16] 해조류는 건강에 관심이 많은 미국 부모 사이에서 인기 있는 자녀 간식이 되었지만, 불행하게도 갈조류와 녹조류에는 타우린이 들어 있지 않다.

나는 되도록 식물을 많이 먹으라고 권한다. 그러나 엄격한 채식 식단이 많은 사람의 건강, 행복, 장수를 증진한다고 생각하지 않는다.

인간은 소를 먹어야 할까?

현지 유기농 농장에서 공급되는 미가공의 신선한 재료들로 집에서 식사를 준비한다면 실수할 일은 드물다. 나는 이것이 건강과 장수를 증진하는 데 있어 가장 중요한 단계라고 믿는다. 하지만 일부 유기농 옹호자는 물론이고 몇몇 사람이 소고기를 해로운 음식 중 하나라고 주장한다.

샐리 팰런 모렐Sally Fallon Morell은 20세기 산업화 이전 널리 퍼졌던 전통 식품을 홍보하는 조직인 웨스턴 A. 프라이스 재단Weston A. Price Foundation의 창립회장이다. 팰런 모렐은 생우유, 동물성 지방, 내장육, 소고기 수프, 발효 식품을 포함하는 영양가 높은 식단으로의 회귀를 옹호한다. 그의 행보를 지지하는 입장에서 나는 지난 10년 동안 매년 '현명한 전통 컨퍼런스Wise Traditions Conference'에 참가했다. 팰런 모렐이 홍보하는 음식 중 하나는 목초를 먹인 소고기다. 목초를 먹인 소고기에는 헴철, 타우린, 비타민B 복합체(특히 코발아민과 콜린), 미네랄, 건강한 지방처럼 가치 있는 영양소가 많다.

여기에 이해해야 할 중요한 차이점이 있다. 작은 축사에 제한된 공장식 축산 농장의 소들은 대부분 GMO 라운드업 레디 옥수수와 대두 제품을 먹는다. 이에 속하는 동물들은 평생 고통을 겪다가 이후 활송 장치로 옮겨져 무게를 재고 임시 축사에 넣어졌다가 도살장으로 끌려간다. 도살되기 전 겁에 질린 소는 혈류에 스트레스 호르몬이 아주 많아져 고기의 맛과 색에 영향을 미칠 수 있다.

또한 7장에서 언급한 대로, 미국 축산 농가들은 160개 이상의 국가에서 금지된 매우 위험한 락토파민을 고기의 기름기를 적게 유지하기 위해 가축에 자주 투여한다. 공장식 축산 농장은 인간 건강이나 지구 생태계에 이롭지 않다. 또한 인간적이지도 않다.

방목해서 키운 동물들은 사정이 다르다. 소들은 넓은 지역에서 자라며 풀을 비옥하게 하는 천연 거름을 만든다. 방목으로 풀의 성장이 자극된다. 이로 인해 풀이 더욱 건강해지고 결국 토양에 유기물질로 전환되는 탄소의 양이 늘어난다. 풀을 소화할 수 없는 인간에게는 목초를 먹인 소에서 유래된 소고기가 간접적으로 풀을 식량원으로 전환하는 방법이다.

비가 충분히 오지 않거나 토질이 좋지 않아 농사를 지을 수 없으면서 풀이 광활하게 자라나는 지역이 있다. 이 지역은 소들을 방목하기에 완벽하다. 방목하는 소는 공장식 농장에서 기르는 소보다 훨씬 더 나은 삶을 산다. 건강한 먹이를 먹는 덕분에 트림할 때도 메탄가스를 덜 배출한다. 갇혀 지내는 동물의 거름은 토양과 지하수를 오염시키는 유독성 폐기물이 되지만, 목초를 먹인 동물의 거름은 훌륭한 천연 비료가 된다.

채식주의 버거는 천연 목초를 먹인 소고기로 만든 햄버거에 비해 건강하거나 지속 가능한 선택이 아니다.[17] 채식주의 버거 중 하나인 임파서블 버거Impossible Burger는 재배한 유전자 변형 효모로 만든다. 이 효모는 콩과의 레그헤모글로빈이라고 불리는 콩햄 채식 제품의 생산을 위해 조작되었다. 이는 인간이 먹도록 진화한 것이 아니다. 고기 맛이 나는 채식주의 버거를 만들기 위해 조작된 분자가 콩에 첨가되었다.

화학 기반 농업을 이용한 콩 단일 재배는 지구에 좋지 않다. 과대과장 광고와 최신 상호작용 웹사이트에도 불구하고, 임파서블 버거를 먹는 것은 목초를 먹인 소고기 버거를 먹는 것보다 생태학적으로 우월하지 않다.

비욘드 미트Beyond Meat company가 제조한 비욘드 버거Beyond Burger는 완두콩 추출 단백질, 카놀라유, 코코넛오일, 효모, 천연 향료, 아라비아고무, 해바라기유, 소금, 숙신산, 아세트산, 비GMO 전분, 대나무의 셀룰로스, 메틸셀룰로스, 감자 전분, 비트즙 추출물, 감귤류 추출물, 식물성 글리세린 성분으로 이루어진 또 다른 가짜 고기 버거다.[18] 이러한 유전자 변형 식품은 피하는 게 상책이다.

임파서블 소고기 버거와 비욘드 미트 버거에는 글리포세이트가

들어 있다. 하지만 감시 단체인 '미국 전역의 엄마들Moms Across America'
은 라운드업 레디 콩으로 만들어진 임파서블 소고기 버거에서 글리
포세이트를 11배 더 많이 발견했다.[19]

햇빛은
왜 중요한가?

많은 미국인뿐 아니라 전 세계 사람 사이에 비타민D 결핍이 점점 더
심해지고 있다. 인간은 식물처럼 광합성을 못 하지만, 햇빛을 사용해
체내에서 주요 지용성 호르몬을 합성한다. 햇볕에 피부와 눈을 노출
하는 것은 건강과 안녕에 필수적이다. 우리는 수년 동안 태양이 유독
하다고 들었다. 하지만 태양은 항상 지구의 자원이었다. 식물 생장에
햇빛이 필수적이듯, 인간을 포함한 동물에 동력을 공급하는 데도 필
수적이다.

　햇빛이 덜 드는 곳에 사는 사람들은 다발성경화증, 당뇨병, 심혈관
질환, 자폐증, 알츠하이머병, 노인황반병성 등 다양한 만성질환에 걸
릴 위험이 더 크다.[20] 스웨덴의 과학자 팀은 거의 20년 동안 3만 명에
가까운 스웨덴 여성의 행동을 따라다니며 분석했다. 그 결과 더 오래
살면서 심장 질환이 적은 여성들은 태양 아래에서 시간을 덜 보낸 쪽
이 아니라 더 **많이** 보낸 사람들이었다. 햇빛을 적극적으로 피했던 사
람들은 햇빛을 적극적으로 쬐려던 사람들에 비해 사망률이 두 배 더

높았다.[21]

전반적인 건강 증진을 위해 할 수 있는 가장 중요한 일 중 하나는 최소 30분만이라도 매일 햇빛을 쬐는 것이다. 자외선 차단제나 선글라스 없이, 피부가 검다면 더욱. 인간은 태양을 항상 이용할 수 있는 세상에서 진화했고, 생명 작용은 에너지원을 이용할 기회를 절대 무시하지 않는다.

피부는 본질적으로 태양열 전지다. 햇빛은 물의 놀라운 물리적 특성으로 인해 에너지로 변환된다. 적외선은 배타 수역의 물을 최소 네 배까지 늘린다.[22] 자외선은 물 분자에 에너지를 공급해 양성자와 전자를 동원한다. 전자는 산소로부터 초과산화물의 생성을 유도한다. 세포막의 eNOS와 아황산 산화효소의 연속작용으로 황은 초과산화물을 통해 산화된 후 황산을 생성한다. 그 결과 만들어진 황산 음이온은 햇빛으로부터 유용한 형태로 에너지를 획득하고, 이 에너지는 혈액 순환 건강에 필수적이다.[23]

많은 사람이 햇빛이 비타민D의 생성에만 유용하다고 본다. 그래서 비타민D 보충제를 먹으면 햇빛을 피해도 된다고 생각한다. 동료 평가를 받은 100편 이상의 학술 연구가 비타민D 수치가 높은 사람들이 몸이 쇠약해지는 수많은 질병에 걸릴 위험이 낮다고 밝혀냈지만, 비타민D 보충제와 관련된 대조군 포함 연구는 실망스러웠다.

비타민D는 튼튼한 뼈와 치아를 만든다고 잘 알려졌다. 그러나 2019년에 발표된, 비타민D 보충제를 세 가지 양으로(하루 400아이유 international unit: IU, 4,000아이유, 1만 아이유) 복용한 환자가 참여한 3년간의 연구에 따르면 비타민D를 가장 많이 복용한 사람들이 실제로 골밀도가 상당히 나빠졌다.[24] 비타민D는 신호 전달 분자다. 태양에서 비타민D를 얻으면, 황산 콜레스테롤 역시 증가한다. 만약 비타민D를 보충제로 섭취한다면, 그에 따르는 황산 콜레스테롤 증가를 얻지 못한다. 그래서 비타민D는 본질적으로 잘못된 메시지를 보내서 세포들이 부적절하게 반응하게 하고, 이로써 잠재적인 이득을 일부 무효화할 수도 있다.

다음을 고려해보자. 인도의 연구진은 비타민D 결핍으로 진단된 100명의 남성을 치료하기 위해 두 가지 중재를 시도했다. 절반은 매일 정오에 20분 동안 햇빛 노출을 '처치'했고, 또 다른 절반은 매일 1,000아이유의 비타민D3 보충제를 처치했다.[25] 보충제를 복용한 사람들은 처치 후 혈청 비타민D가 증가했지만, 스타틴 약물을 처방하도록 의사를 재촉하는 지표인 혈청 LDL 콜레스테롤 역시 상당히 증가했다. 반면에 햇빛 노출이라는 처치를 받은 사람들은 콜레스테롤 수치가 떨어졌다.

햇빛 노출로 인해 혈청 콜레스테롤이 감소하면 햇빛 노출에 반응하여 피부에서 생산된 황산 콜레스테롤의 가용성이 증가한다. 이로써 조직에 콜레스테롤 운반이 수월해졌을 가능성이 크다. 이는 혈청 콜레스테롤 감소와 더불어, 세계의 비가 오는 지역과 햇볕이 잘 드는 지역에 사는 사람들을 비교한 연구에서 발견되는 햇빛의 심혈관 질환 예방 차원의 이점을 모두 설명한다.

자외선 차단제를
버려라

악성 흑색종은 죽음에 이르는 피부암이다. 지난 50여 년 동안 흑색종은 그 어떤 암보다 발병률이 빠르게 증가했다.[26] 흑색종은 피부암으로 인한 사망의 대다수를 차지한다. 같은 기간 자외선 차단제의 사용은 급증했다. 미국에서는 해변이나 심지어 공원에서도 피부 전체에 자외선 차단제를 두껍게 바르지 않은 사람을 볼 수 없다.

오늘날 자외선 차단제는 SPF 64만큼이나 자외선 차단 지수SPF가 훨씬 높은 편인데, 이는 내 아이들이 자란 1960년대에 사용된 양의 10배에 해당한다. 인간을 피부암으로부터 보호한다는 명목으로 자외선 차단제가 널리 쓰이게 되었다. 그러나 자외선 차단제 사용량 증가는 가장 치명적인 형태의 피부암 증가율과 매우 밀접하다.

피부암 발병률은 왜 오르고 있을까? 자외선 차단제가 그 원인일 수 있을까? 아마도 그럴 것이다. 자외선 차단제에서 흔히 발견되는 산화아연(ZnO) 나노입자들은 자외선 차단을 돕는다. 하지만 산화아연은 햇빛에 노출되지 않은 상태에서도 배양된 인간 세포에 세포 독성을 띤다.[27]

농도 1밀리리터당 8~18마이크로그램의 산화아연에 노출된 세포는 세포막이 새고 산화적 스트레스를 보인다. 이 세포들은 활성 산소종 수치를 높이고 글루타티온을 고갈시키고 세포 지방에 대한 손상을 늘린다. 일부 과학자들은 자외선 차단제 성분들이 태양 광선의 자극이 있을 때 독성 화학물질로 산화된다고 주장한다.[28] 그래서 자외선 차단제는 단순히 햇빛 차단만 하지 않고 실제로 파괴적인 활성 산소종을 광생성시킨다.

보통 질감과 투명도를 개선하고 이산화티타늄이 덩어리지는 것을 막기 위해 자외선 차단제에 첨가되는 알루미늄도 문제다. 앞서 9장에서 화학자이자 알루미늄 전문가인 크리스토퍼 엑슬리 박사의 연구를 언급한 바 있다. 엑슬리 박사가 알루미늄을 함유한 자외선 차단제를 조사한 결과, 자외선 차단제를 바를 때마다 피부에 약 200밀리그램의 알루미늄이 덧입혀질 수 있었다.[29] 세계보건기구는 두 시간마다 자외선 차단제를 덧바를 것을 권장한다. 이에 따르면 해변에서 하루를 보냈을 때 알루미늄 1그램을 피부에 바르는 셈이다.

알루미늄은 피부 장벽을 손쉽게 뚫고 혈류로 흡수된다. 그리고 글리포세이트와 시너지 독성을 일으킨다. 알루미늄과 글리포세이트 모두 황산염 합성 차단에 기여한다. 자외선 차단제를 매우 적극적으로 쓰는 것이 전신 황산염 결핍의 한 가지 원인일 수 있다.

하나 더 덧붙이겠다. 글리포세이트는 태닝을 일으키는 천연 보호 색소인 멜라닌의 공급을 방해하여 피부암에 영향을 끼칠 수도 있다. 멜라닌은 글리포세이트가 방해하는 시킴산 경로의 산물인 티로신에서 유래한다.

흙과의
거리 좁히기

아이들은 예전만큼 흙에서 놀지 않는다. 진흙 파이를 만들며 노는 것은 단지 상상력을 위해서만 하는 행동이 아니다. 흙에서 놀면 아이와 어른 모두 행복이 높아진다. 사람들이 튼튼하고 건강하게 장수하는 문화권에서는 거의 누구나 정원을 가지고 있다. 식물을 통해 자기 음식을 키우고 꽃을 피우며, 흙을 만지는 것은 모두 건강에 좋은 활동이다.

토양 마이크로바이옴과 장내 마이크로바이옴 모두 산업 기반 농업과 건강한 토양과의 접촉 감소로 인해 최근 악화했다.[30] 슬프게도 어떤 곳에서는 아이들이 흙에서 노는 것이 더 이상 안전하지 않다. 어떤 중금속이나 독성 화학물질이 숨어 있을지 알 수 없기 때문이다. 과학자들은 더러워지는 것이 인간의 장내 마이크로바이옴의 진화에 필수적이며, 인간이 번성하는 데도 필요하다고 믿는다.

흙에는 유익한 미생물을 개선해주는 미생물들이 있다. 하지만 인간은 실내에서 그리고 화면 앞에서 너무 많은 시간을 보내면서 토양에 자주 노출되지 못했다. 이는 미생물의 다양성을 낮추고 인간의 건강을 해친다. 물론 토양 마이크로바이옴도 농약 노출로 시름하고 있다. 인체에서 마이크로바이옴이 감소하면 장점막 방어벽을 통과하는 영양소 흡수가 저해되듯, 토양 마이크로바이옴의 다양성이 약화하면 식물의 영양소 흡수 감소로 이어진다.

우리는 아이들이 지렁이를 채집하고 진흙 웅덩이에 들어가며 밖에서 노는 즐거움을 누리게 해야 한다. 어른 역시 옷이 더러워지고 맨발로 걷게 하고 자연에서 시간 보내는 것을 허락하며 야외를 즐겨야 한다. 장 속을 다양한 종으로 풍성해지게 하고 건강을 향상하는 미생물에 스스로를 노출해야 한다.

다시
땅을 딛자

좋은 그라운딩(신체적·정신적 건강이 향상되도록 땅과 몸으로 직접 접촉하는 활동-옮긴이)은 몸에 음전하를 쉽게 공급할 수 있는 또 다른 방법이다. 이는 혈액 순환이 원활해지도록 돕고 안정된 내부 생체 전기 환경을 만들어준다.

그라운딩은 열광적인 히피 이웃의 전유물이 아니다. 여러 연구에 따르면 그라운딩 또는 접지가 만성 스트레스, 염증, 수면 장애, 심혈관 질환, 혈액의 과응고 증상 등을 완화할 수 있다.[31] 지구는 음전하를 띤 거대한 공이다. 우리가 맨발로 땅을 걸으면 전자들이 자유롭게 몸속으로 이동한다. 화창한 날 백사장의 얕은 물속을 맨발로 걸으면 특히 좋다. 바다 공기에는 유황이 풍부하고, 물은 전도성이 뛰어나 그라운딩 효과를 높인다. 우리가 해변에서 더 차분하고, 더 평화롭고, 더 기민해지는 이유가 거기에 있다.

전자기장을
피해야 하는 이유

인간이 만든 전자기장EMFs에 대한 노출은 그동안 엄청나게 증가해왔다. 우리는 전기기구, 스마트폰, 조명, 텔레비전, 전력선으로부터 전하 폭격을 당하고 있으며, 여러 혼합된 전자기장에 노출되어 있다. 전자기장 노출은 현재 아이패드와 스마트폰을 무릎 위에 올려놓고 몇 시간을 보내는 자녀를 둔 부모 사이에서 큰 걱정거리로 떠올랐다.

인간은 현재 전기로 작동되는 많은 장치를 온종일 사용한다. 이러한 장치는 주변 공기에 비자연적인 전자기장을 생성한다. 전기를 사용하는 모든 장치 주위에 전자기장이 만들어진다. 탁상 등은 켜지지 않은 상태에서도 주변에 전자기장을 생성한다(자기장은 전류가 흐를 때만 생성되므로 일단 등이 켜져야 한다). 송전선에 고전압이 적용되며 강력한 전기 신호를 일으킨다. 그 사이로 흐르는 전류(그리고 그에 따른 자기장 강도)는 전력 소비에 따라 다르다.

휴대전화는 활발히 쓰이지 않을 때도 꽤 강한 전자기장을 생성한다. 개별 주파수 분포는 기기마다 다르며, 이러한 기기에 장기간 노출되었을 때의 건강상 해악을 밝히고자 수행된 연구는 불충분하다. 이런 비자연적인 주파수 방해는 수면을 방해할지도 모른다. 밤에는 전화기, 태블릿, 컴퓨터의 인터넷 접근을 끄는 것이 제일 낫다.

인간은 스스로의 생각과 달리 전기적이다. 매초 인체에서는 수천 가지의 생화학 반응이 일반적으로 일어나고 있다. 신경세포는 전기

자극을 통해 신호를 전달하고, 심장은 전기적으로 활동하며, 소화는 대전입자의 재배열을 통한 생화학적 반응에 기초한다. 모두 살아 있음의 일부다. 하지만 인간이 만든 전자기장은 인간의 생리에 위험할 수 있다.

워싱턴주립대학교의 생화학 및 기초의학 명예 교수인 마틴 폴 Martin Pall은 화학물질 과민증과 만성 피로 증후군의 전문가다. 25년 이상의 연구 끝에, 폴은 전자기장에 과도하게 노출되면 신경계와 내분비계, 심지어 DNA까지 해칠 수 있음을 증명했다. 그의 연구에 따르면 전자기장이 전압 의존성 칼슘 통로를 작동시키고 신경세포로 칼슘 흡수를 유도하는데, 이는 신경독성으로 이어진다.[32] 앞에서 살펴본 바와 같이 글리포세이트는 효과가 비슷해서 전자기장과 시너지 독성을 낼 수 있다.

우리는 전기 자극의 공습을 막을 수 없다. 하지만 노출을 줄이기 위해 몇몇 간단한 조치를 취할 수 있다. 직장에서 이더넷 케이블을 사용하고 필요 없을 때는 컴퓨터나 노트북의 와이파이를 끄는 습관을 들이자. 잠자리에 들기 전에는 전화를 항상 비행기 모드로 돌리자. 자녀가 침실 밖에서 전자 장치와 도킹하게 하자. 전기기구도 사용하지 않을 때는 플러그를 뽑자. 부엌의 전자레인지 역시 전자기장의 공급원이므로 작동시킨 후에 재빨리 멀어지자. 남은 음식을 데울 때는 가스레인지나 오븐토스터기를 사용하는 편이 훨씬 낫다.

글리포세이트를
잘 떨쳐버리려면

"내 몸에서 글리포세이트를 없애려면 무엇을 해야 하나요?" 내가 끊임없이 받는 질문이다. 나는 많은 젊은이와 젊은 가족이 피할 수 있는 건강 문제를 겪고 있다는 사실이 안타깝다. 그리고 이 제초제가 45년 동안 팔리며, 우리가 인간, 동물, 생태계에 독성이 없다고 속아온 것에 분노한다. 나는 우리가 우리 자신의 건강을 관리하기 위해 많은 일을 할 수 있다고 믿는다.

내가 우선시하는 것들을 방금 열거했다. 하지만 글리포세이트는 만연해 있고 완전히 피하기란 거의 불가능에 가깝다. 글리포세이트는 금지되어야 한다. 재생 농업 관행에 대한 세계적인 약속이 필요하다. 그리고 근시안적이고 탐욕스러운 관행으로 피해를 입은 땅, 생태계, 생물체들을 돌보고 육성해야 한다. 나는 이렇게 될 수 있으리라는 것을 안다. 한 이야기로 시작해보자.

게이브 브라운Gabe Brown은 농사 10년 차에 수년 동안 밀, 귀리, 보리를 재래적으로 재배해온 약 20제곱킬로미터의 가족 농장에서 장인과 함께 일하기 시작했다. 몇 년 후 브라운과 그의 아내는 부모에게서 농장의 3분의 1을 사들였다. 그 후 4년 동안 연달아 주로 가뭄이 닥치면서 수확량이 기대에 못 미쳤다. 파산 직전에 게이브는 제초제, 비료, 살충제 사용을 줄였다. 그리고 상품작물 밭에 소를 방목하기 시작했다. 잡초가 무성해졌다.

그때 예상치 못했던 일이 일어났다. 지렁이, 사마귀, 무당벌레들이 서서히 돌아왔다. 벌은 꽃이 피는 잡초 주위를 이리저리 날아다니며 빨대 같은 주둥이를 꽃꿀에 담갔다가 암술머리와 수술에 바른 다음, 꽃이 피는 또 다른 잡초에 꽃가루 일부를 문질렀다. 곤충이 많아지자 새들도 돌아왔다.

이렇게 게이브 브라운은 재생 농업의 효과를 발견했다. 그는 비수기에 토양을 복구하고 잡초가 최소한으로 늘어나도록 여러 종의 피복작물과 함께 화학물질이 없는 무경운 농법을 시작했다. 노스다코타주의 비즈마크에 있는 게이브의 농장은 이제 방목한 소고기, 양고기, 닭고기와 함께 다양한 상품작물과 피복작물을 유익하게 생산하며 소비자에게 직접 판매한다.

오염된 토양은 건강한 식물을 생산할 수 없다. 어떤 환경에서는 글리포세이트가 토양에서 빠르게 분해되어 도포 후 2주 이내에 대부분 사라진다. 하지만 특정 토양에서는 라운드업과 다른 글리포세이트 제제가 훨씬 더 오래 지속된다. 실제로 글리포세이트와 다른 농약 및 제초제들은 수년 동안 생난분해성일 수 있다. 영양분을 잘 유지하고 과잉된 물을 잘 빠지게 해서 정원용과 농업용으로 즐겨 찾는 사양토에서 글리포세이트는 최소 4개월 동안 지속될 것이다.[33]

어떻게 해야 잘 떨쳐버릴 수 있을까? 일단 지구를 글리포세이트로 오염시키는 것을 바라지 않음을 깨달았다면, 글리포세이트를 어떻게 제거해야 할까? 과학자들이 답을 찾고 있는 질문이다. 글리포세이트 정화에 대한 새로운 접근법을 찾기는 쉽지 않다. 시험되는 방법에는 전기화학적 산화, 광촉매 분해, 가수분해, 미생물 분해 등이 있다. 또한 카올리나이트, 일라이트, 벤토나이트 점토 같은 토양의 복합 분자를 이용하여 그 음전하로 글리포세이트를 포획하고 미생물 효소가 글리포세이트를 쉽게 생분해하도록 하는 흡착 방법도 있다.[34]

글리포세이트를
분해하는 세균의 능력

미생물 분해, 즉 세균의 힘을 이용하는 것이 글리포세이트 정화에 가장 유망한 선택일지도 모른다. 세균의 적응력은 놀랍고도 경이적이며, 글리포세이트에서 인, 탄소, 질소를 얻어 사용할 수 있는 소수의 미생물이 있다.[35]

긴초나 풀에 사는 균이라고도 알려진 고초균은 토양뿐 아니라 젖소와 다른 반추동물의 내장에서 발견되는 막대 모양 세균이다. 고초균은 매우 높은 농도의 글리포세이트에서도 살아남을 뿐더러 글리포세이트를 처리할 수도 있다. 최적의 발효 조건에서 고초균은 심지어 고농도의 환경에서도 글리포세이트를 65퍼센트 분해할 수 있다.[36] 고초균이 글리포세이트를 분해하는 비결은, 고초균에 글리포세이트 속 메틸포스포닐 유닛의 독특한 탄소-인 결합을 끊을 수 있는 탄소-인 리아제 효소의 동형 단백질이 있어서다. 고초균처럼 특화된 세균은 고도로 오염된 토양의 바이오 정화를 위한 유망한 방안을 제공한다.

　나이지리아 동부의 논에서 채취한 토양 표본에서 배양균을 키웠던 연구에서는 글리포세이트에서 인을 공급받아 자랄 수 있었던 두 미생물, 슈도모나스 플루오레스센스*Pseudomonas fluorescens*와 *아세토박터속Acetobacter*의 구성원들을 분리하는 데 성공했다.[37] 이 세균들은 글리포세이트를 완전히 생분해할 수 있다. 발효 음식에 존재하는 아세토박터 종도 글리포세이트를 분해할 수 있는지는 아직 확실치 않다. 만약 사실이라면 발효 음식 섭취에 대한 주장이 더욱 설득력을 얻을 것이다.

퇴비의
마술

퇴비화는 음식물 쓰레기와 덤불 같은 유기물질을 영양분이 풍부한 토양으로 바꾸는 놀라운 과정이다. 퇴비화는 세균을 이용하여 부패 과정을 가속한다. 퇴비 더미를 쌓을 때 아주 중요한 것은 주목할 만한 특성을 가진 복합 생체분자인 부식산과 풀브산이다. 유기물질이 분해되는 동안 미생물이 만든 부식산과 풀브산은 광감작제로 작용하기도 한다. 또한 물을 유지하고, 점토에 결합하고, 식물 생장을 촉진하며, 오염 물질을 중화할 수 있다.[38] 토양에 부식산과 풀브산이 풍부하면 토양에서 글리포세이트를 제거하여 식물로 흡수되지 못하게

도울 수 있다.

인간 역시 글리포세이트 해독에서 부식산과 풀브산의 혜택을 얻을 수 있다. 실제로 현재 보충제 형태로 장려된다.[39] 이 분자들은 글리포세이트와 이온 결합한 다음 배설물을 통해 몸 밖으로 내보내진다고 여겨진다. 일부 기능 의학 전문의는 글리포세이트 제거에 도움이 되도록 환자에게 부식산과 풀브산을 권한다.

보툴린 독소는 생물학에 알려진 맹독성 물질 중 하나로 아세틸콜린 수용체를 교란하여 마비를 일으킨다. 보툴린 독소는 병원균 *보툴리누스균*Clostridium botulinum으로 인해 생성된다. 덴마크의 젖소들이 겪는 만성적인 *보툴리누스균* 중독은 아마도 글리포세이트 독성이 독소를 대사할 수 있는 미생물들을 죽여서 일어난 것으로 보인다.[40] 2014년에 발표된 한 연구에서 소에 목탄, 양배추 즙액, 부식산을 먹이자 소변의 글리포세이트 수치와 *보툴리누스균* 항체가 줄어들었다.[41] 같은 해에 발표된 또 다른 연구에서는 부식산이 생체 이용률을 낮춰서 글리포세이트가 유익균에 미치는 치명적인 효과를 억제한다고 드러났다.[42]

나무를 분해하는 진균은 보통 분해에 내성이 있는 나무에서 셀룰로스나 리그닌 같은 복합 생체분자를 분해할 수 있다. 진균은 분해를 위해 강력하고 일반적인 능력을 가진 효소를 사용한다. 이러한 효소는 글리포세이트를 포함한 많은 합성 화학물질을 제거하는 데 이롭다고 밝혀졌다.[43] 예를 들어 라카아제, 페놀 산화효소, 과산화효소가 있다. 이러한 효소는 기질을 반응성이 높은 중간대사물로 산화한 다

음 리그닌이나 제초제를 분해하여 작용한다.[44]

부식산은 진균 때문에 생산된 이 강력한 효소들을 포함할 수도 있다. 이탈리아의 과학자들이 부식산과 관련하여 흔히 발견되는 효소 네 가지, 즉 망간 과산화효소, 라카아제, 리그닌과산화효소, 겨자무과산화효소를 연구했다. 연구 결과 망간 과산화효소가 글리포세이트를 아미노메틸포스폰산AMPA으로 변형하기에 가장 효과적이었다.

망간 과산화효소는 촉매로 황산망간이 필요하다. 그런데 글리포세이트가 망간을 킬레이트화하여 이용할 수 없게 되면 문제가 생길 수 있다. 이는 부식산과 함께 망간 보충제가 필요하다는 것을 암시한다. 라카아제 역시 망간 과산화효소에 비해 효율성은 떨어지지만 글리포세이트를 분해할 수 있었다.[45] 장내 미생물이 제공하는 다른 효소로 독성을 가진 AMPA를 처리할 수도 있다.

농약 폐기물 처리에도
전략이 필요하다

또 다른 흥미로운 회복 전략은 약 20년 전 스웨덴에서 개발되었다. 현재 유럽의 많은 국가와 캐나다, 중남미의 농장에서 농약 폐기물을 안전하게 처리하는 방법으로 쓰이고 있다.[46]

이 전략에는 '바이오베드biobed'가 포함된다. 바이오베드는 바닥에 불투과성 점토층을 둔 깊은 땅 구덩이로, 그 위에 짚, 토탄, 토양이 섞인 상태에서 풀로 덮여 있다. 바이오베드는 적절한 영양을 제공하여 농약 분해 능력이 있는 세균과 진균의 미생물을 지원한다. 설치도 간단하고 환경 오염물질의 분해도 가속할 수 있다.

주택 소유자가 차고나 지하실에 보관한 라운드업을 없애면 심각한 문제가 일어날 수 있다. 하수구에 쏟아버리면 재앙이 될 것이고, 쓰레기로 버려서도 안 된다. 시 공무원이나 폐기물 관리 부서에 연락해서 어디에 갖다 놓을 수 있는지 물어보자. 일부 지역에서는 유해 폐기물 처리일이 정기적으로 정해져 있고, 대개 지역 폐기물 집하장에서 처리한다.

폐기물 관리 시설에서는 폐기물을 처리할 때 보통 소각하거나 메탄 같은 기체와 다른 사용 가능한 형태의 에너지를 회수할 수 있는 산업용 용광로를 사용한다. 아니면 유독성 폐기물을 매립지에 묻는 방법도 있다. 글리포세이트가 그러한 처리 과정들을 통해 완전히 분해되는지, 또 분해에 얼마나 걸리는지는 명확하지 않다.

물속 글리포세이트를 제거하는 몇 가지 방법

검출 가능한 양의 글리포세이트를 안전하다고 여겨서는 안 된다. 그러나 미국은 현재 수돗물 1리터당 700마이크로그램의 글리포세이트를 허용한다.[47] 유럽연합은 훨씬 더 엄격하다.

이러한 제한은 유럽 연구자들이 오염된 물에서 글리포세이트를 제거하는 다양한 방법의 효율성을 연구하는 계기가 되었다. 탄소 필터는 글리포세이트 크기가 아주 작아서 비효율적이다. 불행하게도, 한 연구에 따르면 탄소 필터는 물이 증류되었을 때만 식수의 글리포세이트를 효과적으로 제거할 수 있었다. 오하이오강에서 채취한 물에는 글리포세이트와 결합해 그 여과를 방해하는 유기물질이 포함되어 있었다.[48]

세균 증식을 억제하기 위해 도시 용수 처리에 자주 사용되는 방법인 염소와 오존은 고도로 산화하는 분자로 글리포세이트 분해에도 뛰어나다.[49] 나는 이것이 공공 식수의 글리포세이트 노출을 줄인다고 믿는다. 물의 부유물을 제거하기 위해 백반을 넣는 것과 같은 다른 관행은 글리포세이트 제거에 효과적이지 않다. 자외선만으로 물을 처리하는 것 역시 비효율적이지만, 과산화수소를 함께 쓰면 잘 작용할 수 있다.

이산화염소는 세균, 진균, 바이러스를 죽일 수 있는 소독약이다. 글리포세이트에 대한 효과가 가변적이기는 하지만 적절한 조건에서는 글리포세이트를 분해할 수 있다. 염소보다 독성이 덜한 덕분에 이산화염소는 때때로 정수 처리장에서 염소 대신 사용된다. 하지만 이 경우 글리포세이트를 적절하게 제거하지 못할 위험이 있다.

나와 가족 그리고 지구의 건강을 향상할 수 있는 방식으로 습관을 바꾸기에 절대 늦지 않았다. 다이앤과 리처드의 이야기를 소개하겠다. 다이앤은 70대를 훌쩍 넘겼을 때 인생의 사랑을 만났다. 극장에서 나오다가 바로 앞에 있던 한 남성에게 눈길이 갔다. 그가 돌아보며 미소를 지었다. 두 사람은 이야기를 나누기 시작했다. 물론 그는 밝은 눈과 매혹적인 미소를 가지고 있었지만, 그녀는 별로 매력을 느끼지 못했다. 그럼에도 그에게는 다이앤이 정말 좋아하는 무언가가 있었다. 그래서 리처드가 커피를 마시자고 했을 때, 그녀는 선뜻 동의했다. 그렇게 둘의 로맨스는 시작되었다.

번번이 이혼으로 끝났던 두 번의 결혼 후에 다이앤은 처음으로 사랑을 발견하고 있다. 두 사람의 관계는 공동의 가치관, 동일한 주요 명분에 대한 열정, 서로에 대한 순수한 즐거움에 바탕을 두고 있다. 다이앤은 오랜 시간 느꼈던 것보다 성적으로, 감정적으로, 영적으로 더 깨어 있다고 느낀다.

다이앤과 리처드의 황혼의 정열을 소개하는 것은 두 가지 이유에서다. 첫째는 인생에서 무언가를 바라고, 새로운 생각에 새로 눈(과 마음)을 뜨고, 사고방식을 바꾸는 데 절대 너무 늦지 않다는 것이다. 둘째는 리처드는 사랑스러운 자질을 지녔지만 나쁜 습관이 있었다는 것이다. 그는 매일 다이어트 펩시를 마시고 또 마셨다. 두 사람이 함께 살기로 했을 때 다이앤은 그에게 탄산음료를 그만 마셔야 한다고 말했다. 와이오밍의 소년, 리처드는 그 습관을 깨기 힘들다는 것을 알았지만 결국 해냈다! 이제 그는 녹차와 레몬이나 라임을 넣은 물을 마신다. 1년 넘게 다이어트 펩시를 마시지 않았다.

당연히 어떤 질병이든 그전에 예방하는 것이 가장 좋은 치료법이다. 물론 텃밭에서 식량을 키우고, 가공된 정크푸드를 멀리하며, 평생 유기농을 먹어왔다면 더 좋았을 것이다. 당연히 DDT, 글리포세이트, 납, 알루미늄, 기타 독성 화학물질에 노출되지 않았다면 더 좋았을 것이다. 하지만 평생 관습적으로 먹고 건강을 무시해왔다 하더라도 절망하지 말자. 지구처럼 우리 몸은 지지해줄 때 치유되는 경향이 있다. 새로 시작하기에 결코 늦지 않았다.

감사의 글

글리포세이트와 건강과 질병에 관한 생물학적 과정을 이해하려는 나의 탐구에 도움을 준 사람을 모두 열거할 수는 없다. 무엇보다도, 나에게 글리포세이트를 소개해준 돈 후버 박사에게 감사한다.

2013년 9월 인디애나폴리스에서 우연히 그 강의를 듣지 못했다면 이 책은 존재하지 않았을지도 모른다.

그 직후, 조지프 머콜라Joseph Mercola는 나에게 은퇴한 독성학자이자 화학자이며 글리포세이트가 예상보다 훨씬 유독하다는 것을 이미 간파했던 앤서니 삼셀을 소개해주었다. 앤서니와 나는 몇 년 동안 협력하며 글리포세이트에 관한 공동 논문을 여섯 편 발표했고, 그는 글리포세이트가 단백질 합성 과정에서 글리신을 치환할 수 있다는 생각을 처음 알려주었다. 머콜라 박사 역시 좋은 친구이자 수년 동안 내 연구의 훌륭한 후원자였다.

낸시 스완슨은 자폐증 외에도 많은 현대병이 오늘날 핵심 작물에 대한 글리포세이트 사용량의 급격한 증가에 맞춰 가파르게 늘어나고 있음을 처음 깨닫게 해주었다. 그와도 여러 편의 논문에서 협력했고, 몬태나주의 야생동물 전문가 주디 호이Judy Hoy가 합류하여 인간의 질병 증가와 독성 농약에 노출된 야생동물이 겪는 곤경을 관련짓는 것을 도왔다.

또한 로버트 데이비드슨Robert Davidson, 앤 라우리첸Ann Lauritzen, 글린 웨인라이트Glyn Wainwright, 로리 렌츠 마리노Laurie Lentz-Marino와는 공동 논문 몇 편을 발표했다. 이 과정에서 혈관내피세포의 산화질소 합성효소가 황과 산화질소 사이에서 전자기 신호에 기초해 어떻게 전환되고 두 가지를 겸업하는 효소로 기능할 수 있는지 상세히 연구했다.

제럴드 폴락은 테드엑스TEDx 강연을 비롯해 초청 발표회에서 인체 전기 체계에서 황산의 역할에 관한 내 메시지를 홍보하는 데 도움을 주었다. 그는 '물의 네 번째 상'이라는 용어를 만들고, 물 생물리학의 깊은 개념을 대중화하고자 많은 일을 해오고 있다. 또한 나는 매완호MaeWan Ho과 마틴 미치너Martin Michener 덕분에 이 분야의 지식을 쌓는 데 도움을 얻을 수 있었다. 포유류의 생리 작용에서 콜레스테롤의 중요성을 깨닫게 해준 글린 웨인라이트에게도 고맙다. 웨인라이트와 나는 인간의 생리에서 간과되고 있는 황산 콜레스테롤의 역할에 열중해 있다.

2014년 중국 베이징에서 열린 유전자 변형 식품과 화학 기반 농업의 위험성에 관한 세미나에 나를 초대한 첸이완Chen Yi Wan에 감사한다. 그곳에서 우리가 직면한 문제를 널리 알리고 농업 관행을 좀 더 유기적이고 지속 가능한 접근으로 바꾸기 위해 노력하는 열정적인 리더를 많이 만났다. 시우린 구Xiulin Gu, 반다나 시바Vandana Shiva, 젠 허니컷Zen Honeycutt, 밥 스트레이트Bob Streit, 하워드 블리거Howard Vlieger, 모니카 크루거Monika Kruger, 주디 카맨Judy Carman 등이 그에 속한다.

웨스턴 A. 프라이스 재단의 설립자인 샐리 팰런 모렐과 연간 오티즘원AutismOne 컨퍼런스를 조직한 테리 아란가Teri Arranga는 관심사가 같은 사람들에게 내 생각을 발표할 수 있는 기회를 주었다. 또한 샐리는 건강한 식단 구성에 관해 내가 견해를 형성하는 데 도움을 주었다.

나에게 큰 영향을 미쳤고 글리포세이트 노출로부터 치유하는 방법을 가르쳐준 의료 종사자도 많이 만났다. 케리 리베라Kerri Rivera는 감탄할 만큼 전 세계 수천 명의 자폐아를 성공적으로 치료하고 있다. 나처럼 지식을 갈망했던 데트 애벌론Dette Avalon과 그레고리 나이와는 저널 기사를 함께 썼다. 요아힘 게를라흐Joachim Gerlach 또한 다양한 영양제의 이점에 관한 방대한 문헌을 접하게 해주었다.

내 삶에 영향을 주고 내 생각을 구체화할 수 있도록 도움을 준 많은 사람 중에 몇 사람을 소개하겠다. 제임스 비첨James Beecham, 데이비드 다이아몬드David Diamond, 스티브 켓Steve Kette, 샨홍 루Shanhong Lu, 토니 미트라Tony Mitra, 로라 올랜도Laura Orlando, 주디 미코비츠Judy

Mikovits, 뤼크 몽타니에Luc Montagnier, 웬디 몰리Wendy Morley, 우페 라븐스코프Uffe Ravnskov 등이다. 또한 하수 관리의 복잡성을 가르쳐준 로라 올랜도와 스리랑카의 젊은 농업 종사자들의 신부전 위기를 알려준 사라스 구나틸라케Sarath Gunatilake에게 특히 감사의 마음을 전한다.

초고를 꼼꼼히 읽고 중요한 수정 사항을 제안한 대니얼 잉거솔Daniel Ingersoll과 마틴 미치너, 그리고 과학적인 사실을 꼼꼼하게 교정하여 장관 부분의 정확성을 높여준 베서니 헨릭Bethany Henrick에게 고맙다. 발행인 마고 볼드윈Margo Baldwin, 제작 책임자 퍼트리샤 스톤Patricia Stone, 아름다운 표지를 만들어준 디자인팀, 담당 교정자 다이앤 듀렛Diane Durrett을 비롯해 첼시 그린 출판사Chelsea Green Publishing와 함께 일하게 되어 기뻤다. 숙련된 편집과 출판에 관한 지성으로 이 책을 탁월한 수준으로 끌어올린 편집 부국장 브리앤 굿스피드Brianne Goodspeed에게 특히 감사한다.

콴타 컴퓨터Quanta Computer Inc.의 회장이자 설립자인 배리 램Barry Lam과 최고 기술 경영자인 테드 창Ted Chang에게도 매우 감사한다. 2005년부터 콴타 컴퓨터는 내 연구의 주요 후원자였다. 수년간 연구 주제가 자연 언어 프로세싱과 대화 시스템에서 인간의 건강과 환경 독성으로 바뀌어왔다. 그럼에도 꾸준히 나를 믿고 굳게 지지해준 그들에게 느끼는 고마움은 아무리 강조해도 지나치지 않다.

제니퍼 마굴리스Jennifer Margulis 박사는 수백 시간을 할애해 훨씬 더 많은 독자가 이 책을 접할 수 있도록 초고 재작업을 도왔다. 어려운 작업에도 헌신하고 전념해줘서 고맙다. 생각하는 엄마들의 혁명

Thinking Moms' Revolution의 창립자 중 한 명인 조이 오툴Zoey O'Toole, 릭 키르쉬너Rick Kirschner 박사, 린디어 키르쉬너Lindea Kirschner, 애나 후퍼맨스Anna Houppermans, 앤드루 사바티니Andrew Sabatini, 피터 보켄테인Peter Bockenthein, 다이앤 새니Diane Sanny, 리처드 울리히Richard Ulrich, 윌리엄 파커, 제임스 디프로페르지오James di Properzio도 도움을 주었다. 이들에게 감사를 전한다.

마지막으로 인간과 지구의 건강에 심취한 나를 품위와 이해심으로서 기꺼이 받아준 남편 빅터 주Victor Zue에게 고맙다. 지난 몇 년 동안 남편은 내가 이 프로젝트에 시간을 최대한 활용할 수 있도록 나를 돌봐주고 집안 살림을 세심하게 살폈다. 그리고 유기농 인증 식품으로 건강에 좋고 맛있는 음식들을 요리해 나에게 영양분을 충분히 공급해주었다.

그 누구보다 많은 사랑과 지지를 보내준 남편에게 감사를 전한다.

표 A. 1. 주요 아미노산 20개와 화학적 성질

한 글자 부호	세 글자 부호	이름	화학적 성질
A	Ala	알라닌	소수성
C	Cys	시스테인	극성
D	Asp	아스파르트산	산성
E	Glu	글루탐산	산성
F	Phe	페닐알라닌	소수성
G	Gly	글리신	소수성
H	His	히스티딘	극성
I	Ile	이소류신	소수성
K	Lys	리신	염기성
L	Leu	류신	소수성
M	Met	메티오닌	양극성
N	Asn	아스파라긴	극성
P	Pro	프롤린	소수성
Q	Gln	글루타민	극성
R	Arg	아르기닌	염기성
S	Ser	세린	극성
T	Thr	트레오닌	극성
V	Val	발린	소수성
W	Trp	트립토판	양극성
Y	Tyr	티로신	양극성

표 A. 2. 글리포세이트 노출에 반응하여 대장균에서 상향 조절되는 ATP 결합 관련 단백질

단백질	접힘 증가
수송계의 ATP 결합 성분 추정 단백질	2.02
D, D-디펩티드 투과효소계, ATP 결합 성분	2.83
니켈 수송계의 ATP 결합 단백질	2.24
글리신, 베타인, 프롤린 수송계의 ATP 결합 성분	12.96
ABC 상과(上科)의 융합된 D-알로스 수송체 서브 유닛, ATP 결합 성분	2.03
말토스 수송계의 ATP 결합 성분	2.38
추정 ATP 결합 당수송체	2.10
당수송체의 ATP 혈합 성분 추정 단백질	3.04
수송계의 ATP 결합 성분 추정 단백질	2.31
수송계의 ATP 결합 성분 추정 단백질	2.30

유의: 오른쪽 열의 숫자는 단백질 발현에서 접힘 증가를 나타낸다. 자세한 내용은 다음 논문 참조.
W. Lu 외. "Genome-Wide Transcriptional Responses of *Escherichia coli* to Glyphosate, a Potent Inhibitor of the Shikimate Pathway Enzyme 5-Enolpyruvylshikimate-3-Phosphate Synthase," *Molecular Biosystems* 9, no. 3 (2013): 522-30, https://doi.org/10.1039/ sdf c2mb25374g

표 A. 3. 인산염 함유 분자와 결합하는 글리포세이트 치환을 포함한다고 밝혀진 단백질 아홉 가지

서열	단백질 이름	인산 결합
AIRQTSELTLG*K	징크핑거 단백질 624	DNA
DG*QDRPLTKINSVK	플렉스트린 상동 영역 함유 A족 구성원 5	포스파티딜이노시톨 인산
EPVASLEQEEQG*K	이중 호메오박스 단백질 A	DNA
G*ELVMQYK	디아실글리세롤 키나아제 감마	ATP
GKELSG*LG*SALK	매우 긴 사슬 특이적 아실-CoA 탈수소효소 미토콘드리아	FAD
KDGLG*GDK	G-단백질 공역 수용체 158	GTP
NEKYLG*FGTPSNLGK	ATP-의존 Clp, 프로테아제 ATP-결합 서브 유닛	ATP
RTVCAKSIFELWG *HGQSPEELYSSLK	RNA(구아닌(10)-N2)-메틸전이효소 동족체	tRNA
VTG*QLSVINSK	단백질 O-만노실-전이효소 2	돌리킬 인산

유의: G*은 펩티드 서열에서 글리포세이트 치환을 나타낸다.

표 A. 4. 황산헤파란을 신호 전달 기전의 중대한 부분으로 결합해 세포의 찌꺼기 제거를 촉진하는 중요 단백질

	단백질	생물학적 역할
1	항트롬빈	전신 항응고
2	t-플라스미노겐 활성인자	혈전 용해
3	섬유 아세포 성장 인자	유사분열 자극(세포분열)
4	인터류킨과 셀렉틴	염증
5	아포E	제거
6	피브로넥틴	세포 부착
7	라미닌	세포 부착
8	V형 콜라겐	세포 부착
9	트롬보스폰딘	세포 부착, 성장

다음 출처의 표 29.1을 편집해 사용:
J. D. Esko, "Glycosaminoglycan-Binding Proteins," in *Essentials of Glycobiology*, A. Varki 외 편집. (Cold Spring Harbor, NY: Cold Spring Harbor Laboratory Press, 1999)

단체 및 회의

- **웨스턴 A. 프라이스 재단**: 영양이 풍부한 전통 음식 섭취를 장려하는 비영리 단체. 유익한 계간지를 발행하고, 매년 컨퍼런스를 주최하며, 먹이사슬에서 독소와 독성 화학물질의 해로운 영향에 대한 인식을 높이고 있다. www.westonaprice.org

- **국제 기능 의학회**The Institute for Functional Medicine: 기능 의학은 질병의 근본 원인을 고심하고, 기능 의학자들은 특정 질병에 특정 약을 처방하는 데 그치지 않고 환자를 온전히 치료하려고 한다. 기능 의학 전문의는 종종 과학적 혁신의 선두에 서서 환자가 건강 증진에 나설 수 있도록 돕는다. www.ifm.org

- **지속 가능한 농업 회의**Sustainable Agriculture Conference: 농부 중심의 회원제 비영리 단체인 캐롤라이나 농장관리협회Carolina Farm Stewardship Association에서 35년 넘게 매년 개최한 컨퍼런스다. 가족 농업, 지역 농업, 유기농 식품 실무에 관심이 있는 사람들에게 실용적이면서도 철학적인 교육을 제공한다. www.carolinafarmstewards.org/sac

- **미국 전역의 엄마들**: 세 아이의 엄마인 젠 허니컷이 건강한 식사 및 지역사회에 대해 엄마들을 교육하고 자율권을 주고자 설립한 활동 단체. 웹사이트에는 글리포세이트, 해독 작용, 음식 바로잡기 운동에 적극적으로 참여하는 방법 등 유용한 정보가 실려 있다. www.momsacrossamerica.com

- **에코팜 회의**EcoFarm Conference: 안전, 건강, 공정, 생태 방면으로 지속 가능한 식품 체계의 육성을 목표로 하는 생태 농업 협회 에코팜이 후원하는 연례 컨퍼런스. 1981년에 설립되어 여전히 활발히 활동하는 이 놀라운 비영리 단체는 동맹을 구축하고, 지역사회 행사를 조성하며, 건강한 식사와 건강한 지구를 찬양한다. eco-farm.org

- **공익 네트워크**: 글리포세이트 금지 운동을 시작한 사회 변화 단체로, 전국적인 규모로

지구의 공기, 음식, 물을 더 안전하게 만들기 위해 노력한다. publicinterestnetwork.org

- **독이 없는 미래**Toxic-Free Future: 과학을 선도하는 이 비영리 단체는 인간과 지구의 건강 개선을 목적으로 더욱 안전한 제품과 화학제품, 관행을 위해 싸운다. 웹사이트에는 우려되는 21가지 화학물질에 관한 유용한 기초 정보와 과학 기사가 있다. toxicfreefuture.org

- **어린이 건강 수비대**Children's Health Defense: 환경운동가이자 건강 옹호자 로버트 케네디 주니어가 설립한 단체로, 어린이들을 독성 노출로부터 보호하기 위한 운동의 선두에 서 있다. 백신 안전, 의료 자유, 정부의 투명성을 위해 싸운다. childrenshealthdefense.org

- **오티즘원**: 부모 중심의 비영리 단체로서 자폐증 환자의 가족을 후원한다. 매년 컨퍼런스에는 자폐증 예방과 회복을 위해 최첨단 치료를 하는 의사, 연구자, 건강 전문가들이 참여한다. www.autismone.org

- **환경 워킹 그룹**Environmental Working Group: 내가 가장 좋아하는 단체 중 하나다. 이 비영리 단체는 연구와 교육을 공유하고 소비자가 더 나은 선택과 초당적 시민 행동을 하도록 유도하여 더 오래, 더 건강하게 살 수 있게 한다. 모든 것(인간의 건강과 환경)이 연결되어 있다는 모토를 가지고 있다. 웹사이트에는 식수의 오염 물질에서부터 환경 속 영구 생난분해성 화학물질에 이르기까지 풍부한 정보를 담고 있다. www.ewg.org

- **국제 환경적 후천 질환 협회**International Society for Environmentally Acquired Illness: 만성질환의 환경적 원인에 대한 인식을 높여 환자의 건강 회복을 도우려는 국제 비영리 의학 협회다. 의사가 아니더라도 가입할 수 있으며, 그들의 '원 피플, 원 헬스, 원 플래닛One People, One Health, One Planet' 컨퍼런스는 매우 유익하다. iseai.org

- **환경 보건 심포지엄**Environmental Health Symposium: 농약, 제초제, 전자기장, 유전자 변형 기술 등 환경 독소가 인간의 건강에 어떤 영향을 미치는지 강조하는 연례 컨퍼런스. 의사를 대상으로 하지만 대중에도 공개된다. www.environmentalhealthsymposium.com

- **뉴트리제닉 연구소**NutriGenic Research Institute: 영양을 연구하고 후생유전 인자들이 인간의 건강에 어떤 역할을 하는지, 환경이 후생유전과 어떻게 상호작용하는지 연구하는 연구기관. 웹사이트는 DNA 검사, 미토콘드리아 장애, 단일 염기 다형성이 건강에 어떤 영향을 미칠 수 있는지 배우기 좋은 장소다. www.nutrigeneticresearch.org

- **유기농 소비자 협회**Organic Consumers Association: 풀뿌리 비영리 공익 단체로서 안전하고 건강한 식품에 대한 소비자의 권리를 보호하고 옹호하기 위해 일한다. 재생 농업, 기업의 책임, 유기농 및 가족 농업을 지지한다. 웹사이트에서 지역 농부들에 대한 유용한 정

보와 유기농 식품 구매처를 찾을 수 있다. 이 단체는 또한 공익 불매운동을 펼치기도 한다. www.organicconsumers.org/usa

추가 독서를 위한 제안

- 게이브 브라운 《흙, 생명을 담다: 지속가능한 재생농업 이야기Dirt to Soil: One Family's Journey into Regenerative Agriculture》 2018년

- 레이첼 카슨 《침묵의 봄》 1962년

- F. 윌리엄 엥달F. William Engdahl 《파괴의 씨앗: 유전자 조작의 숨겨진 의제Seeds of Destruction: The Hidden Agenda of Genetic Manipulation》 2007년

- 캐리 길럼Carey Gillam 《화이트 워시: 제초제와 암, 과학의 부패 이야기Whitewash: The Story of a Weed Killer, Cancer, and the Corruption of Science》 2019년, 《몬산토 일지: 치명적인 비밀과 기업 부패, 그리고 정의를 위한 한 남자의 탐색The Monsanto Papers: Deadly Secrets, Corporate Corruption, and One Man's Search for Justice》 2021년

- R. D. 리R. D. Lee 《장-뇌 비밀 1부: 좋은 음식과 나쁜 음식Gut-Brain Secrets, Part 1: Good Food, Bad Food》 2018년

- 데이비드 펄머터David Perlmutter 《그레인 브레인: 탄수화물이 뇌에 미치는 파괴적인 영향을 폭로한다Grain Brain: The Surprising Truth about Wheat, Carbs, and Sugar—Your Brain's Silent Killers》 2018년

- 조시 티켈Josh Tickell 《대지에 입맞춤을: 우리가 먹는 음식이 어떻게 기후변화를 되돌리고, 몸을 치유하며, 궁극적으로 지구를 구할 수 있는가?Kiss the Ground: How the Food You Eat Can Reverse Climate Change, Heal Your Body & Ultimately Save Our World》, 2017년

- E. G. 발리아나토스E. G. Vallianatos 《포이즌 스프링: 오염과 EPA의 비밀 역사Poison Spring: The Secret History of Pollution and the EPA》, 2014년

- 프랭크 A. 본 히펠Frank A. von Hippel 《화려한 화학의 시대: 기근과 질병을 극복하려다가 많은 사람들을 희생시키고, 자연과의 관계를 바꾼 화학자들의 이야기The Chemical Age: How Chemists Fought Famine and Disease, Killed Millions, and Changed Our Relationship with the Earth》 2020년

저자 서문

1 M. D. Kogan 외, "The Prevalence of Parent-Reported Autism Spectrum Disorder Among US Children," *Pediatrics* 142 (2018): 6, https://doi.org/10.1542/peds.2017-4161.

2 Centers for Disease Control(미국 질병관리청), "Data & Statistics on Autism Spectrum Disorder," https://www.cdc.gov/ncbddd/autism/data.html.

3 Therese Limbana 외, "Gut Microbiome and Depression: How Microbes Affect the Way We Think," *Cureus* 2, no. 8 (2020) e9966, https://doi.org/10.7759/cureus.9966.

4 Hsin-Jung Wu와 Eric Wu, "The Role of Gut Microbiota in Immune Homeostasis and Autoimmunity," *Gut Microbes* 3, no. 1 (2012) 4-14, https://doi.org/10.4161/gmic.19320.

5 Anastazja M. Gorecki 외, "Altered Gut Microbiome in Parkinson's Disease and the Influence of Lipopolysaccharide in a Human α-Synuclein Over-Expressing Mouse Model," *Frontiers in Neuroscience* 13 (2019) 839, https://doi.org/10.3389/fnins.2019.00839.

6 S. O. Duke 외, "Glyphosate: A Once-in-a-Century Herbicide," *Pest Management Science* 64 (2008): 319-25.

7 Molli M. Newman 외, "Changes in Rhizosphere Bacterial Gene Expression Following Glyphosate Treatment," *Science of the Total Environment* 553 (2016) 32-41, https://doi.org/10.1002/ps.1518.

8 M. R. Fernandez 외, "Glyphosate Associations with Cereal Diseases Caused by Fusarium spp. in the Canadian Prairies," *European Journal of Agronomy* 31, no. 3 (2009) 133-43, https://doi.org/10.1016/j.eja.2009.07.003.

9 Nancy L. Swanson 외, "Genetically Engineered Crops, Glyphosate and the Deterioration of Health in the United States of America," *Journal of Organic Systems* 9 (2014): 6-37.

10 "DDT," National Pesticide Information Center(미국 국립농약정보센터), 1999, http://npic.orst.edu/factsheets/ddtgen.pdf.

11 Neil Vargesson, "Thalidomide-Induced Teratogenesis: History and Mechanisms," *Birth Defects Research Part C: Embryo Today* 105, no. 2 (2015): 140-56, https://doi.org/10.1002/bdrc.21096.

12 B. Jarvis, "The Insect Apocalypse Is Here," *New York Times Magazine*, November 27, 2018, https://www.nytimes.com/2018/11/27/magazine/insect-apocalypse.html.

13 Gerardo Ceballosa 외, "Vertebrates on the Brink as Indicators of Biological Annihilation and the Sixth Mass Extinction," *Proceedings of the National Academy of Sciences of the United States of America*(미국국립과학원회보) 117, no. 24 (2020): 13596-602, https://doi.org/10.1073/pnas.1704949114Corpus.

1장 해악의 증거

1   United States Environmental Protection Agency(미국 환경보호국), "Glyphosate," https://www.epa.gov/ingredients-used-pesticide-products/glyphosate.

2   US patent number(미국 특허번호) 3160632; filed: January 30, 1961; awarded: December 8, 1964.

3   US patent number 3455675 A; filed: June 25, 1968; awarded: July 15, 1969.

4   US patent number 20040077608 A1; filed: August 29, 2003; awarded: April 22, 2004.

5   Roundup(라운드업), "The History of Roundup," https://www.roundup.ca/en/rounduphistory.

6   Charles M. Benbrook, "Trends in Glyphosate Herbicide Use in the United States and Globally," *Environmental Sciences Europe* 28 (2016): 3, https://doi.org/10.1186/s12302-016-0070-0.

7   Charles M. Benbrook, "Trends in Glyphosate Herbicide Use in the United States and Globally," *Environmental Sciences Europe* 28 (2016): 3, https://doi.org/10.1186/s12302-016-0070-0.

8   Marie-Pier Hébert 외, "The Overlooked Impact of Rising Glyphosate Use on Phosphorus Loading in Agricultural Watersheds," *Frontiers in Ecology and the Environment* 17, no. 1 (2019): 48-56, https://doi.org/10.1002/fee.1985.

9   Narong Chamkasem과 John D Vargo, "Development and Independent Laboratory Validation of an Analytical Method for the Direct Determination of Glyphosate, Glufosinate, and Aminomethylphosphonic Acid in Honey by Liquid Chromatography Tandem Mass Spectrometry," *Journal of Regulatory Science* 5, no. 2 (2017): 1-9, https://doi.org/10.21423/jrs-v05n02p001.

10   Thomas S. Thompson 외, "Determination of Glyphosate, AMPA, and Glufosinate in Honey by Online Solid-Phase Extraction-Liquid Chromatography-Tandem Mass Spectrometry," *Food Additives & Contaminants: Part A* 36, no. 2 (2019): 1-13, https://doi.org/10.1080/19440049.2019.1577993.

11   Melissa J. Perry 외, "Historical Evidence of Glyphosate Exposure from a US Agricultural Cohort," *Environmental Health* 18 (2019): 42, https://doi.org/10.1186/s12940-019-0474-6.

12   Paul J. Mills 외, "Excretion of the Herbicide Glyphosate in Older Adults between 1993 and 2016," *JAMA* 318, no. 16 (2017): 1610-11, https://doi.org/10.1001/jama.2017.11726.

13   Dr. Chris Chlebowski와 Jennifer Margulis 간의 개인적 소통, July 17, 2020.

14   Monika Krüger 외, "Detection of Glyphosate Residues in Animals and Humans," *Journal of Environmental & Analytical Toxicology* 4 (2014): 210, https://doi.org/10.4172/2161-0525.1000210.

15   Sudhir Kumar 외, "Glyphosate-Rich Air Samples Induce IL-33, TSLP and Generate IL-13 Dependent Airway Inflammation," *Toxicology* 0 (2014): 42-51, https://doi.org/10.1016/j.tox.2014.08.008.

16   Carlo Caiati 외, "The Herbicide Glyphosate and Its Apparently Controversial Effect on Human Health: An Updated Clinical Perspective," *Endocrine, Metabolic & Immune Disorders—Drug Targets* 20, no. 4 (2020): 489-505, https://doi.org/0.2174/1871530319666191015191614.

17   Becky Talyn 외, "Roundup®, but Not Roundup-Ready® Corn, Increases Mortality of Drosophila melanogaster," *Toxics* 7, no. 3 (2019): 38, https://doi.org/10.3390/toxics7030038.

18   Becky Talyn 외, "Roundup®, but Not Roundup-Ready® Corn, Increases Mortality of Drosophila melanogaster," *Toxics* 7, no. 3 (2019): 38, https://doi.org/10.3390/toxics7030038.

19   Qixing Mao 외, "The Ramazzini Institute 13-Week Pilot Study on Glyphosate and Roundup

Administered at Human-Equivalent Dose to Sprague Dawley Rats: Effects on the Microbiome," *Environmental Health* 17 (2018): 50, https://doi.org/10.1186/s12940-018-0394-x.

20   Jack Lewis, "Lead Poisoning: A Historical Perspective," EPA Journal. US Environmental Protection Agency, May 1985, https://archive.epa.gov/epa/aboutepa/lead-poisoning-historical-perspective.html.

21   Environmental Protection Agency, "Glyphosate," https://www.epa.gov/ingredients-used-pesticide-products/glyphosate.

22   John Peterson Myers 외, "Concerns Over Use of Glyphosate-Based Herbicides and Risks Associated with Exposures: A Consensus Statement," *Environmental Health* 15 (2016): 19, https://doi.org/10.1186/s12940-016-0117-0.

23   European Food Safety Authority(유럽 식품안전국), "EFSA Explains Risk Assessment: Glyphosate," [영문] 데이터 표, https://doi.org/10.2805/654221, November 12, 2015, https://www.efsa.europa.eu/en/corporate/pub/glyphosate151112.

24   Environmental Protection Agency, "Glyphosate," https://www.epa.gov/ingredients-used-pesticide-products/glyphosate.

25   Qixing Mao 외, "The Ramazzini Institute 13-Week Pilot Study on Glyphosate and Roundup Administered at Human-Equivalent Dose to Sprague Dawley Rats: Effects on the Microbiome," *Environmental Health* 17 (2018): 50, https://doi.org/10.1186/s12940-018-0394-x.

26   Alfredo Santovito 외, "In Vitro Evaluation of Genomic Damage Induced by Glyphosate on Human Lymphocytes," *Environmental Science and Pollution Research* 25 (2018): 34693-700, https://doi.org/10.1007/s11356-018-3417-9.

27   S. Guilherme 외, "European Eel (Anguilla anguilla) Genotoxic and Pro-Oxidant Responses following Short-Term Exposure to Roundup—a Glyphosate-Based Herbicide," *Mutagenesis* 25, no. 5 (2010): 523-30, https://doi.org/10.1093/mutage/geq038; C. D. Nwani 외, "DNA Damage and Oxidative Stress Modulatory Effects of Glyphosate-Based Herbicide in Freshwater Fish, Channa punctatus," *Environ Toxicol Pharmacol* 36, no. 2 (2013): 539-47, http://dx.doi.org/10.1016/j.etap.2013.06.001.

28   M.-A. Martínez 외, "Neurotransmitter Changes in Rat Brain Regions Following Glyphosate Exposure," *Environmental Research* 161 (2018): 217, https://doi.org/10.1016/j.envres.2017.10.051.

29   Siriporn Thongprakaisang 외, "Glyphosate Induces Human Breast Cancer Cells Growth via Estrogen Receptors," *Food and Chemical Toxicology* 59 (2013): 129-36.

30   Manon Duforestel, "Glyphosate Primes Mammary Cells for Tumorigenesis by Reprogramming the Epigenome in a TET3-Dependent Manner," *Frontiers in Genetics* 10 (2019): 885, https://doi.org/10.3389/fgene.2019.00885.

31   Y. Hao 외, "Roundup® Confers Cytotoxicity through DNA Damage and Mitochondria-Associated Apoptosis Induction," *Environmental Pollution* 252, Part A (2019): 917-23, https://doi.org/10.1016/j.envpol.2019.05.128.

32   Laura N. Vandenberg 외, "Hormones and Endocrine-Disrupting Chemicals: Low-Dose Effects and Nonmonotonic Dose Responses," *Endocrine Reviews* 33(3) (2012): 378-455, https://doi.org/10.1210/er.2011-1050.

33   Eliane Dallegrave 외, "The Teratogenic Potential of the Herbicide Glyphosate—Roundup in Wistar Rats," *Toxicology Letters* 142 (2003): 45-52, https://doi.org/10.1016/s0378-4274(02)00483-6.

34 Gilles-Eric Séralini 외, "Long Term Toxicity of a Roundup Herbicide and a Roundup-Tolerant Genetically Modified Maize," *Food and Chemical Toxicology* 50 (2012): 4221-31, Retracted, https://doi.org/10.1016/j.fct.2012.08.005.

35 Claire Robinson, "Emails Reveal Role of Monsanto in Séralini Study Retraction," GMWatch, July 20, 2016, https://gmwatch.org/en/news/latest-news/17121.

36 Gilles-Eric Séralini 외, "RETRACTED: Long Term Toxicity of a Roundup Herbicide and a Roundup-Tolerant Genetically Modified Maize," *Food and Chemical Toxicology* 50, 11 (2012): 4221-31, https://www.sciencedirect.com/science/article/pii/S0278691512005637.

37 Gilles-Eric Séralini 외, "Republished Study: Long-term Toxicity of a Roundup Herbicide and a Roundup-Tolerant Genetically Modified Maize," *Environmental Sciences Europe* 26 (2014): 14, https://doi.org/10.1186/s12302-014-0014-5.

38 N. Defarge 외, "Toxicity of Formulants and Heavy Metals in Glyphosate based Herbicides and Other Pesticides," *Toxicology Reports* 5 (2018): 156-63, https://doi.org/10.1016/j.toxrep.2017.12.025.

39 Monika Krüger 외, "Detection of Glyphosate Residues in Animals and Humans," *Journal of Environmental & Analytical Toxicology* 4 (2014): 210.

40 Awad A. Shehata 외, "Distribution of Glyphosate in Chicken Organs and Its Reduction by Humic Acid Supplementation," *The Journal of Poultry Science* 51, no. 3 (2014): 333-37, https://doi.org/10.2141/jpsa.0130169.

41 Monika Krüger 외, "Detection of Glyphosate in Malformed Piglets," *Journal of Environmental and Analytical Toxicology* 4 (2014): 5, http://dx.doi.org/10.4172/2161-0525.1000230.

42 S. O. Duke 외, "Glyphosate: A Once-in-a-Century Herbicide," *Pest Management Science* 64 (2008): 319-25, https://doi.org/10.4172/2161-0525.1000210, https://doi.org/10.1002/ps.1518.

43 Daniel Brugger와 Wilhelm M. Windisch, "Subclinical Zinc Deficiency Impairs Pancreatic Digestive Enzyme Activity and Digestive Capacity of Weaned Piglets," *British Journal of Nutrition* 116, no. 3 (2016): 425-33, https://doi.org/10.1017/S0007114516002105.

44 Monika Krüger 외, "Field Investigations of Glyphosate in Urine of Danish Dairy Cows," *Journal of Environmental & Analytical Toxicology* 3 (2013): 5.

45 Anthony Samsel과 Stephanie Seneff, "Glyphosate, Pathways to Modern Diseases III: Manganese Neurological Diseases, and Associated Pathologies," *Surgical Neurology International* 6 (2015): 45, https://doi.org/10.4103/2152-7806.153876.

46 Channa Jayasumana 외, "Glyphosate, Hard Water and Nephrotoxic Metals: Are They the Culprits Behind the Epidemic of Chronic Kidney Disease of Unknown Etiology in Sri Lanka?" *International Journal of Environmental Research & Public Health* 11, no. 2 (2014) 2125-47, https://doi.org/10.3390/ijerph110202125.

47 Sarath Gunatilake 외, "Glyphosate's Synergistic Toxicity in Combination with Other Factors as a Cause of Chronic Kidney Disease of Unknown Origin," *International Journal of Environmental Research and Public Health* 16, no. 15 (2019): 2734, https://doi.org/10.3390/ijerph16152734.

48 Konstantin Popov 외, "Critical Evaluation of Stability Constants of Phosphonic Acids," *Pure and Applied Chemistry* 73 (2001): 1641-77, https://doi.org/10.1351/pac200173101641.

49 M. Purgel 외, "Glyphosate Complexation to Aluminium(III). An Equilibrium and Structural Study in Solution Using Potentiometry, Multinuclear NMR, ATR-FTIR, ESI-MS and DFT Calculations," *Journal of Inorganic Biochemistry* 103 (2009): 1426-38, https://doi.org/10.1016/j.jinorgbio.2009.06.011.

50   Stephanie Seneff 외, "Aluminum and Glyphosate Can Synergistically Induce Pineal Gland Pathology: Connection to Gut Dysbiosis and Neurological Disease," *Agricultural Sciences* 6 (2015): 42-70, https://doi.org/10.4236/as.2015.61005.

51   Matthew John Mold 외, "Aluminum and Neurofibrillary Tangle Co-Localization in Familial Alzheimer's Disease and Related Neurological Disorders," *Journal of Alzheimer's Disease* 78, no. 1 (2020) 139-49.

52   Katie Wedell 외, Midwest Farmers Face a Crisis. Hundreds Are Dying by Suicide, March 9, 2020, https://www.usatoday.com/in-depth/news/investigations/2020/03/09/climate-tariffs-debt-and-isolation-drive-some-farmers-suicide/4955865002/.

53   S. H. Zyoud 외, "Global Research Production in Glyphosate Intoxication from 1978 to 2015: A Bibliometric Analysis," *Human & Experimental Toxicology* 56, no. 10 (2017): 997-1006, https://doi.org/10.1177/0960327116678299.

54   A. Arul Selvi 외, "Enzyme-Linked Immunoassay for the Detection of Glyphosate in Food Samples Using Avian Antibodies," *Food and Agricultural Immunology* 22, no. 3 (2011): 217-28, https://doi.org/10.1080/09540105.2011.553799.

55   Robin Mesnage 외, "Major Pesticides Are More Toxic to Human Cells Than Their Declared Active Principles," *Biomed Research International* 2014 (2014) 179691, https://doi.org/10.1155/2014/179691.

56   C. H. Lee 외, "The Early Prognostic Factors of Glyphosate-Surfactant Intoxication," *American Journal of Emergency Medicine* 26, no. 3 (2008): 275-81, https://doi.org/10.1016/j.ajem.2007.05.011.

57   K. Zouaoui 외, "Determination of Glyphosate and AMPA in Blood and Urine from Humans: About 13 Cases of Acute Intoxication," *Forensic Science International* 226 (2013): e20-e25, https://doi.org/10.1016/j.forsciint.2012.12.010; Hsin-Ling Lee와 How-Ran Guo, "The Hemodynamic Effects of the Formulation of Glyphosate-Surfactant Herbicides, in *Herbicides: Theory and Applications*," Sonia Soloneski와 Marcelo L. Larramendy 편집 (London: IntechOpen, 2011), DOI: 10.5772/13486.

58   Y. H. Kim 외, "Heart Rate-Corrected QT Interval Predicts Mortality in Glyphosate-Surfactant Herbicide-Poisoned Patients," *American Journal of Emergency Medicine* 32, no. 3 (2014): 203-7, https://doi.org/10.2337/dc13-1257.

59   International Agency for Research on Cancer(국제암연구소), "IARC Monographs Volume 112: Evaluation of Five Organophosphate Insecticides and Herbicides," March 20, 2015, *World Health Organization*(세계보건기구), https://www.iarc.who.int/wp-content/uploads/2018/07/MonographVolume112-1.pdf.

60   집필 시점에서는 바이엘·몬산토 측과 소송이 진행 중이라 최종 결과를 아직 알 수 없다.

61   Bloomberg, "Jury Verdict: Roundup Weed Killer was a Major Factor in Man's Cancer," *The Orange County Register*, March 19, 2019. https://www.ocregister.com/2019/03/19/jury-verdict-roundup-weed-killer-was-a-major-factor-in-mans-cancer.

62   V. Kašuba 외, "Effects of Low Doses of Glyphosate on DNA Damage, Cell Proliferation and Oxidative Stress in the HepG2 Cell Line," *Environmental Science and Pollution Research* 24 (2017): 19267-81, https://doi.org/10.1007/s11356-017-9438-y.

63   Marta Kwiatkowska 외, "DNA Damage and Methylation Induced by Glyphosate in Human Peripheral Blood Mononuclear Cells (in Vitro Study)," *Food and Chemical Toxicology* 105 (2017): 93-98, http://dx.doi.org/10.1016/j.etap.2013.06.001.

64   J. H. Kang 외, "Methylation in the p53 Promoter is a Supplementary Route to Breast Carcinogenesis: Correlation between CpG Methylation in the p53 Promoter and the

Mutation of the p53 Gene in the Progression from Ductal Carcinoma in Situ to Invasive Ductal Carcinoma," *Laboratory Investigation* 81, no. 4 (2001): 573-79, https://doi.org/10.1038/labinvest.3780266.

65 C. Paz-y-Miño 외, "Evaluation of DNA Damage in an Ecuadorian Population Exposed to Glyphosate," *Genetics and Molecular Biology* 30, no. 2 (2007): 456-60, http://dx.doi.org/10.1590/S1415-47572007000300026; C. Bolognesi 외, "Biomonitoring of Genotoxic Risk in Agricultural Workers from Five Colombian Regions: Association to Occupational Exposure to Glyphosate," *Journal of Toxicology and Environmental Health, Part A* 72, no. 15-16 (2009): 986-97, https://doi.org/10.1080/15287390902929741.

66 Mark Buchanan, "Roundup's Risks Could Go Well Beyond Cancer," *Bloomberg Opinion* June 4, 2019, 최종 접속일 June 5, 2019, https://www.bloomberg.com/opinion/articles/2019-06-04/roundup-cancer-risk-is-only-one-danger-to-humans-animals.

67 Patricia Weiss와 Tina Bellon, "Bayer Puts Roundup Future Claims Settlement on Hold," US Legal News, July 8, 2020, https://www.reuters.com/article/legal-us-bayer-litigation/bayer-puts-roundup-future-claims-settlement-on-hold-idUSKBN24921Q.

68 Meriel Watts 외, "Glyphosate," Pesticide Action Network International, October 2016, 최종 접속일 May 3, 2019, pan-international.org/wp-content/uploads/Glyphosate-monograph.pdf.

69 Rabah Kamal, "How Does U.S. Life Expectancy Compare to Other Countries?" Peterson-KFF Health System Tracker, December 23, 2019, https://www.healthsystemtracker.org/chart-collection/u-s-life-expectancy-compare-countries/#item-start.

70 Kenneth D. Kochanek 외, "Mortality in the United States, 2016," NCHS Data Brief(미국 국립 보건통계센터 데이터 개요), no. 293, December 2017.

2장 몰락하는 생태계

1 William Ophuls, Apologies to the Grandchildren, https://ophuls.org/essays.

2 Yinon M. Bar-On 외, "The Biomass Distribution on Earth," *Proceedings of the National Academy of Sciences of the United States of America* 115, no. 25 (2018): 6506-11, https://doi.org/10.1073/pnas.1711842115.

3 Intergovernmental Science-Policy Platform on Biodiversity and Ecosystem Services(생물다양성 과학기구), "Global Assessment Report on Biodiversity and Ecosystem Services," 최종 접속일 Oct. 10, 2010, https://www.ipbes.net/global-assessment-report-biodiversity-ecosystem-services.

4 J. E. Primost 외, "Glyphosate and AMPA, 'Pseudo-Persistent' Pollutants Under Real-World Agricultural Management Practices in the Mesopotamic Pampas Agroecosystem, Argentina," *Environmental Pollution* 229 (2017): 771-77, https://doi.org/10.1016/j.envpol.2017.06.006.

5 P. Laitinen 외, "Fate of the Herbicide Glyphosate, Glyphosinate Ammonium, Phenmedipham, Ethofumesate and Metamitron in Two Finnish Arable Soils," *Pest Management Science* 62 (2006): 473-91, https://doi.org/10.1002/ps.1186.

6 J. E. Primost 외, "Glyphosate and AMPA, 'Pseudo-Persistent' Pollutants Under Real-World Agricultural Management Practices in the Mesopotamic Pampas Agroecosystem, Argentina," *Environmental Pollution* 229 (2017): 771-77, https://doi.org/10.1016/j.envpol.2017.06.006.

7 Lars Bergström 외, "Laboratory and Lysimeter Studies of Glyphosate and Aminomethyl-phosphonic Acid in a Sand and a Clay Soil," *Journal of Environmental Quality* 40 (2011): 98-108, https://doi.org/10.2134/jeq2010.0179.

8 Florence Poirier 외, "Proteomic Analysis of the Soil Filamentous Fungus Aspergillus nidulans

Exposed to a Roundup Formulation at a Dose Causing No Macroscopic Effect: A Functional Study," *Environmental Science and Pollution Research International* 24, no. 33 (2017): 25933-46, https://doi.org/0.1007/s11356-017-0217-6.

9   Jacqueline E. Mohan, "Mycorrhizal Fungi Mediation of Terrestrial Ecosystem Responses to Global Change: Mini-Review," *Fungal Ecology* 10 (2014) 3-19, https://doi.org/10.1016/j.funeco.2014.01.005.

10 Nic Fleming, "Plants Talk to Each Other Using an Internet of Fungus," November 11, 2014, http://www.bbc.com/earth/story/20141111-plants-have-a-hidden-internet.

11 G. Murray와 J. Brennan, "Estimating Disease Losses to the Australian Wheat Industry," *Australasian Plant Pathology* 38, no. 6 (2009) 558-70, https://doi.org/10.1071/AP09064.

12 M. R. Fernandez 외, "Glyphosate Associations with Cereal Diseases Caused by Fusarium spp. in the Canadian Prairies," *European Journal of Agronomy* 31, no. 3 (2009) 133-43, https://doi.org/10.1016/j.eja.2009.07.003.

13 Martin V. Dutton과 Christine S. Evans, "Oxalate Production by Fungi: Its Role in Pathogenicity and Ecology in the Soil Environment," *Canadian Journal of Microbiology* 42 (1996): 881-95, https://doi.org/10.1139/m96-114.

14 A. Casadevall, "Fungal Diseases in the 21st Century: The Near and Far Horizons," *Pathogens and Immunity* 3 (2018): 183-96, https://doi.org/10.20411/pai.v3i2.249.

15 Felix Bongomin 외, "Global and Multi-National Prevalence of Fungal Diseases—Estimate Precision," *Journal of Fungi (Basel).* 3, no. 4 (2017) 57, https://doi.org/10.3390/jof3040057; Fausto Almeida 외, "The Still Underestimated Problem of Fungal Diseases Worldwide," *Frontiers in Microbiology* 10 (2019): 214, https://doi.org/10.3389/fmicb.2019.00214.

16 Katharina Kainz 외, "Fungal Infections: The Hidden Crisis," Microbial Cell 7, no. 6 (2020) 143-45, http://doi.org/10.15698/mic2020.06.718.

17 Fungal Diseases, Centers for Disease Control and Prevention, "Types of Fungal Diseases," https://www.cdc.gov/fungal/diseases/index.html.

18 C. S. Carranza 외, "Glyphosate in Vitro Removal and Tolerance by Aspergillus oryzae in Soil Microcosms," *International Journal of Environmental Science and Technology* 16 (2019) 7673-82, https://doi.org/10.1007/s13762-019-02347-x.

19 M. Cristina Romero 외, "Biodegradation of Glyphosate by Wild Yeasts," *Revista Mexicana de Micología* 19 (2004) 46-50.

20 M. A. Pfaller 외, "*Candida krusei*, a Multidrug-Resistant Opportunistic Fungal Pathogen: Geographic and Temporal Trends from the ARTEMIS DISK Antifungal Surveillance Program, 2001 to 2005," *Journal of Clinical Microbiology* 46, no. 2 (2008) 515-21, https://doi.org/10.1128/JCM.01915-07.

21 Cornelius J. Clancy, "Why the CDC Warns Antibiotic-Resistant Fungal Infections are an Urgent Health Threat," The Conversation, November 19, 2019, https://theconversation.com/why-the-cdc-warns-antibiotic-resistant-fungal-infections-are-an-urgent-health-threat-127095.

22 Centers for Disease Control and Prevention, "Tracking *Candida auris*," 최종 접속일 November 25, 2020, https://www.cdc.gov/fungal/candida-auris/tracking-c-auris.html.

23 Anna Jeffery-Smith 외, "*Candida auris: A Review of the Literature,*" *Clinical Microbiology Reviews* 31 (2017): e00029-17, https://doi.org/10.1128/CMR.00029-17.

24 W. A. Battaglin 외, "Glyphosate and Its Degradation Product AMPA Occur Frequently and Widely in U.S. Soils, Surface Water, Groundwater, and Precipitation," *Journal of the American*

Water Resources Association 50, no. 2 (2014): 275-90, https://doi.org/10.1111/jawr.12159.

25 Juan Manuel Montiel-León 외, "Widespread Occurrence and Spatial Distribution of Glyphosate, Atrazine, and Neonicotinoids Pesticides in the St. Lawrenceand Tributary Rivers," *Environmental Pollution* 250 (2019): 29-39, https://doi.org/10.1016/j.envpol.2019.03.125.

26 Rocío Inés Bonansea 외, "The Fate of Glyphosate and AMPA in a Freshwater Endorheic Basin: An Ecotoxicological Risk Assessment," *Toxics* 6, no. 3 (2018), http://doi.org/10.3390/toxics6010003.

27 J. L. Stoddard 외, "Continental-Scale Increase in Lake and Stream Phosphorus: are Oligotrophic Systems Disappearing in the United States?" *Environmental Science and Technology* 50 (2016): 3409-15, https://doi.org/10.1021/acs.est.5b05950.

28 Kevin W. King 외, "Contributions of Systematic Tile Drainage to Watershed-Scale Phosphorus Transport," *Journal of Environmental Quality* 44, no. 2 (2015): 486-94, https://doi.org/10.2134/jeq2014.04.0149.

29 Kevin W. King 외, "Contributions of Systematic Tile Drainage to Watershed-Scale Phosphorus Transport," *Journal of Environmental Quality* 44, no. 2 (2015): 486-94, https://doi.org/10.2134/jeq2014.04.0149.

30 Damian Drzyzga와 Jacek Lipok, "Glyphosate Dose Modulates the Uptake of Inorganic Phosphate by Freshwater Cyanobacteria," *Journal of Applied Phycology* 30 (2018): 299-309, https://doi.org/10.1007/s10811-017-1231-2.

31 Philip Mercurio 외, "Glyphosate Persistence in Seawater," *Marine Pollution Bulletin* 85 (2014): 385-90, https://doi.org/10.1016/j.marpolbul.2014.01.021.

32 Antonio Suppa 외, "Roundup Causes Embryonic Development Failure and Alters Metabolic Pathways and Gut Microbiota Functionality in Non-target Species," *Microbiome* 8 (2020): 170, https://doi.org/10.1186/s40168-020-00943-5.

33 I. S. Canosa 외, "Imbalances in the Male Reproductive Function of the Estuarine Crab *Neohelice granulata*, Caused by Glyphosate," *Ecotoxicology and Environmental Safety* 182 (2019): 109405, https://doi.org/10.1016/j.ecoenv.2019.109405.

34 Mahdi Banaee 외, "Acute Exposure to Chlorpyrifos and Glyphosate Induces Changes in Hemolymph Biochemical Parameters in the Crayfish, *Astacus leptodactylus* (Eschscholtz, 1823)," *Comparative Biochemistry and Physiology, Part C* 222 (2019): 145-55, https://doi.org/10.1016/j.cbpc.2019.05.003.

35 S. D. Wang 외, "Inhibitory Effects of 4-Dodecylresorcinol on the Phenoloxidase of the Diamondback Moth Plutella xylostella (L.) (Lepidoptera Plutellidae)," *Pesticide Biochemistry and Physiology* 82, no. 1 (2005): 52-58, https://doi.org/10.1016/j.pestbp.2004.12.005.

36 Mahdi Banaee 외, "Acute Exposure to Chlorpyrifos and Glyphosate Induces Changes in Hemolymph Biochemical Parameters in the Crayfish, *Astacus leptodactylus* (Eschscholtz, 1823)," *Comparative Biochemistry and Physiology, Part C* 222 (2019): 145-55, https://doi.org/10.1016/j.cbpc.2019.05.003.

37 Mirko Manchia 외, "Serotonin Dysfunction, Aggressive Behavior, and Mental Illness: Exploring the Link Using a Dimensional Approach," *ACS Chemical Neuroscience* 8, no. 5 (2017): 961-72, https://doi.org/10.1021/acschemneuro.6b00427.

38 David A. Davis 외, "Cyanobacterial Neurotoxin BMAA and Brain Pathology in Stranded Dolphins," *PLoS ONE* 14, no. 3 (2019): e0213346, https://doi.org/10.1371/journal.pone.0213346.

39 Francisco Sánchez-Bayo와 Kris A. G. Wyckhuys, "Worldwide Decline of the Entomofauna: A

Review of Its Drivers," *Biological Conservation* 232 (2019): 8-27, https://doi.org/10.1016/j.biocon.2019.01.020.

40 Caspar A. Hallmann 외, "More than 75 Percent Decline over 27 Years in Total Flying Insect Biomass in Protected Areas," *PLoS ONE* 12, no. 10 (2017): e0185809, https://doi.org/10.1371/journal.pone.0185809.

41 Noel Kirkpatrick, "California's Monarch Butterfly Population Has Declined by 99% since the 1980s," Treehugger, January 30, 2020, https://www.treehugger.com/california-monarch-butterfly-population-drops-single-year-4861288.

42 Sarah P. Saunders 외, "Local and Cross-Seasonal Associations of Climate and Land Use with Abundance of Monarch Butterflies *Danaus plexippus*," *Ecography* 41, no. 2 (2018): 278-90, https://doi.org/10.1111/ecog.02719.

43 Marek Cuhra 외, "Glyphosate-Residues in Roundup-Ready Soybean Impair *Daphnia magna* Life-Cycle," *Journal of Agricultural Chemistry and Environment* 4 (2015): 24-36, https://doi.org/10.4236/jacen.2015.41003.

44 S. G. Potts 외, "Global Pollinator Declines: Trends, Impacts and Drivers," *Trends in Ecology and Evolution* 25 (2010): 345-53, https://doi.org/10.1016/j.tree.2010.01.007.

45 A. Fairbrother 외, "Risks of Neonicotinoid Insecticides to Honeybees," *Environmental Toxicology and Chemistry* 33 (2018): 719-31, https://doi.org/10.1002/etc.2527.

46 Kamila Derecka 외, "Transient Exposure to Low Levels of Insecticide Affects Metabolic Networks of Honeybee Larvae," *PLoS ONE* 8, no. 7 (2013): e68191, https://doi.org/10.1371/journal.pone.0068191.

47 E. Hetanen 외, "Effects of Phenoxyherbicides and Glyphosate on the Hepatic and Intestinal Biotransformation Activities in the Rat," *Acta Pharmacologica et Toxicologica* 53 (1983): 103-12, https://doi.org/10.1111/j.1600-0773.1983.tb01876.x; Mohamed Ahmed Fathi 외, "Disruption of Cytochrome P450 Enzymes in the Liver and Small Intestine in Chicken Embryos in Ovo Exposed to Glyphosate," *Environmental Science and Pollution Research* 27, no. 14 (2020): 16865-75.

48 Annette McGivney, "'Like Sending Bees to War': The Deadly Truth behind Your Almond Milk Obsession," The Guardian, January 8, 202, https://www.theguardian.com/environment/2020/jan/07/honeybees-deaths-almonds-hives-aoe.

49 Lucila T. Herbert 외, "Effects of Field-Realistic Doses of Glyphosate on Honeybee Appetitive Behavior," *Experimental Biology* 1, no. 217 (Pt 19) (2014): 3457-64, https://doi.org/10.1242/jeb.109520.

50 Mara Sol Balbuena 외, "Effects of Sublethal Doses of Glyphosate on Honey bee Navigation," *Journal of Experimental Biology* 218 (2015): 2799-805, https://doi.org/10.1242/jeb.117291.

51 Walter M. Farina 외, "Effects of the Herbicide Glyphosate on Honey Bee Sensory and Cognitive Abilities: Individual Impairments with Implications for the Hive," *Insects* 10 (2019): 354, https://doi.org/10.3390/insects10100354.

52 E. V. S . Motta 외, "Glyphosate Perturbs the Gut Microbiota of Honey Bees," *Proceedings of the National Academy of Sciences of the United States of America* 115 (2018): 10305-10, https://doi.org/10.1073/pnas.1803880115; Nicolas Blot 외, "Glyphosate, but Not Its Metabolite AMPA, Alters the Honeybee Gut Microbiota," *PLoS ONE* 14, no. 4 (2019): e0215466, https://doi.org/10.1371/journal.pone.0215466.

53 Dominic Martella, "Tillage Farming Damaging Earthworm Populations," *Science Daily*, May 8, 2017, https://www.sciencedaily.com/releases/2017/05/170508095152.htm.

54 Jacqueline L. Stroud, "Soil Health Pilot Study in England: Outcomes from an On-Farm Earthworm Survey," *PLoS ONE* 14, no. 2 (2019): e0203909; https://doi.org/10.1371/journal.pone.0203909.

55 Rothamsted Research, "Earthworm Research Spurs Farmers to Act," February 21, 2019, https://www.rothamsted.ac.uk/news/earthworm-research-spurs-farmers-act.

56 Mailin Gaupp-Berghausen 외, "Glyphosate-Based Herbicides Reduce the Activity and Reproduction of Earthworms and Lead to Increased Soil Nutrient Concentrations," *Scientific Reports* 5 (2015): 12886, https://doi.org/10.1038/srep12886.

57 특히 7장에서 더 자세히 설명할 미오신과 포스포에놀피루브산 카복시키나아제(PEPCK).

58 Rekek Negga 외, "Exposure to Glyphosate- and/or Mn/Zn-Ethylene-bis-Dithiocarbamate-Containing Pesticides Leads to Degeneration of γ-Aminobutyric Acid and Dopamine Neurons in *Caenorhabditis elegans*," *Neurotoxicity Research* 21," no. 3 (2012): 281-90, https://doi.org/10.1007/s12640-011-9274-7.

59 Ben C. Scheele 외, "Amphibian Fungal Panzootic Causes Catastrophic and Ongoing Loss of Biodiversity," *Science* 363, no. 6434 (2019): 1459-63, https://doi.org/10.1126/science.aav0379.

60 R. Monastersky, "Life—A Status Report," *Nature* 516 (2014): 158-61.

61 Rick A. Relyea, "The Lethal Impact of Roundup on Aquatic and Terrestrial Amphibians," *Ecological Applications* 15, no. 4 (2005): 1118-24, https://doi.org/10.1890/04-1291.

62 Sylvain Slaby 외, "Effects of Glyphosate and a Commercial Formulation Roundup® Exposures on Maturation of Xenopus laevis Oocytes," *Environmental Science and Pollution Research* 27, no. 4 (2020):3697-705, https://doi.org/10.1007/s11356-019-04596-2.

63 Rafael C. Lajmanovich 외, "First Evaluation of Novel Potential Synergistic Effects of Glyphosate and Arsenic Mixture on *Rhinella arenarum (Anura: Bufonidae) Tadpoles.*" *Heliyon* 5 (2019): e02601, https://doi.org/10.1016/j.heliyon.2019.e02601.

64 Rajendiran Karthkraj와 Kurunthachalam Kannan, "Widespread Occurrence of Glyphosate in Urine from Pet Dogs and Cats in New York State, USA," *Science of The Total Environment* 659 (2019): 790-95, https://doi.org/10.1016/j.scitotenv.2018.12.454.

65 Amjad P. Khan 외, "The Role of Sarcosine Metabolism in Prostate Cancer Progression," *Neoplasia* 15, no. 5 (2013): 491-501, https://doi.org/10.1593/neo.13314.

66 Lisa M. Freeman 외, "Diet-Associated Dilated Cardiomyopathy in Dogs: What Do We Know?" *Journal of the American Veterinary Medical Association* 253, no. 11 (2018): 1390-94, https://doi.org/10.2460/javma.253.11.1390.

67 W. Lu 외, "Genome-Wide Transcriptional Responses of *Escherichia coli* to Glyphosate, a Potent Inhibitor of the Shikimate Pathway Enzyme 5-Enolpyruvylshikimate-3-Phosphate Synthase," *Molecular Biosystems* 9, no. 3 (2013): 522-30, https://doi.org/10.1039/c2mb25374g.

68 GMO Free USA versus Nestlé Purina Petcare Company, Case No. 2020 CA 002775 B, June 19, 2020, https://gmofreeusa.org/wp-content/uploads/2020/06/Purina-ComplaintPacket_GMOToxinFreeUSA_CleanLabelProject_20200618.pdf.

69 GMO Free USA, "Ethoxyquin: Is There Something Fishy about Your Pet Food?" https://gmofreeusa.org/food-testing/ethoxyquin-is-there-something-fishy-about-your-pet-food.

3장 글리포세이트와 미생물

1   Nancy L. Swanson 외, "Genetically Engineered Crops, Glyphosate and the Deterioration of Health in the United States of America," *Journal of Organic Systems* 9 (2014): 6-37.

2   Nancy L. Swanson 외, "Genetically Engineered Crops, Glyphosate and the Deterioration of Health in the United States of America," *Journal of Organic Systems* 9 (2014): 6-37.

3   Lyydia Leino 외, "Classification of the Glyphosate Target Enzyme (5-Enolpyruvylshikimate-3-Phosphate Synthase) for Assessing Sensitivity of Organisms to the Herbicide," *Journal of Hazardous Materials* 2020 [인쇄 전 전자책]; https://doi.org/10.1016/j.jhazmat.2020.124556.

4   Stefanía Magnúsdóttir 외, "Systematic Genome Assessment of B-Vitamin Biosynthesis Suggests Co-operation among Gut Microbes," *Frontiers in Genetics* 6 (2015): 148, https://doi.org/10.3389/fgene.2015.00148.

5   Ron Sender 외, "Revised Estimates for the Number of Human and Bacteria Cells in the Body," *PLoS Biology* 14(8) (2016): e1002533, https://doi.org/10.1371/journal.pbio.1002533.

6   C. A. Lozupone 외, "Diversity, Stability and Resilience of the Human Gut Microbiota," *Nature* 489 (2012): 220-30, https://doi.org/10.1038/nature11550.

7   Claudio Cristiano 외, "Interplay between Peripheral and Central Inflammation in Autism Spectrum Disorders: Possible Nutritional and Therapeutic Strategies," *Frontiers in Physiology* 9 (2018) 184, https://doi.org/10.3389/fphys.2018.00184.

8   Clair R. Martin, "The Brain-Gut-Microbiome Axis," *Cellular and Molecular Gastroenterology and Hepatology* 6, no. 2 (2018): 133-48, https://doi.org/10.1016/j.jcmgh.2018.04.003.

9   Esther E. Fröhlich 외, "Cognitive Impairment by Antibiotic-Induced Gut Dysbiosis: Analysis of Gut Microbiota-Brain Communication," *Brain, Behavior, and Immunity* 56 (2016) 140-55, https://doi.org/10.1016/j.bbi.2016.02.020.

10 Luisa Möhle 외, "Ly6Chi Monocytes Provide a Link between Antibiotic Induced Changes in Gut Microbiota and Adult Hippocampal Neurogenesis," *Cell Reports* 15 (2016): 1945-56, https://doi.org/10.1016/j.celrep.2016.04.074.

11 Yan Shao 외, "Stunted Microbiota and Opportunistic Pathogen Colonization in Caesarean-Section Birth," *Nature* 574 (2019): 117-21, https://doi.org/10.1038/s41586-019-1560-1.

12 Gonzalo N. Bidart 외, "The Lactose Operon from Lactobacillus casei is Involved in the Transport and Metabolism of the Human Milk Oligosaccharide Core-2 N-acetyllactosamine," *Scientific Reports* 8 (2018): 7152. https://doi.org/10.1038/s41598-018-25660-w.

13 Claudio Cristiano 외, "Interplay between Peripheral and Central Inflammation in Autism Spectrum Disorders: Possible Nutritional and Therapeutic Strategies," *Frontiers in Physiology* 9 (2018) 184, https://doi.org/10.3389/fphys.2018.00184.

14 지질다당류(LPS) 같은 미생물 대사산물과 *p*-크레졸 같은 페놀 화합물.

15 Isadora Argou-Cardozo와 Fares Zeidán-Chuliá, "*Clostridium* Bacteria and Autism Spectrum Conditions: A Systematic Review and Hypothetical Contribution of Environmental Glyphosate Levels," *Medical Sciences (Basel)* 6, no. 2 (2018): 29, https://doi.org/10.3390/medsci6020029.

16 Elaine Y. Hsiao 외, "Microbiota Modulate Behavioral and Physiological Abnormalities Associated with Neurodevelopmental Disorders," *Cell* 155 (2013): 1451-63, https://doi.org/10.1016/j.cell.2013.11.024.

17 A. M. Persico와 V. Napolioni, "Urinary p-Cresol in Autism Spectrum Disorder," *Neurotoxicology & Teratology* 36 (2013): 82-90, https://doi.org/10.1016/j.ntt.2012.09.002.

18 Kailyn L. Stefan 외, "Commensal Microbiota Modulation of Natural Resistance to Virus Infection," *Cell* 103, no. 5 (2020): 1312-24, https://doi.org/10.1016/j.cell.2020.10.047.

19 N. Sudo 외, "Postnatal Microbial Colonization Programs the Hypothalamic Pituitary-Adrenal System for Stress Response in Mice," *Journal of Physiology* 558 (2004): 263-75, https://doi.org/10.1113/jphysiol.2004.063388.

20 Angela Vince 외, "Ammonia Production by Intestinal Bacteria," *Gut* 14, no. 3 (1973): 171-77, https://doi.org/10.1136/gut.14.3.171.

21 A. A. Shehata 외, "The Effect of Glyphosate on Potential Pathogens and Beneficial Members of Poultry Microbiota *In Vitro*," *Current Microbiology* 66, no.4 (2013): 350-58, https://doi.org/10.1007/s00284-012-0277-2.

22 Lene Norby Nielsen 외, "Glyphosate Has Limited Short-Term Effects on Commensal Bacterial Community Composition in the Gut Environment due to Sufficient Aromatic Amino Acid Levels," *Environmental Pollution* 233 (2018): 364e376, https://doi.org/10.1016/j.envpol.2017.10.016.

23 Anthony Samsel과 Stephanie Seneff, "Glyphosate Pathways to Modern Diseases VI: Prions, Amyloidoses and Autoimmune Neurological Diseases," *Journal of Biological Physics & Chemistry* 17 (2017): 8-32, https://doi.org/10.4024/25SA16A.jbpc.17.01.

24 Harold L. Newmark 외, "Determinants and Consequences of Colonic Luminal pH: Implications for Colon Cancer," *Nutrition and Cancer* 14, no. 3-4 (1990): 161-73, https://doi.org/10.1080/01635589009514091.

25 Samuel K. Lai, "Micro- and Macrorheology of Mucus," *Advanced Drug Delivery Reviews* 61, no. 2 (2009): 86-100, https://doi.org/10.1016/j.addr.2008.09.012.

26 Jung-hyun Rho 외, "A Novel Mechanism for Desulfation of Mucin: Identification and Cloning of a Mucin-Desulfating Glycosidase (Sulfoglycosidase)," *Journal of Bacteriology* 187, no. 5 (2005): 1543-51, https://doi.org/10.1128/JB.187.5.1543-1551.2005.

27 Nicola Volpi 외, "Human Milk Glycosaminoglycan Composition from Women of Different Countries: A Pilot Study," *The Journal of Maternal-Fetal & Neonatal Medicine* (2018): 1-61, https://doi.org/10.1080/14767058.2018.1539309; G. V. Coppa 외, "Composition and Structure Elucidation of Human Milk Glycosaminoglycans," *Glycobiology* 21, no.3 (2011): 295-303, https://doi.org/10.1093/glycob/cwq164.

28 Bethany M. Henric 외, "Elevated Fecal pH Indicates a Profound Change in the Breastfed Infant Gut Microbiome Due to Reduction of Bifidobacterium over the Past Century," *mSphere* 3, no. 2 (2018): e00041-18, https://doi.org/10.1128/mSphere.00041-18.

29 Giorgio Casaburi 외, "Metagenomic Insights of the Infant Microbiome Community Structure and Function across Multiple Sites in the United States," *Scientific Reports* 11 (2021): 1472, https://doi.org/10.1038/s41598-020-80583-9.

30 W. R. Logan, "The Intestinal Flora of Infants and Young Children," *Journal of Pathology* 18 (1913): 527-51. https://doi.org/10.1002/path.1700180154.

31 S. A. Frese 외, "Persistence of Supplemented *Bifidobacterium longum* subsp. *infantis EVC001* in Breastfed Infants," *mSphere* 2 (2017): e00501-17, https://doi.org/10.1128/mSphere.00501-17.

32 A. A. Shehata 외, "The Effect of Glyphosate on Potential Pathogens and Beneficial Members of Poultry Microbiota *In Vitro*," *Current Microbiology* 66, no. 4 (2013): 350-58, https://doi.org/10.1007/s00284-012-0277-2.

33 Maria M. Milesi 외, "Perinatal Exposure to a Glyphosate-Based Herbicide Impairs Female Reproductive Outcomes and Induces Second-Generation Adverse Effects in Wistar Rats,"

Archives of Toxicology 92, no. 8 (2018): 2629-43, https://doi.org/10.1007/s00204-018-2236-6; Deepika Kubsad 외, "Assessment of Glyphosate Induced Epigenetic Transgenerational Inheritance of Pathologies and Sperm Epimutations: Generational Toxicology," *Scientific Reports* 9 (2019): 6372, https://doi.org/10.1038/s41598-019-42860-0.

34 S. Parvez 외, "Glyphosate Exposure in Pregnancy and Shortened Gestational Length: A Prospective Indiana Birth Cohort Study," *Environmental Health* 17 (2018): 23, https://doi.org/10.1186/s12940-018-0367-0.

35 Bethany M. Henrick 외, "Colonization by *B. infantis* EVC001 Modulates Enteric Inflammation in Exclusively Breastfed Infants," *Pediatric Research* 86 (2019): 7490-757, https://doi.org/10.1038/s41390-019-0533-2.

36 Bethany M. Henrick 외, "Elevated Fecal pH Indicates a Profound Change in the Breastfed Infant Gut Microbiome Due to Reduction of *Bifidobacterium* over the Past Century," *mSphere* 3, no. 2 (2018): e00041-18, https://doi.org/10.1128/mSphere.00041-18.

37 Nadia Regina Rodrigues와 Ana Paula Ferreira de Souza. "Occurrence of Glyphosate and AMPA Residues in Soy-Based Infant Formula Sold in Brazil." *Food Additives & Contaminants: Part A* 35, no. 4 (2018): 724-31, https://doi.org/10.1080/19440049.2017.1419286.

38 M. A. Priestman 외, "5-Enolpyruvylshikimate-3-Phosphate Synthase from *Staphylococcus aureus* Is Insensitive to Glyphosate," *FEBS Letters* 579 (2005): 728-32, https://doi.org/10.1016/j.febslet.2004.12.057.

39 Dennis Wicke 외, "Identification of the First Glyphosate Transporter by Genomic Adaptation," *Environmental Microbiology* 21, no. 4 (2019): 1287-305, https://doi.org/10.1111/1462-2920.14534.

40 Dilip Nathwani 외, "Clinical and Economic Consequences of Hospital Acquired Resistant and Multidrug-Resistant *Pseudomonas aeruginosa* Infections: A Systematic Review and Meta-Analysis," *Antimicrobial Resistance and Infection Control* 3 (2014): 32, https://doi.org/10.1186/2047-2994-3-32.

41 Robert Gaynes, "The Discovery of Penicillin—New Insights after More Than 75 Years of Clinical Use," *Emerging Infectious Diseases* 23, no. 5 (2017) 849-53, https://doi.org/10.3201/eid2305.161556, https://www.ncbi.nlm.nih.gov/pmc/articles/PMC5403050/.

42 Centers for Disease Control and Prevention, "Antibiotic/Antimicrobial Resistance (AR/AMR," https://www.cdc.gov/drugresistance/biggest-threats.html.

43 Brigitta Kurenbach 외, "Sublethal Exposure to Commercial Formulations of the Herbicides Dicamba, 2,4-Dichlorophenoxyacetic Acid, and Glyphosate Cause Changes in Antibiotic Susceptibility in *Escherichia coli* and *Salmonella enterica serovar Typhimurium*," *mBio* 6, no. 2 (2015): e00009-15, https://doi.org/10.1128/mBio.00009-15.

44 Konrad C. Bradley 외, "Microbiota-Driven Tonic Interferon Signals in Lung Stromal Cells Protect from Influenza Virus Infection," *Cell Reports* 28 (2019): 245-56, https://doi.org/10.1016/j.celrep.2019.05.105.

45 David Ríos-Covián 외, "Intestinal Short-Chain Fatty Acids and Their Link with Diet and Human Health," *Frontiers in Microbiology* 7 (2016): 185, https://doi.org/10.3389/fmicb.2016.00185.

46 Jeonghyun Choi 외, "Pathophysiological and Neurobehavioral Characteristics of a Propionic Acid-Mediated Autism-Like Rat Model," *PLoS ONE* 13, no. 2 (2018): e0192925, https://doi.org/10.1371/journal.pone.0192925.

47 Alan W. Walker 외, "pH and Peptide Supply Can Radically Alter Bacterial Populations and

Short-Chain Fatty Acid Ratios within Microbial Communities from the Human Colon," *Applied and Environmental Microbiology* (2005): 3692-700, https://doi.org/10.1128/AEM.71.7.3692-3700.2005.

48 p값이 0.001인 이 영향은 유의미하다(0.05가 유의성 문턱값이다).

49 I. Mangin 외, "Molecular Inventory of Faecal Microflora in Patients with Crohn's Disease," *FEMS Microbiology Ecology* 50, no. 1 (2004): 25-36, https://doi.org/10.1016/j.femsec.2004.05.005.

50 B. T, Welch 외, "Auto-brewery Syndrome in the Setting of Long-standing Crohns Disease: A Case Report and Review of the Literature," *Journal of Crohn's and Colitis* (2016): 1448-50, https://doi.org/10.1093/ecco-jcc/jjw098.

51 Kelly Painter과 Kristin L. Sticco, "Auto-brewery Syndrome (Gut Fermentation)" (Treasure Island, FL: StatPearls).

52 Carol A. Kumamoto 외, "Inflammation and Gastrointestinal Candida Colonization," *Current Opinion in Microbiology* 14, no. 4 (2011): 386-91, https://doi.org/10.1016/j.mib.2011.07.015.

53 M. A. Pfaller과 D. J. Diekema, "Epidemiology of Invasive Candidiasis: A Persistent Public Health Problem," *Clinical Microbiology Reviews* 20, no. 1 (2007): 133-63, https://doi.org/10.1128/CMR.00029-06.

54 M. M, McNeil 외, "Trends in Mortality due to Invasive Mycotic Diseases in the United States, 1980-1997," *Clinical Infectious Diseases* 33 (2001): 641-47, https://doi.org/10.1086/322606.

55 G. S. Martin 외, "The Epidemiology of Sepsis in the United States from 1979 through 2000," *New England Journal of Medicine* 348 (2003): 1546-54, https://doi.org/10.1056/NEJMoa022139.

56 Amnon Sonnenberg 외, "Epidemiology of Constipation in the United States," *Diseases of the Colon & Rectum* 32, no. 1 (1989) 1-8, https://doi.org/10.1007/BF02554713.

57 Sun Jung Oh 외, "Chronic Constipation in the United States: Results from a Population-Based Survey Assessing Healthcare Seeking and Use of Pharmaco therapy," *American Journal of Gastroenterology* 115, no. 6 (2020) 895-905. https://doi.org/10.14309/ajg.0000000000000614.

58 T. Sommers 외, "Emergency Department Burden of Constipation in the United States from 2006 to 2011," *American Journal of Gastroenterology* 110, no. 4 (2015): 572-79, https://doi.org/10.1038/ajg.2015.64.

59 Hajime Nakae 외, "Paralytic Ileus Induced by Glyphosate Intoxication Successfully Treated Using Kampo Medicine," *Acute Medicine & Surgery* 2, no. 3 (2015): 214-18, https://doi.org/10.1002/ams2.103.

60 Lu Fan 외, "Glyphosate Effects on Symbiotic Nitrogen Fixation in Glyphosate-Resistant Soybean," *Applied Soil Ecology* 121 (2017): 11-19, https://doi.org/10.1016/j.apsoil.2017.09.015.

61 M. M. Newman 외, "Changes in Rhizosphere Bacterial Gene Expression Following Glyphosate Treatment," *Science of the Total Environment* 553 (2017): 32-41, https://doi.org/10.1016/j.scitotenv.2016.02.078.

62 Takayuki Tohge 외, "Shikimate and Phenylalanine Biosynthesis in the Green Lineage," *Frontiers in Plant Science* 4 (2013): 62, https://doi.org/10.3389/fpls.2013.00062.

63 G. Hrazdina, "Biosynthesis of Flavonoids," 출처: R. W. Hemingway와 P. E. Laks (편집), Plant Polyphenols, Basic Life Sciences series, vol. 59 (Boston:, Springer, 1992), https://doi.org/10.1007/978-1-4615-3476-1_4.

64 Shikha Tripathi 외, "Effects of Glyphosate on Vigna Radiata Var. Ml613 Assessed by Meiotic Behaviour, Total Protein and GST Activity," *International Journal of Agricultural Science and Research* 7, no. 2 (2017): 223-34.

65 Pedro Diaz Vivancos 외, "Perturbations of Amino Acid Metabolism Associated with Glyphosate-Dependent Inhibition of Shikimic Acid Metabolism Affect Cellular Redox Homeostasis and Alter the Abundance of Proteins Involved in Photosynthesis and Photorespiration," *Plant Physiology* 157 (2011): 256-68, https://doi.org/10.1104/pp.111.181024.

66 Tommi Vatanen 외, "Variation in Microbiome LPS Immunogenicity Contributes to Autoimmunity in Humans," *Cell* 165 (2016): 842-53, https://doi.org/10.1016/j.cell.2016.04.007.

67 Austin G. Davis-Richardson 외, "Bacteroides dorei Dominates Gut Microbiome Prior to Autoimmunity in Finnish Children at High Risk for Type 1 Diabetes," *Frontiers in Microbiology* 5 (2014): 678, https://doi.org/10.3389/fmicb.2014.00678.

68 Tommi Vatanen 외, "Variation in Microbiome LPS Immunogenicity Contributes to Autoimmunity in Humans," *Cell* 165 (2016): 842-53, https://doi.org/10.1016/j.cell.2016.04.007.

69 Tommi Vatanen 외, "Genomic Variation and Strain-Specific Functional Adaptation in the Human Gut Microbiome during Early Life," *Nature Microbiology* 4, no. 3 (2019): 470-79, https://doi.org/10.1038/s41564-018-0321-5.

70 J. Salonen 외, "Impact of Changed Cropping Practices on Weed Occurrence in Spring Cereals in Finland—A Comparison of Surveys in 1997-1999 and 2007-2009." *Weed Research* 53 (2012): 110-20, https://doi.org/10.1111/wre.12004.

71 Philip Case, "Putin Wants Russia to Become World Leader in Organic Food, Farmers Weekly, December 4, 2015, https://www.fwi.co.uk/international-agriculture/putin-wants-russia-become-world-leader-organic-food.

4장 단백질은 어떻게 교란되는가?

1 J. A. Sikorski와 K. J. Gruys, "Understanding Glyphosate's Molecular Mode of Action with EPSP Synthase: Evidence Favoring an Allosteric Inhibitor Model," *Accounts of Chemical Research* 30, no. 1 (1997): 2-8, https://doi.org/10.1021/ar950122+.

2 T. Funke 외, "Molecular Basis for the Herbicide Resistance of Roundup Ready Crops," *Proceedings of the National Academy of Sciences of the United States of America* 2103, no. 35 (2006): 13010-15, https://doi.org/10.1073/pnas.0603638103.

3 S. E. Antonarakis 외, "Disease-Causing Mutations in the Human Genome," *European Journal of Pediatrics* 159, Suppl 3 (2000): S173-8, https://doi.org/10.1007/pl00014395.

4 S. E. Antonarakis 외, "Disease-Causing Mutations in the Human Genome," *European Journal of Pediatrics* 159, Suppl 3 (2000): S175, https://doi.org/10.1007/pl00014395.

5 A. Moghal 외, "Mistranslation of the Genetic Code," *FEBS Letters* 588 (2014): 4305-10, https://doi.org/10.1016/j.febslet.2014.08.035; P. Schimmel, "Mistranslation and Its Control by tRNA Synthetases," *Philosophical Transactions of the Royal Society of London Series B Biological Sciences* 366 (2011): 29652971, https://doi.org/10.1098/rstb.2011.0158.

6 E. Rubenstein, "Misincorporation of the Proline Analog Azetidine-2-Carboxylic Acid in the Pathogenesis of Multiple Sclerosis: A Hypothesis," *Journal of Neuropathology & Experimental Neurology* 67, no. 11 (2008): 1035-40, https://doi.org/10.1097/NEN.0b013e31818add4a.

7 Raymond A. Sobel, "A Novel Unifying Hypothesis of Multiple Sclerosis,"

Journal of Neuropathology & Experimental Neurology 67, no 11 (2008) 1032-34, https://doi.org/10.1097/NEN.0b13e31818becal.

8 C. Bertin 외, "Grass Roots Chemistry: Meta-Tyrosine, an Herbicidal Nonprotein Amino Acid," *Proceedings of the National Academy of Sciences of the United States of America* 104, No. 43 (2007): 16964-69, https://doi.org/10.1073/pnas.0707198104.

9 A. Herzine 외, "Perinatal Exposure to Glufosinate Ammonium Herbicide Impairs Neurogenesis and Neuroblast Migration through Cytoskeleton Destabilization," *Frontiers in Cellular Neuroscience* 10 (2016): 191, https://doi.org/10.3389/fncel.2016.00191.

10 B. J. Main 외, "The Use of l-Serine to Prevent β-Methylamino-l-Alanine (BMAA)-Induced Proteotoxic Stress *in Vitro*," Toxicon 109 (2016): 7-12, https://doi.org/10.1016/j.toxicon.2015.11.003; R. A. Dunlop 외, "The Non-Protein Amino Acid BMAA is Misincorporated into Human Proteins in Place of l-Serine Causing Protein Misfolding and Aggregation," *PLoS ONE* 8 (2013): e75376, https://doi.org/10.1371/journal.pone.0075376.

11 J. Krakauer 외, "Presence of L-Canavanine in *Hedysarum alpinum* Seeds and Its Potential Role in the Death of Chris McCandless," *Wilderness & Environmental Medicine* 26 (2015): 36-42, https://doi.org/10.1016/j.wem.2014.08.014.

12 H. Jakubowski, "Homocysteine Thiolactone: Metabolic Origin and Protein Homocysteinylation in Humans," *Journal of Nutrition* 130 (2000): 377S-381S, https://doi.org/10.1093/jn/130.2.377S.

13 대체 가능한 가정은 플래빈 모노뉴클레오티드(FMN) 환원효소의 보조인자인 망간을 킬레이트화하여 EPSP 합성효소의 보조인자로서 환원된 FMN의 결핍을 유발했다는 것이다. 또 다른 대체 가정은 시킴산 경로의 첫 단계를 촉진하는 효소의 보조인자로 작용하는 코발트를 킬레이트하는 것이다. 아니면 둘 다이다.

14 S. Eschenburg 외, "How the Mutation Glycine96 to Alanine Confers Glyphosate Insensitivity to 5-Enolpyruvyl Shikimate-3-Phosphate Synthase from *Escherichia coli*," *Planta* 216, no. 1 (2002): 129-35, https://doi.org/10.1007/s00425-002-0908-0.

15 S. R. Padgette 외, "Site-Directed Mutagenesis of a Conserved Region of the 5-Enolpyruvylshikimate-3-Phosphate Synthase Active Site," *Journal of Biological Chemistry* 266, no. 33 (1991): 22364-69.

16 S. R. Padgette 외, "Site-Directed Mutagenesis," 22364-69.

17 T. Funke 외, "Structural Basis of Glyphosate Resistance Resulting from the Double Mutation Thr[97] → Ile and Pro[101] → Ser in 5-Enolpyruvylshikimate-3-Phosphate Synthase from *Escherichia coli*," *Journal of Biological Chemistry* 284, no. 15 (2009): 9854-60, https://doi.org/10.1074/jbc.M809771200.

18 H. C. Steinrücken과 N. Amrhein, "5-Enolpyruvylshikimate-3-Phosphate Synthase of *Klebsiella pneumoniae* 2. Inhibition by Glyphosate [N-(Phosphonomethyl)Glycine]," *European Journal of Biochemistry* 143 (1984): 351-57, https://doi.org/10.1111/j.1432-1033.1984.tb08379.x.

19 Fatma Betül Ayanoğlu 외, "Bioethical Issues in Genome Editing by CRISPR-Cas9 Technology," *Turkish Journal of Biology* 44, no. 2 (2020) 110-20, https://doi.org/10.3906/biy-1912-52.

20 Y. Dong 외, "Desensitizing Plant EPSP Synthase to Glyphosate: Optimized Global Sequence Context Accommodates a Glycine-to-Alanine Change in the Active Site," *Journal of Biological Chemistry* 294, no. 2 (2019): 716-25, https://doi.org/10.1074/jbc.RA118.006134.

21 Y. Dong 외, "Desensitizing Plant EPSP Synthase to Glyphosate: Optimized Global Sequence

Context Accommodates a Glycine-to-Alanine Change in the Active Site," *Journal of Biological Chemistry* 294, no. 2 (2019): 716-25, https://doi.org/10.1074/jbc.RA118.006134.

22 Y. Dong 외, "Desensitizing Plant EPSP Synthase to Glyphosate: Optimized Global Sequence Context Accommodates a Glycine-to-Alanine Change in the Active Site," *Journal of Biological Chemistry* 294, no. 2 (2019): 716-25, https://doi.org/10.1074/jbc.RA118.006134.

23 M. A. Priestman 외, "5-Enolpyruvylshikimate-3-Phosphate Synthase from *Staphylococcus aureus* Is Insensitive to Glyphosate," *FEBS Letters* 579, No. 3 (2005): 728-32, https://doi.org/10.1016/j.febslet.2004.12.057.

24 W. P. Ridley와 K. A. Chott, "Uptake, Depuration and Bioconcentration of C-14 Glyphosate to Bluegill Sunfish (*Lepomis machrochirus*) Part II: Characterization and Quantitation of Glyphosate and Its Metabolites," Monsanto Agricultural Company (미공고 연구), August 1989.

25 Anthony Samsel과 Stephanie Seneff, "Glyphosate Pathways to Modern Diseases VI: Prions, Amyloidoses and Autoimmune Neurological Diseases," *Journal of Biological Physics and Chemistry* 17 (2017): 8-32, https://doi.org/10.4024/25SA16A.jbpc.17.01.

26 C. Lowrie, "The Metabolism of [C-14] N-Acetyl-Glyphosate (IN-MCX20) in Laying Hens," Charles River Laboratories Project no.210573, E. I. DuPont de Nemours and Company에 제출, DuPont Report No. Dupont-19795 (2007); C. Lowrie, "Metabolism of [14C]-N-Acetyl-Glyphosate (IN-MCX20) in the Lactating Goat," Charles River Laboratories Project no. 210583, E. I. du Pont de Nemours and Company에 제출, DuPont Report No. DuPont-19796 (2007).

27 M. M. Newman 외, "Changes in Rhizosphere Bacterial Gene Expression Following Glyphosate Treatment," *Science of the Total Environment* 553 (2016): 32-41, https://doi.org/10.1016/j.scitotenv.2016.02.078.

28 Michael N. Antoniou 외, "Glyphosate Does Not Substitute for Glycine in Proteins of Actively Dividing Mammalian Cells," *BMC Research Notes* 12 (2019): 494, https://doi.org/10.1186/s13104-019-4534-3.

29 Monika Krüger 외, "Detection of Glyphosate Residues in Animals and Humans," *Journal of Environmental & Analytical Toxicology* 4 (2014): 210; Monika Krüger 외, "Field Investigations of Glyphosate in Urine of Danish Dairy Cows," *Journal of Environmental & Analytical Toxicology* 3 (2013): 5, http://dx.doi.org/10.4172/2161-0525.1000186; A. Aris와 S. Leblanc, "Maternal and Fetal Exposure to Pesticides Associated to Genetically Modified Foods in Eastern Townships of Quebec, Canada," *Reproductive Toxicology* 31, no. 4 (2011) 528-33, 10.1016/j.reprotox.2011.02.004.

30 R. Cailleau 외, "Long-Term Human Breast Carcinoma Cell Lines of Metastatic Origin: Preliminary Characterization," *In Vitro* 14, no. 11 (1978): 911-15, https://doi.org/10.1007/BF02616120.

31 Michael N. Antoniou 외, "Glyphosate Does Not Substitute for Glycine in Proteins of Actively Dividing Mammalian Cells," *BMC Research Notes* 12 (2019): 494, https://doi.org/10.1186/s13104-019-4534-3.

32 M. J. Cope 외, "Conservation within the Myosin Motor Domain: Implications for Structure and Function," *Structure* 4, no. 8 (1996) 969-87, https://doi.org/10.1016/s0969-2126(96)00103-7.

33 F. Kinose 외, "Glycine 699 Is Pivotal for the Motor Activity of Skeletal Muscle Myosin," *Journal of Cell Biology* 134, no. 4 (1996): 895-909, https://doi.org/10.1083/jcb.134.4.895.

34 A. Richards 외, "The Substitution of Glycine 661 by Arginine in Type III Collagen Produces Mutant Molecules with Different Thermal Stabilities and Causes Ehlers-Danlos Syndrome

Type IV," *Journal of Medical Genetics* 30, no. 8 (1993): 690-93, https://doi.org/10.1136/jmg.30.8.690; B. Steinmann 외, *Connective Tissue and Its Heritable Disorders, Molecular Genetic and Medical Aspects*, (New York: Wiley-Liss), 1993: 351-407.

35   Hilal Maradit Kremers 외, "Prevalence of Total Hip and Knee Replacement in the United States," *The Journal of Bone and Joint Surgery (American Volume)* 97, no. 17 (2015) 1386-97, https://doi.org/10.2106/JBJS.N.01141.

36   Sanguk Kim 외, "Transmembrane Glycine Zippers: Physiological and Pathological Roles in Membrane Proteins," *Proceedings of the National Academy of Sciences of the United States of America* 102, no. 40 (2005): 14278-83, https://doi.org/10.1073/pnas.0501234102.

37   K. A. Matthews 외, "Racial and Ethnic Estimates of Alzheimer's Disease and Related Dementias in the United States (2015-2060) in Adults Aged $\geq$ 65 Years," *Alzheimer's & Dementia* 15, no. 1 (2019): 17-24, https://doi.org/10.1016/j.jalz.2018.06.3063external icon.

38   Sanguk Kim 외, "Transmembrane Glycine Zippers: Physiological and Pathological Roles in Membrane Proteins," *Proceedings of the National Academy of Sciences of the United States of America* 192, no. 40 (2005) 14278-83, https://doi.org/10.1073/pnas.0501234102.

39   Giampaolo Merlini 외, "Amyloidosis: Pathogenesis and New Therapeutic Options," *Journal of Clinical Oncology* 29, no. 14 (2011): 1924-33, https://doi.org/10.1200/JCO.2010.32.2271.

40   E. Wertheimer 외, "Two Mutations in a Conserved Structural Motif in the Insulin Receptor Inhibit Normal Folding and Intracellular Transport of the Receptor," *Journal of Biological Chemistry* 269 (1994): 7587-92; U. M. Koivisto 외, "A Novel Cellular Phenotype for Familial Hypercholesterolemia Due to a Defect in Polarized Targeting of LDL Receptor," *Cell* 105, no. 5 (2001): 575-85, PMID: 8125981.

41   Duane Graveline, "Adverse Effects of Statin Drugs: A Physician Patient's Perspective," *Journal of American Physicians and Surgeons* 20, no. 1 (2015): 7-11.

5장 인산으로 퍼즐은 맞춰진다

1   Nuria de Maria 외, "New Insights on Glyphosate Mode of Action in Nodular Metabolism: Role of Shikimate Accumulation," *Journal of Agricultural and Food Chemistry* 54 (2006): 2621-28, https://doi.org/10.1021/jf058166c.

2   F. Peixoto, "Comparative Effects of the Roundup and Glyphosate on Mitochondrial Oxidative Phosphorylation," *Chemosphere* 61 (2004) 1115-22, https://doi.org/10.1016/j.chemosphere.2005.03.044; Daiane Cattani 외, "Mechanisms Underlying the Neurotoxicity Induced by Glyphosate-Based Herbicide in Immature Rat Hippocampus: Involvement of Glutamate Excitotoxicity," *Toxicology* 329 (2014): 34-45, https://doi.org/10.1016/j.tox.2014.03.001.

3   Jagat S. Chauhan 외, "Identification of ATP Binding Residues of a Protein from its Primary Sequence," *BMC Bioinformatics* 10 (2009): 434, https://doi.org/10.1186/1471-2105-10-434.

4   Quang Khai Huynh 외, "Mechanism of Inactivation of Escherichia coli 5-Enolpyruvoylshikimate-3-Phosphate Synthase by o-Phthalaldehyde," *Journal of Biological Chemistry* 265, no. 12 (1990): 6700-4.

5   Sampath Koppole 외, "The Structural Coupling between ATPase Activation and Recovery Stroke in the Myosin II Motor," *Structure* 15 (2007): 825-37, https://doi.org/10.1016/j.str.2007.06.008.

6   T. Kambara와 T. E. Rhodes, "Functional Significance of the Conserved Residues in the Flexible Hinge Region of the Myosin Motor Domain," *Journal of Biological Chemistry* 274,

no. 23 (1999): 16400-6, https://doi.org/10.1074/jbc.274.23.16400.

7   Wei Lu 외, "Genome-Wide Transcriptional Responses of *Escherichia coli* to Glyphosate, a Potent Inhibitor of the Shikimate Pathway Enzyme 5-Enolpyruvylshikimate-3-Phosphate Synthase," *Molecular BioSystems* 9 (2013): 522-30, https://doi.org/10.1128/JB.01990-07.

8   Christopher M. Smith 외, "The Catalytic Subunit of cAMP-Dependent Protein Kinase: Prototype for an Extended Network of Communication," *Progress in Biophysics & Molecular Biology* 71 (1999): 313-41.

9   B. D. Grant 외, "Kinetic Analyses of Mutations in the Glycine-Rich Loop of cAMP-Dependent Protein Kinase," *Biochemistry 37 (1998): 7708-15, https://doi.org/10.1021/bi972987w;* *Helen Davies* 외, *"Mutations of the BRAF Gene in Human Cancer,"* Nature 417, no. 6892 (2002) 949-54, https://doi.org/10.1038/nature00766.

10   Christopher M. Smith 외, "The Catalytic Subunit of cAMP-Dependent Protein Kinase: Prototype for an Extended Network of Communication," *Progress in Biophysics & Molecular Biology* 71 (1999): 313-41; Helen Davies 외, "Mutations of the BRAF Gene in Human Cancer," *Nature* 417, no. 6892 (2002) 949-54, https://doi.org/10.1038/nature00766; Wolfram Hemmer 외, "Role of the Glycine Triad in the ATP-binding Site of cAMP-dependent Protein Kinase," *Journal of Biological Chemistry* 272, no. 27 (1997): 16946-54, https://doi.org/10.1038/nature00766; D. Chaillot 외, "Mutation of Recombinant Catalytic Subunit of the Protein Kinase CK2 that Affects Catalytic Efficiency and Specificity," *Protein Engineering* 13 (2000): 291-98, https://doi.org/10.1093/protein/13.4.291.

11   D. Chaillot 외, "Mutation of Recombinant," 291-98.

12   V. Singh 외, "Phosphorylation: Implications in Cancer," *Protein Journal* 36 no. 1 (2017): 1-6; J. Z. Wang 외, "Abnormal Hyperphosphorylation of Tau: Sites, Regulation, and Molecular Mechanism of Neurofibrillary Degeneration," *Journal of Alzheimer's Disease* 33 (2013): S123-39.

13   Helen Davies 외, "Mutations of the BRAF Gene in Human Cancer," *Nature* 417, no. 6892 (2002): 949-54.

14   Patrick G. Gallagher 외, "Diagnosis of Pyruvate Kinase Deficiency," *Pediatric Blood & Cancer* 63, no. 5 (2016): 771-72, https://doi.org/10.1038/nature00766.

15   적혈구와 달리, 대부분의 살아 있는 세포는 미토콘드리아의 포도당과 다른 영양소의 산화적 인산화를 통해 에너지를 주로 공급받는다.

16   Anna Demina 외, "Six Previously Undescribed Pyruvate Kinase Mutations Causing Enzyme Deficiency," *Blood* 92, no. 2 (1998): 647-52, https://doi.org/10.1182/blood.V92.2.647.

17   John Knight 외, "Ascorbic Acid Intake and Oxalate Synthesis," *Urolithiasis* 44, no. 4 (2016): 289-97, https://doi.org/10.1007/s00240-016-0868-7.

18   S. K. Jain, "Glutathione and Glucose-6-Phosphate Dehydrogenase Deficiency can Increase Protein Glycosylation," *Free Radial Biology and Medicine* 24, no. 1 (1998): 197-201, https://doi.org/10.1016/s0891-5849(97)00223-2.

19   M. Ahdab-Barmada와 J. Moossy, "The Neuropathology of Kernicterus in the Premature Neonate: Diagnostic Problems," *Journal of Neuropathology & Experimental Neurology* 43, no. 1 (1984): 45-56, https://doi.org/10.1097/00005072-198401000-00004.

20   Sanjiv B. Amin 외, "Is Neonatal Jaundice Associated with Autism Spectrum Disorders: A Systematic Review," *Journal of Autism and Developmental Disorders* 41, no. 11 (2011): 1455-1463, https://doi.org/10.1007/s10803-010-1169-6; S. M. Al-Salehi와 M. Ghaziuddin, "G6PD Deficiency in Autism: A Case-Series from Saudi Arabia," *European Child & Adolescent Psychiatry* 18, no. 4 (2009): 227-30, https://doi.org/0.1007/s00787-008-0721-9.

21 Anna D. Cunningham 외, "Coupling between Protein Stability and Catalytic Activity Determines Pathogenicity of G6PD Variants," *Cell Reports* 18 (2017): 2592-2599, https://doi.org/10.1016/j.celrep.2017.02.048.

22 Daiane Cattani 외, "Mechanisms Underlying the Neurotoxicity Induced by Glyphosate-Based Herbicide in Immature Rat Hippocampus: Involvement of Glutamate Excitotoxicity," *Toxicology* 329 (2014): 34-45, https://doi.org/10.1016/j.tox.2014.03.001.

23 M. Kotaka 외, "Structural Studies of Glucose-6-Phosphate and NADP+ Binding to Human Glucose-6-Phosphate Dehydrogenase," *Acta Crystallographica D* 61 (2005): 495-504, https://doi.org/10.1107/S0907444905002350.

24 X. T. Wang 외, "What Is the Role of the Second 'Structural' NADP+-Binding Site in Human Glucose-6-Phosphate Dehydrogenase?" *Protein Science* 17, no. 8 (2008): 1403-11, https://doi.org/10.1110/ps.035352.108.

25 Omar M. E. Abdel-Salam 외, "Nuclear Factor-Kappa B and Other Oxidative Stress Biomarkers in Serum of Autistic Children," *Open Journal of Molecular and Integrative Physiology* 5 (2015): 18-27, https://doi.org/10.4236/ojmip.2015.51002.

26 Lynn M. Kitchen 외, "Inhibition of δ-Aminolevulinic Acid Synthesis by Glyphosate," *Weed Science* 29, no. 5 (1981): 571-77, https://doi.org/10.1017/S004317450006375X.

27 Henry N. Kirkman 외, "Mechanisms of Protection of Catalase by NADPH: Kinetics and Stoichiometry," *Journal of Biological Chemistry* 274 (1999): 13908-14, https://doi.org/10.1074/jbc.274.20.13908.

28 A. Ghanizadeh 외, "Glutathione-Related Factors and Oxidative Stress in Autism, a Review," *Current Medicinal Chemistry* 19, no. 23 (2012): 4000-5, https://doi.org/10.2174/092986712802002572.

29 Audrey Gehin 외, "Glyphosate-Induced Antioxidant Imbalance in HaCaT: The Protective Effect of Vitamins C and E," *Environmental Toxicology & Pharmacology* 22, no. 1 (2006): 27-34, https://doi.org/10.1016/j.etap.2005.11.003.

30 R. Turkmen 외, "Protective Effects of Resveratrol on Biomarkers of Oxidative Stress, Biochemical and Histopathological Changes Induced by Sub-Chronic Oral Glyphosate-Based Herbicide in Rats," *Toxicology Research (Cambridge)* 8, no. 2 (2019): 238-45, https://doi.org/10.1039/c8tx00287h.

31 D. Vivancos 외, "Perturbations of Amino Acid Metabolism Associated with Glyphosate-Dependent Inhibition of Shikimic Acid Metabolism Affect Cellular Redox Homeostasis and Alter the Abundance of Proteins Involved in Photosynthesis and Photorespiration," *Plant Physiology* 157, no. 1 (2011): 256-68, https://doi.org/10.1104/pp.111.181024.

32 G149, G196, G255, G387이다.

33 S. Jill James 외, "Metabolic Biomarkers of Increased Oxidative Stress and Impaired Methylation Capacity in Children with Autism," *American Journal of Clinical Nutrition* 80 (2004): 1611-17, https://doi.org/10.1093/ajcn/80.6.1611.

34 Mostafa I. Waly, "Redox-Methylation Theory and Autism," 출처: *The Comprehensive Guide to Autism*, Patel 외 (편집) (New York: Springer, January 2014).

35 에이코사노이드(프로스타글란딘*prostaglandin*, 트롬복산*thromboxane*, 류코트리엔*leukotriene*, 엔도카나비노이드*endocannabinoid*).

36 Ningwu Huang 외, "Diversity and Function of Mutations in P450 Oxidoreductase in Patients with Antley-Bixler Syndrome and Disordered Steroidogenesis," *American Journal of Human Genetics* 76 (2005): 729-49, https://doi.org/10.1086/429417.

37 David C. Lamb 외, "A Second FMN Binding Site in Yeast NADPH-Cytochrome P450 Reductase Suggests a Mechanism of Electron Transfer by Diflavin Reductases," *Structure* 14 (2006): 51-61, https://doi.org/10.1016/j.str.2005.09.015.

38 Lin Wu 외, "Conditional Knockout of the Mouse NADPH-Cytochrome P450 Reductase Gene," *Genesis* 36, no. 4 (2003): 177-81, https://doi.org/10.1002/gene.10214.

39 Robin Mesnage 외, "Multiomics Reveal Non-Alcoholic Fatty Liver Disease in Rats Following Chronic Exposure to an Ultra-Low Dose of Roundup Herbicide," *Scientific Reports* 7 (2017): 39328, https://doi.org/10.1038/srep39328.

40 David C. Lamb 외, "A Second FMN Binding Site in Yeast NADPH Cytochrome P450 Reductase Suggests a Mechanism of Electron Transfer by Diflavin Reductases," *Structure* 14 (2006): 51-61, https://doi.org/10.1016/j.str.2005.09.015.

41 Q. Zhao 외, "Crystal Structure of the FMN-Binding Domain of Human Cytochrome P450 Reductase at 1.93 A Resolution," *Protein Science* 8, no. 2 (1999): 298-306, https://doi.org/10.1110/ps.8.2.298.

42 Eino Hietanen 외, "Effects of Phenoxyherbicides and Glyphosate on the Hepatic and Intestinal Biotransformation Activities in the Rat," *Acta Pharmacologica et Toxicologica* 53 (1983): 103-12, https://doi.org/10.1111/j.1600-0773.1983.tb01876.x.

43 A. W. Segal, "The NADPH Oxidase and Chronic Granulomatous Disease," *Molecular Medicine Today* 2, no. 3 (1996): 129-35.

44 Franck Debeurme 외, "Regulation of NADPH Oxidase Activity in Phagocytes: Relationship between FAD/NADPH Binding and Oxidase Complex Assembly," *Journal of Biological Chemistry* 285, no. 43 (2010): 33197-208, https://doi.org/10.1016/1357-4310(96)88723-5, https://doi.org/10.1074/jbc.M110.151555.

45 L. M. Siegel 외, "*Escherichia coli* Sulfite Red=uctase Hemoprotein Subunit. Prosthetic Groups, Catalytic Parameters, and Ligand Complexes," *Journal of Biological Chemistry* 257, no. 11 (1982): 6343-50.

46 Julien Loubinoux 외, "Sulfate-Reducing Bacteria in Human Feces and Their Association with Inflammatory Bowel Diseases," *EMS Microbiology Ecology* 40, no. 2 (2002): 107-12, https://doi.org/10.1111/j.1574-6941.2002.tb00942.x; Sydney M. Finegold, "Desulfovibrio Species Are Potentially Important in Regressive Autism," *Medical Hypotheses* 77, no. 2 (2011): 270-74, https://doi.org/10.1016/j.mehy.2011.04.032.

47 Michael N. Antoniou 외, "Glyphosate Does Not Substitute for Glycine in Proteins of Actively Dividing Mammalian Cells," *BMC Research Notes* 12 (2019): 494, https://doi.org/10.1186/s13104-019-4534-3.

6장 기적의 일꾼, 황산

1 D. Wacey 외, "Microfossils of Sulphur-Metabolizing Cells in 3.4-Billion-Year-Old Rocks of Western Australia," *Nature Geoscience* 4, no. 10 (2011): 698-702, https://doi.org/10.1038/ngeo1238.

2 J. M. Olson과 R. E. Blankenship, "Thinking about the Evolution of Photosynthesis," *Photosynthesis Research* 80 (2004): 373-86, https://doi.org/10.1023/B:PRES.0000030457.06495.83.

3 Nikolaos Samaras 외, "A Review of Age-Related Dehydroepiandrosterone Decline and Its Association with Well-Known Geriatric Syndromes: Is Treatment Beneficial?" *Rejuvenation Res* 16, no. 4 (2013) 285-94, https://doi.org/10.1089/rej.2013.1425.

4   Stephanie Seneff와 Gregory Nigh, "Glyphosate and Anencephaly: Death by a Thousand Cuts," *Journal of Neurology and Neurobiology* 3 (2017): 2, http://dx.doi.org/10.16966/2379-7150.140.

5   Lance P. Walsh 외, "Roundup Inhibits Steroidogenesis by Disrupting Steroidogenic Acute Regulatory (StAR) Protein Expression," *Environmental Health Perspectives* 108, no. 8 (2000): 769-76, https://doi.org/10.1289/ehp.00108769.

6   E. Tierney 외, "Abnormalities of Cholesterol Metabolism in Autism Spectrum Disorders," *American Journal of Human Genetics & Neuropsychiatric Genetics* 1418, No 6 (2006): 666-68, https://doi.org/10.1002/ajmg.b.30368.

7   Rosemary H. Waring과 L. V. Klovrza, "Sulphur Metabolism in Autism," *Journal of Nutritional & Environmental Medicine* 10 (2000): 25-32.

8   J. J. Cannell, "Autism and Vitamin D," *Medical Hypotheses* 70 (2008): 750-59, https://doi.org/10.1080/13590840050000861.

9   Lucia O. Sampaio 외, "Heparins and Heparan Sulfates. Structure, Distribution and Protein Interactions," 출처: *Insights into Carbohydrate Structure and Biological Function*, Hugo Verli 편집. (Kerala, India: Transworld Research Network, 2006), http://www.umc.br/_img/_noticias/755/artigo.pdf.

10   K. Jinesh 외, "Capillary Condensation in Atomic Scale Friction: How Water Acts like a Glue," *Physical Review Letters* 96 (2006): 166103, https://doi.org/10.1103/PhysRevLett.96.166103.

11   S. Reitsma 외, "The Endothelial Glycocalyx: Composition, Functions, and Visualization," *Pflügers Archiv* 454, no. 3 (2007): 345-59, https://doi.org/10.1007/s00424-007-0212-8.

12   Abha Sharma 외, "Effect of Health-Promoting Agents on Exclusion-Zone Size," *Dose-Response* (2018): 1-8.

13   E. E. Caldwell 외, "Importance of Specific Amino Acids in Protein Binding Sites for Heparin and Heparan Sulfate," *The International Journal of Biochemistry & Cell Biology* 28, no. 2 (1996): 203-16, https://doi.org/10.1177/1559325818796937.

14   J. D. Esko, "Glycosaminoglycan-Binding Proteins," 출처: *Essentials of Glycobiology*, A. Varli 외 편집, (Cold Spring Harbor, NY: Cold Spring Harbor Laboratory Press, 1999).

15   Rosemary S. Mummery와 Christopher C. Rider, "Characterization of the Heparin-Binding Properties of IL-61," *Journal of Immunology* 165 (2000): 5671-79, https://doi.org/10.4049/jimmunol.165.10.5671.

16   R. D. Rosenberg와 P. S. Damus, "The Purification and Mechanism of Action of Human Antithrombin-heparin Cofactor," *Journal of Biological Chemistry* 248 (1973) 6490-505.

17   H. Li와 U. Förstermann, "Nitric Oxide in the Pathogenesis of Vascular Disease," *Journal of Pathology* 190 no. 3 (2000): 244-54, https://doi.org/10.1002/(SICI)1096-9896(200002)190:3⟨244::AID-PATH575⟩3.0.CO:2-8.

18   Stephanie Seneff 외, "A Novel Hypothesis for Atherosclerosis as a Cholesterol Sulfate Deficiency Syndrome," *Theoretical Biology and Medical Modeling* 12 (2015): 9, https://doi.org/10.1186/s12976-015-0006-1.

19   P. Kleinbongard 외, "Red Blood Cells Express a Functional Endothelial Nitric Oxide Synthase," *Blood* 107, no. 7 (2006): 2943-51, https://doi.org/10.1182/blood-2005-10-3992.

20   Daniel Ikenna Udenwobele 외, "Myristoylation: An Important Protein Modification in the Immune Response," *Frontiers in Immunology* 8 (2017): 751, https://doi.org/10.3389/fimmu.2017.00751.

21 A. Vijay 외, "Uncoupling of eNOS Causes Superoxide Anion Production and Impairs NO Signaling in the Cerebral Microvessels of HPH-1 Mice," *Journal of Neurochemistry* 122, no. 6 (2012) 1211-18, https://doi.org/10.1111/j.1471-4159.2012.07872.x.

22 Christopher L. Bianco 외, "Investigations on the Role of Hemoglobin in Sulfide Metabolism by Intact Human Red Blood Cells," *Biochemical Pharmacology* 149 (2018): 163-73, https://doi.org/10.1016/j.bcp.2018.01.045.

23 이 주제에 관해 동료들과 함께 발표한 다음 두 논문에 자세히 설명되어 있다.
Stephanie Seneff 외, "Is Endothelial Nitric Oxide Synthase a Moonlighting Protein Whose Day Job Is Cholesterol Sulfate Synthesis? Implications for Cholesterol Transport, Diabetes and Cardiovascular Disease," *Entropy* 14 (2012): 2492-530, https://doi.org/10.3390/e14122492; Stephanie Seneff 외, "A Novel Hypothesis for Atherosclerosis as a Cholesterol Sulfate Deficiency Syndrome," *Theoretical Biology and Medical Modeling* 12 (2015): 9, https://doi.org/10.1186/s12976-015-0006-1.

224 K. A. Pritchard Jr. 외, "Native Low-Density Lipoprotein Increases Endothelial Cell Nitric Oxide Synthase Generation of Superoxide Anion," *Circulation Research* 77, no. 3 (1995) 510-18, https://doi.org/10.1161/01.res.77.3.510; O. Feron 외, "Hypercholesterolemia Decreases Nitric Oxide Production by Promoting the Interaction of Caveolin and Endothelial Nitric Oxide Synthase," *Journal of Clinical Investigation* 103, no. 6 (1999): 897-905, https://doi.org/10.1172/JCI4829.

25 S. Gao와 J. Liu, "Association between Circulating Oxidized Low-Density Lipoprotein and Atherosclerotic Cardiovascular Disease," *Chronic Diseases and Translational Medicine* 3, no. 2 (2017) 89-94, https://doi.org/10.1016/j.cdtm.2017.02.008.

26 M. E. Morris와 G. Levy, "Serum Concentration and Renal Excretion by Normal Adults of Inorganic Sulfate after Acetaminophen, Ascorbic Acid, or Sodium Sulfate," *Clinical Pharmacology & Therapy* 33 (1983): 529-36, https://doi.org/10.1038/clpt.1983.72.

27 H. Laue 외, "Taurine Reduction in Anaerobic Respiration of Bilophila wadsworthia RZATAU," *Applied and Environmental Microbiology* 63, no. 5 (1997): 2016-21, https://doi.org/10.1128/AEM.63.5.2016-2021.1997.

28 Mary A. Hickman 외, "Effect of Processing on Fate of Dietary [14C]Taurine in Cats," *Journal of Nutrition* 120, no. 9 (1990): 995-1000, https://doi.org/10.1093/jn/120.9.995.

29 W. Lu 외, "Genome-wide Transcriptional Responses of Escherichia coli to Glyphosate, a Potent Inhibitor of the Shikimate Pathway Enzyme 5-Enolpyruvylshikimate-3-Phosphate Synthase," *Molecular BioSystems* 9, no. 3 (2013): 522-30, https://doi.org/10.1128/JB.01990-07.

7장 간에서 일어나는 놀라운 일들

1 Rachel Carson, *Silent Spring* (New York: Houghton Mifflin Company, 1962) 191.

2 Nelson Fausto 외, "Liver Regeneration," *Hepatology* 2006; 43 (51): S45-S53, https://doi.org/10.1002/hep.20969.

3 Raquel Jasper 외, "Evaluation of Biochemical, Hematological and Oxidative Parameters in Mice Exposed to the Herbicide Glyphosate-Roundup®," *Interdisciplinary Toxicology* 5, no. 3 (2012): 133-140, https://doi.org/10.2478/v10102-012-0022-5; Sanam Naz 외, "Effect of Glyphosate on Hematological and Biochemical Parameters of Rabbit (Oryctolagus cuniculus)," *Pure and Applied Biology* 8, no. 1 (2019): 78-92, http://doi.org/10.19045/bspab.2018.700166; M. Verderame and R. Scudiero, "How Glyphosate Impairs Liver Condition in the Field Lizard *Podarcis siculus* (Rafinesque-Schmaltz, 1810): Histological and

Molecular Evidence," *BioMed Research International* (2019): 4746283,
https://doi.org/10.1155/2019/4746283.

4   Mohamed Ahmed Fathi 외, "Disruption of Cytochrome P450 Enzymes in the Liver and Small
    Intestine in Chicken Embryos in Ovo Exposed to Glyphosate," *Environmental Science and
    Pollution Research* 27, no. 14 (2020): 16865-75, https://www.doi.org/10.1007/s11356-020-
    08269-3; Unchisa Intayoung 외, "Effect of Occupational Exposure to Herbicides on
    Oxidative Stress in Sprayers," *Safety and Health at Work* October 2020 [인쇄 전 전자책],
    https://doi.org/10.1016/j.shaw.2020.09.011; Verena J. Koller 외, "Cytotoxic and DNA-
    damaging Properties of Glyphosate and Roundup in Human-derived Buccal Epithelial
    Cells," *Archives of Toxicology* 86 (2012 February): 805-13,
    https://www.dio.org/10.1007/s00204-012-0804-8.

5   Laura E. Armstrong과 Grace L. Guo, "Understanding Environmental Contaminants' Direct
    Effects on Non-alcoholic Fatty Liver Disease Progression," *Current Environmental Health
    Reports* 6, no. 3 (2019): 95-104, https://www.ncbi.nlm.nih.gov/pmc/articles/PMC6698395.

5   Alessandro Mantovani와 Giovanni Targher, "Type 2 Diabetes Mellitus and Risk of
    Hepatocellular Carcinoma: Spotlight on Nonalcoholic Fatty Liver Disease," *Annals of
    Translational Medicine* 5, no. 13 (2017): 270, https://doi.org/10.21037/atm.2017.04.41.

7   R. Loomba 외, "The Global NAFLD Epidemic," *Nature Reviews Gastroenterology &
    Hepatology* 10 (2013): 686-90; Michael Fuchs, "Managing the Silent Epidemic of
    Nonalcoholic Fatty Liver Disease," Federal Practitioner 36, no. 1 (2019): 12-13,
    https://doi.org/10.1038/nrgastro.2013.171.

8   Zaki A. Sherif, "The Rise in the Prevalence of Nonalcoholic Fatty Liver Disease and
    Hepatocellular Carcinoma. in Nonalcoholic Fatty Liver Disease—An Update," Emad Hamdy
    Gad 편집, Intech Open, September 11, 2019, https://www.doi.org/10.5772/intechopen.85780.

9   Chris Estes 외, "Modeling the Epidemic of Nonalcoholic Fatty Liver Disease Demonstrates an
    Exponential Increase in Burden of Disease," *Hepatology* 67, no. 1 (2018): 123-33,
    https://doi.org/10.1002/hep.29466.

10 V. G. Agopian 외, "Liver Transplantation for Nonalcoholic Steatohepatitis: The New
    Epidemic," *Annals of Surgery* 256, no. 4 (2012): 624-33,
    https://doi.org/10.1097/SLA.0b013e31826b4b7e.

11 K. Shedlock 외, "Autism Spectrum Disorders and Metabolic Complications of Obesity,"
    The Journal of Pediatrics 178 (2016): 183-87, https://doi.org/10.1016/j.jpeds.2016.07.055.

12 Paul J. Mills 외, "Glyphosate Excretion is Associated with Steatohepatitis and Advanced Liver
    Fibrosis in Patients with Fatty Liver Disease," *Clinical Gastroenterology and Hepatology* 18,
    no. 3 (2020): 741-43, https://doi.org/10.1016/j.cgh.2019.03.045.

13 G.-E. Séralini 외, "Long-term Toxicity of a Roundup Herbicide and a Roundup-Tolerant
    Genetically Modified Maize," *Environmental Sciences Europe* 26 (2014): 14, https://doi.
    org/10.1016/j.fct.2012.08.005; X. Ren 외, "Effects of Chronic Glyphosate Exposure to
    Pregnant Mice on Hepatic Lipid Metabolism in Offspring," *Environmental Pollution* 254, Pt
    A (2019): Article 112906, https://doi.org/10.1016/j.envpol.2019.07.074; Breanna Ford 외,
    "Mapping Proteome-wide Targets of Glyphosate in Mice," *Cell Chemical Biology* 24, no. 2
    (2017): 133-40, https://doi.org/10.1016/j.chembiol.2016.12.013; Robin Mesnage 외,
    "Transcriptome Profile Analysis Reflects Rat Liver and Kidney Damage Following Chronic
    Ultra-Low Dose Roundup Exposure," Environmental Health 14 (2015): 70,
    https://doi.org/10.1186/s12940-015-0056-1.

14 G.-E. Séralini 외, "Long-Term Toxicity of a Roundup Herbicide and a Roundup-Tolerant
    Genetically Modified Maize," *Environmental Sciences Europe* 26 (2014): 14,

https://doi.org/10.1016/j.fct.2012.08.005.

15 Robin Mesnage 외, "Potential Toxic Effects of Glyphosate and Its Commercial Formulations below Regulatory Limits," *Food and Chemical Toxicology* 84 (2015): 133-53, https://doi.org/10.1016/j.fct.2015.08.012.

16 Karen Briere, "Glyphosate on Feed Affects Livestock: Vet," October 19, 2017, https://www.producer.com/livestock/glyphosate-on-feed-affects-livestock-vet/.

17 Sanam Naz 외, "Effect of Glyphosate on Hematological and Biochemical Parameters of Rabbit (Oryctolagus cuniculus)," *Pure and Applied Biology* 9, no. 1 (2019): 78-92, https://doi.org/10.2478/v10102-012-0022-5.

18 K. Çavuşoğlu 외, "Protective Effect of Ginkgo biloba L. Leaf Extract against Glyphosate Toxicity in Swiss Albino Mice," *Journal of Medicinal Food* 14, no. 10 (2011): 1263-72, https://doi.org/10.1089/jmf.2010.0202.

19 X. Ren 외, "Effects of Chronic Glyphosate Exposure to Pregnant Mice on Hepatic Lipid Metabolism in Offspring," *Environmental Pollution* 254, Pt A (2019): 112906, https://doi.org/10.1016/j.envpol.2019.07.074.

20 Robin Mesnage 외, "Multiomics Reveal Non-Alcoholic Fatty Liver Disease in Rats Following Chronic Exposure to an Ultra-Low Dose of Roundup Herbicide," *Scientific Reports* 7 (2017): 39328, https://doi.org/10.1038/srep39328.

21 Shaimaa M. M. Saleh 외, "Hepato-Morpholoy and Biochemical Studies on the Liver of Albino Rats after Exposure to Glyphosate- Roundup®," *The Journal of Basic and Applied Zoology* 79 (2018): 48, https://doi.org/10.1186/s41936-018-0060-4.

22 N. Soudani 외, "Glyphosate Disrupts Redox Status and Up-Regulates Metallothionein I and II Genes Expression in the Liver of Adult Rats. Alleviation by Quercetin," *General Physiology and Biophysics* 38, no. 2 (2019): 123-34, https://doi.org/10.4149/gpb_2018043.

23 M. Uotila 외, "Induction of Glutathione S-Transferase Activity and Glutathione Level in Plants Exposed to Glyphosate," *Physiologia Plantarum* 93 (1995): 689-94, https://doi.org/10.1093/toxsci/62.1.54.

24 R. Turkmen 외, "Protective Effects of Resveratrol on Biomarkers of Oxidative Stress, Biochemical and Histopathological Changes Induced by Sub-Chronic Oral Glyphosate-Based Herbicide in Rats," *Toxicology Research (Cambridge)* 8, no. 2 (2019): 238-45, https://doi.org/10.1039/c8tx00287h.

25 Raquel Jasper 외, "Evaluation of Biochemical, Hematological and Oxidative Parameters in Mice Exposed to the Herbicide Glyphosate-Roundup," *Interdisciplinary Toxicology* 5, no. 3 (2012): 133140, https://doi.org/10.2478/v10102-012-0022-5.

26 Stephanie Seneff 외, "Can Glyphosate's Disruption of the Gut Microbiome and Induction of Sulfate Deficiency Explain the Epidemic in Gout and Associated Diseases in the Industrialized World?" *Journal of Biological Physics and Chemistry* 17 (2017): 53-76, https://www.doi.org/10.4024/04SE17A.jbpc.17.02.

27 Gerald M. Carlson과 Todd Holyoak, "Structural Insights into the Mechanism of Phosphoenolpyruvate Carboxykinase Catalysis," *Journal of Biological Chemistry* 284, no. 4 (2009): 27037-41, https://doi.org/10.1074/jbc.R109.040568.

28 P. T. Clayton 외, "Mitochondrial Phosphoenolpyruvate Carboxykinase Deficiency," *European Journal of Pediatrics* 145, nos. 1-2 (1986): 46-50, https://doi.org/10.1007/BF00441851.

29 3장에서 먼저 설명했던 대로.

30 Monika Krüger 외, "Field Investigations of Glyphosate in Urine of Danish Dairy Cows," *Journal of Environmental & Analytical Toxicology* 3 (2013): 5, http://dx.doi.org/10.4172/2161-0525.1000186.

31 M. M. Newman 외, "Changes in Rhizosphere Bacterial Gene Expression Following Glyphosate Treatment," *Sci Total Environment* 553 (2017): 32-41, https://doi.org/10.1016/j.scitotenv.2016.02.078.

32 D. L. Baly 외, "Pyruvate Carboxylase and Phosphoenolpyruvate Carboxykinase Activity in Developing Rats: Effect of Manganese Deficiency," *Journal of Nutrition* 115, no. 7 (1985): 872-79, https://doi.org/10.1203/00006450-197901000-00009.

33 Parvin Hakimi 외, "Phosphoenolpyruvate Carboxykinase and the Critical Role of Cataplerosis in the Control of Hepatic Metabolism," *Nutrition and Metabolism* 2 (2005): 33, https://doi.org/10.1186/1743-7075-2-33.

34 Parvin Hakimi 외, "Phosphoenolpyruvate Carboxykinase," 33, 5.

35 Fernando Rafael de Moura 외, "Effects of Glyphosate-Based Herbicide on Pintado da Amazônia: Hematology, Histological Aspects, Metabolic Parameters and Genotoxic Potential," *Environmental Toxicology and Pharmacology* 56 (2017): 241-48, https://doi.org/10.1016/j.etap.2017.09.019.

36 Aparamita Pandey 외, "Inflammatory Effects of Subacute Exposure of Roundup in Rat Liver and Adipose Tissue," *Dose-Response* (2019): 1-11, https://doi.org/10.1177/1559325819843380.

37 Pengxiang She 외, "Phosphoenolpyruvate Carboxykinase Is Necessary for the Integration of Hepatic Energy Metabolism," *Molecular and Cellular Biology* 20, no. 17 (2000): 6508-17, https://doi.orig/10.1128/mcb.20.17.6508-6517.2000.

38 V. R. Anjali와 C. Aruna Devi, "Impact of Glyphosate on Intermediary and Mitochondrial Metabolism on a Freshwater Fish, Aplocheilus lineatus (Valenciennes)," *Journal of Aquatic Biology & Fisheries* 5 (2017): 27-35.

39 Shawn C. Burgess 외, "Impaired Tricarboxylic Acid Cycle Activity in Mouse Livers Lacking Cytosolic Phosphoenolpyruvate Carboxykinase," *Journal of Biological Chemistry* 279, no. 47 (2004): 48941-49, https://doi.org/10.1074/jbc.M407120200.

40 Vidhu Gill 외, "Advanced Glycation End Products (AGEs) May Be a Striking Link between Modern Diet and Health," *Biomolecules* 9, no. 12 (2019): Article 888, https://doi.org/10.3390/biom9120888.

41 Richard W. Hanson과 Parvin Hakimi, "Born to Run: The Story of the PEPCK-Cmus Mouse," *Biochimie* 90 (2008): 838-42, https://doi.org/10.1016/j.biochi.2008.03.009.

42 Rob Cook, "World Beef Production: Ranking of Countries," August 5, 2020, https://beef2live.com/story-world-beef-production-ranking-countries-0-106885; United States Department of Agriculture(미국 농무부), "Land Use: Range & Pasture," https://www.nrcs.usda.gov/wps/portal/nrcs/main/national/landuse/rangepasture/.

43 S. E. Mills, "Biological Basis of the Ractopamine Response," *Journal of Animal Science* 80 (2002): E28-E32.

44 Georges Bories 외, "Safety Evaluation of Ractopamine: Scientific Opinion of the Panel on Additives and Products or Substances used in Animal Feed," *The European Food Safety Authority Journal* 1041 (2009): 1-52, https://doi.org/10.2527/animalsci2002.80E-Suppl_2E28x.

45 D. M. Brown 외, "Mitochondrial Phosphoenolpyruvate Carboxykinase (PEPCK-M) and Serine Biosynthetic Pathway Genes Are Co-ordinately Increased during Anabolic Agent-

Induced Skeletal Muscle Growth," *Scientific Reports* 6 (2016): 28693, https://doi.org/10.1038/srep28693.

8장 생명 탄생의 이면

1   Naina Kumar와 Amit Kant Singh, "Trends of Male Factor Infertility, an Important Cause of Infertility: A Review of Literature," *Journal of Human Reproductive Sciences* 8, no. 4 (2015): 191-96, https://doi.org/10.4103/0974-1208.170370.

2   Centers for Disease Control and Prevention, "State-Specific Assisted Reproductive Technology Surveillance," https://www.cdc.gov/art/state-specific-surveillance/index.html.

3   Gaby Galvin, "New Safety Standards Aim to Improve the Quality of Hospital Maternal Care," US News, August 29, 2019, 최종 접속일 September 27, 2019, https://www.usnews.com/news/health-news/articles/2019-08-29/new-safety-standards-aim-to-improve-the-quality-of-hospital-maternal-care.

4   Lovney Kanguru 외, "The Burden of Obesity in Women of Reproductive Age and in Pregnancy in a Middle-income Setting: A Population Based Study from Jamaica," *PLoS ONE* 12, no. 12 (2017): e0188677, https://doi.org/10.1371/journal.pone.0188677; Ana Paula Esteves-Pereira 외, "Caesarean Delivery and Postpartum Maternal Mortality: A Population-Based Case Control Study in Brazil," *PLoS ONE* 11, no. 4 (2016): e0153396, https://doi.org/10.1371/journal.pone.0153396; Martin A. Makary와 Michael Daniel, "Medical Error—The Third Leading Cause of Death in the US," *British Medical Journal* 353 (2016): i2139, https://doi.org/10.1136/bmj.i2139; Solwayo Ngwenya, "Postpartum Hemorrhage: Incidence, Risk Factors, and Outcomes in a Low-resource Setting," *International Journal of Women's Health* 8 (2016): 647-50, https://doi.org/10.2147/IJWH.S119232.

5   Childrens' Health Defense Team, "Infant and Child Mortality in the U.S. Nothing to Brag About," September 26, 2019, 최종 접속일 September 26, 2019, https://childrenshealthdefense.org/news/infant-and-child-mortality-in-the-u-s-nothing-to-brag-about/.

6   Ronit Machtinger 외, "Bisphenol-A and Human Oocyte Maturation in Vitro," *Human Reproduction* 28, no. 10 (2013): 2735-45, https://doi.org/10.1093/humrep/det312; Margaux McBirney 외, "Atrazine Induced Epigenetic Transgenerational Inheritance of Disease, Lean Phenotype and Sperm Epimutation Pathology Biomarkers," *PLoS ONE* 12, no. 9 (2017): e0184306, https://doi.org/10.1371/journal.pone.0184306.

7   S. Parvez 외, "Glyphosate Exposure in Pregnancy and Shortened Gestational Length: A Prospective Indiana Birth Cohort Study," *Environmental Health* 17 (2018): 23, https://doi.org/10.1186/s12940-018-0367-0.

8   P. Kongtip 외, "Glyphosate and Paraquat in Maternal and Fetal Serums in Thai Women," *Journal of Agromedicine* 22 (2017): 282-89, https://doi.org/10.1080/1059924X.2017.1319315.

9   Maria M. Milesi 외, "Perinatal Exposure to a Glyphosate-Based Herbicide Impairs Female Reproductive Outcomes and Induces Second-Generation Adverse Effects in Wistar Rats," *Archives of Toxicology* 92, no. 8 (2018): 2629-43, https://doi.org/10.1007/s00204-018-2236-6.

10 Laura N. Vandenberg 외, "Hormones and Endocrine-Disrupting Chemicals: Low-Dose Effects and Nonmonotonic Dose Responses," *Endocrine Reviews* 33, no. 3 (2012): 378-455, https://doi.org/10.1210/er.2011-1050.

11 Saniya Rattan, "Exposure to Endocrine Disruptors during Adulthood: Consequences for Female Fertility," *Journal of Endocrinology* 233, no. 3 (2017): R109-R129, https://doi.org/10.1530/JOE-17-0023.

12 Eliane Dallegrave 외, "The Teratogenic Potential of the Herbicide Glyphosate—Roundup in Wistar Rats," *Toxicology Letters* 142 (2003): 45-52, https://doi.org/10.1016/s0378-4274(02)00483-6.

13 Juan P. Muñoz 외, "Glyphosate and the Key Characteristics of an Endocrine Disruptor: A Review," *Chemosphere* October 19, 2020 [인쇄 전 전자책], https://doi.org/10.1016/j.chemosphere.2020.128619.

14 George Anifandis 외, "The In Vitro Impact of the Herbicide Roundup on Human Sperm Motility and Sperm Mitochondria," *Toxics* 6 (2018): Article 2, https://www.doi.org/10.3390/toxics6010002.

15 Tyrone B. Hayes 외, "Atrazine Induces Complete Feminization and Chemical Castration in Male African Clawed Frogs (*Xenopus laevis*)," *Proceedings of the National Academy of Sciences of the United States of America* 107, no. 10 (2010): 4612-17, https://doi.org/10.1073/pnas.0909519107.

16 S. O. Abarikwu 외, "Combined Effects of Repeated Administration of Bretmont Wipeout (Glyphosate) and Ultrazin (Atrazine) on Testosterone, Oxidative Stress and Sperm Quality of Wistar Rats," *Toxicology Mechanisms and Methods* 25 (2015): 70-80, https://doi.org/10.3109/15376516.2014.989349.

17 유의: 일부 규제 기관에서는 체중 1킬로그램당 0.5밀리그램의 최저 노출을 글리포세이트 일일 섭취 허용량으로 간주한다. 또한 미국 환경보호국이 정한 체중 1킬로그램당 1.75밀리그램인 미국의 일일 섭취 허용량보다 3.5배 더 낮다. (맞다. 미국의 미국 환경보호국은 전 세계 이웃 국가보다 훨씬 더 심각한 글리포세이트 오염을 '안전'하다고 허용한다.) 일일 체중 1킬로그램당 5밀리그램이 부작용이 관찰되지 않는 양이다.

18 T. H. Pham 외, "Perinatal Exposure to Glyphosate and a Glyphosate-Based Herbicide Affect Spermatogenesis in Mice," *Toxicological Sciences* 169, no. 1 (2019): 260-71, https://doi.org/10.1093/toxsci/kfz039.

19 Fabiana Manservisi 외, "The Ramazzini Institute 13-Week Pilot Study Glyphosate-Based Herbicides Administered at Human-Equivalent Dose to Sprague Dawley Rats: Effects on Development and Endocrine System," *Environmental Health* 18 (2019): 15, https://doi.org/10.1186/s12940-019-0453-y.

20 Jakeline Liara Teleken 외, "Glyphosate-Based Herbicide Exposure during Pregnancy and Lactation Malprograms the Male Reproductive Morphofunction in F1 Offspring," *Journal of Developmental Origins of Health and Disease* 16 (2019): 1-8, https://doi.org/10.1017/S2040174419000382.

21 Sustainable Health, "New Studies Show Glyphosate Causes Reproductive Health Damage," July 13, 2020, https://sustainablepulse.com/2020/07/13/new-studies-show-glyphosate-causes-infertility-and-reproductive-health-damage/.

22 Lance P. Walsh 외, "Roundup Inhibits Steroidogenesis by Disrupting Steroidogenic Acute Regulatory (StAR) Protein Expression," *Environmental Health Perspectives* 108, no. 8 (2000): 769-76, https://doi.org/10.1289/ehp.00108769.

23 S. W. Ahn 외, "Phosphoenolpyruvate Carboxykinase and Glucose-6-Phosphatase Are Required for Steroidogenesis in Testicular Leydig Cells," *Journal of Biological Chemistry* 287 (2012): 41875-87, https://doi.org/10.1074/jbc.M112.421552.

24 Andrew S. Midzak 외, "ATP Synthesis, Mitochondrial Function, and Steroid Biosynthesis in Rodent Primary and Tumor Leydig Cells," *Biology of Reproduction* 84, no. 5 (2011): 976-85, https://doi.org/10.1095/biolreprod.110.087460.

25 S. W. Ahn 외, "Phosphoenolpyruvate Carboxykinase and Glucose-6-Phosphatase Are Required

for Steroidogenesis in Testicular Leydig Cells," *Journal of Biological Chemistry* 287 (2012): 41875-87, https://doi.org/10.1074/jbc.M112.421552.

26   Y. H. Kim 외, "Heart Rate-Corrected QT Interval Predicts Mortality in Glyphosate-Surfactant Herbicide-Poisoned Patients," *The American Journal of Emergency Medicine* 32, no. 3 (2014): 203-7, https://doi.org/10.1016/j.ajem.2013.09.025.

27   Joe-Elie Salem 외, "Androgenic Effects on Ventricular Repolarization: A Translational Study from the International Pharmacovigilance Database to iPSC-Cardiomyocytes," *Circulation* 140, no. 13 (2019): 1070-80, https://doi.org/10.1161/CIRCULATIONAHA.119.040162.

28   J. B. Schwartz 외, "Effects of Testosterone on the Q-T Interval in Older Men and Older Women with Chronic Heart Failure," *International Journal of Andrology* 34, no. 5 (2011): e415-21, https://doi.org/10.1111/j.1365-2605.2011.01163.x.

29   Carrie C. Dennett and Judy Simon, "The Role of Polycystic Ovary Syndrome in Reproductive and Metabolic Health: Overview and Approaches for Treatment," *Diabetes Spectrum* 28, no. 2 (2015): 116-20, https://doi.org/10.2337/diaspect.28.2.116.

30   S. M. Sirmans와 K. A. Pate, "Epidemiology, Diagnosis, and Management of Polycystic Ovary Syndrome," *Clinical Epidemiology* 6 (2014): 1-13, https://doi.org/10.2147/CLEP.S37559.

31   Jie Chen 외, "The Correlation of Aromatase Activity and Obesity in Women with or without Polycystic Ovary Syndrome," *Journal of Ovarian Research* 8 (2015): 11, https://doi.org/10.1186/s13048-015-0139-1.

32   Jim Parker, "A New Hypothesis for the Mechanism of Glyphosate Induced Intestinal Permeability in the Pathogenesis of Polycystic Ovary Syndrome," *Australasian College of Nutritional & Environmental Medicine Journal* 34, no. 2 (2015): 3-7.

33   Christopher Hakim 외, "Gestational Hyperandrogenism in Developmental Programming," *Endocrinology* 158, no. 2 (2017): 199-212, https://doi.org/10.1210/en.2016-1801.

34   Adriana Cherskov 외, "Polycystic Ovary Syndrome and Autism: A Test of the Prenatal Sex Steroid Theory," *Translational Psychiatry* 8 (2018): 136, https://doi.org/10.1038/s41398-018-0186-7.

35   Kenan Qin과 Robert L. Rosenfield, "Mutations of the Hexose-6-Phosphate Dehydrogenase Gene Rarely Cause Hyperandrogenemic Polycystic Ovary Syndrome," *Steroids* 76, nos. 1-2 (2011): 135-39, https://doi.org/10.1016/j.steroids.2010.10.001.

36   Jie Chen 외, "The Correlation of Aromatase Activity and Obesity in Women with or without Polycystic Ovary Syndrome," *Journal of Ovarian Research* 8 (2015): 11, https://doi.org/10.1186/s13048-015-0139-1.

37   Wilma Oostdijk 외, "PAPSS2 Deficiency Causes Androgen Excess via Impaired DHEA Sulfation: *In Vitro* and *in Vivo* Studies in a Family Harboring Two Novel PAPSS2 Mutations," *The Journal of Clinical Endocrinology & Metabolism* 100 (2015): E672-E680, https://doi.org/10.1210/jc.2014-3556.

38   Sophie Richard 외, "Differential Effects of Glyphosate and Roundup on Human Placental Cells and Aromatase," *Environmental Health Perspectives* 113, no. 6 (2005): 716-20, https://doi.org/10.1289/ehp.7728.

39   Eric L. Ding 외, "Sex Hormone-Binding Globulin and Risk of Type 2 Diabetes in Women and Men," *New England Journal of Medicine* 361, no. 12 (2009): 1152-63, https://doi.org/10.1056/NEJMoa0804381.

40   Stephanie Seneff와 Gregory Nigh, "Glyphosate and Anencephaly: Death by a Thousand Cuts," *Journal of Neurology and Neurobiology* 3 (2017): 2,

http://dx.doi.org/10.16966/2379-7150.140.

41 D. M. Juriloff와 M. J. Harris, "Mouse Models for Neural Tube Closure Defects,"
    Human Molecular Genetics 9 (2000): 993-1000, https://doi.org/10.1093/hmg/9.6.993.

42 NBC News, "'Bizarre' Cluster of Severe Birth Defects Haunts Health Experts," February 16,
    2014, https://www.nbcnews.com/health/kids-health/bizarre-cluster-severe-birth-defects-
    haunts-health-experts-n24986.

43 Dr. Don Huber, 개인적 소통: Barbara H. Petersen, "Glyphosate, Brain Damaged Babies, and
    Yakima Valley—A River Runs Through It," July 28, 2013.

44 비타민A의 대사에 관여하는 CYP 효소는 CYP26A1, CYP26B1, CYP26C1을 포함한다.

45 A. Paganelli 외, "Glyphosate-Based Herbicides Produce Teratogenic Effects on Vertebrates
    by Impairing Retinoic Acid Signaling," *Chemical Research in Toxicology* 23, no. 10 (2010):
    1586-95, https://doi.org/doi: 10.1021/tx1001749.

46 H. Campaña 외, "Births Prevalence of 27 Selected Congenital Anomalies in 7 Geographic
    Regions of Argentina" [스페인 기사], *Archivos Argentinos de Pediatría* 108, no. 5 (2010): 409-17,
    https://pubmed.ncbi.nlm.nih.gov/21132229/.

47 J. Santos-Guzmán 외, "Antagonism of Hypervitaminosis A-Induced Anterior Neural Tube
    Closure Defects with a Methyl-Donor Deficiency in Murine Whole-Embryo Culture,"
    Journal of Nutrition 133, no. 11 (2003): 3561-70, https://doi.org/10.1093/jn/133.11.3561.

48 Robin Mesnage 외, "Glyphosate Exposure in a Farmer's Family," *Journal of Environmental
    Protection* 3 (2012): 1001-3, http://dx.doi.org/10.4236/jep.2012.39115.

49 Deepika Kubsad 외, "Assessment of Glyphosate Induced Epigenetic Transgenerational
    Inheritance of Pathologies and Sperm Epimutations: Generational Toxicology,"
    Scientific Reports 9 (2019): 6372, https://doi.org/10.1038/s41598-019-42860-0.

50 Deepika Kubsad 외, "Assessment of Glyphosate," 6372.

51 Maria M. Milesi 외, "Perinatal Exposure to a Glyphosate-Based Herbicide Impairs Female
    Reproductive Outcomes and Induces Second-Generation Adverse Effects in Wistar Rats,"
    Archives of Toxicology 92, no. 8 (2018): 2629-43, https://doi.org/10.1007/s00204-018-2236-6.

52 Oren R. Lyons Jr., Native American Faithkeeper of the Turtle Clan of the Seneca Nations of
    the Iroquois Confederacy. 참고: https://motivateus.com/cibt.htm.

53 M. Antoniou 외, "Teratogenic Effects of Glyphosate-Based Herbicides: Divergence of
    Regulatory Decisions from Scientific Evidence," *Journal of Environmental & Analytical
    Toxicology* S4 (2012): 006; Dianne Cattani 외, "Mechanisms Underlying the Neurotoxicity
    Induced by Glyphosate-Based Herbicide in Immature Rat Hippocampus: Involvement of
    Glutamate Excitotoxicity," *Toxicology* 320 (2014): 34-45,
    https://doi.org/10.1016/j.tox.2014.03.001; J. S. de Souza 외, "Perinatal Exposure to
    Glyphosate-Based Herbicide Alters the Thyrotrophic Axis and Causes Thyroid Hormone
    Homeostasis Imbalance in Male Rats," *Toxicology* 377 (2017): 25-37,
    https://doi.org/10.1016/j.tox.2016.11.005; X. Ren 외, "Effects of Chronic Glyphosate
    Exposure to Pregnant Mice on Hepatic Lipid Metabolism in Offspring," *Environmental
    Pollution* 254, Pt A (2019): 112906, https://doi.org/10.1016/j.envpol.2019.07.074.

9장 독성물질이 일으킨 신경 질환

1   Vincent Planche 외, "Acute Toxic Limbic Encephalopathy Following Glyphosate Intoxication,"
    Neurology 92, no. 1 (2019): 533-36,

https://doi.org/10.1212/WNL.0000000000007115.

2   Xianlin Han, "Potential Mechanisms Contributing to Sulfatide Depletion at the Earliest
     Clinically Recognizable Stage of Alzheimer's Disease: A Tale of Shotgun Lipidomics,"
     Journal of Neurochemistry 103, Suppl 1 (2007): 171-79,
     https://doi.org/10.1111/j.1471-4159.2007.04708.x.

3   Ellen A. Kramarow와 Betzaida Tejada-Vera, "Dementia Mortality in the United States, 2000-
     2017," *National Vital Statistics Report* 68, no. 2 (2019): 1-29.

4   Ellen A. Kramarow와 Betzaida Tejada-Vera, "Dementia Mortality," 1-29.

5   Joseph Guan과 Guohua Li, "Injury Mortality in Individuals with Autism,"
     American Journal of Public Health, April 2017.

6   L. P. Heilbrun 외, "Maternal Chemical and Drug Intolerances: Potential Risk Factors for
     Autism and Attention Deficit Hyperactivity Disorder (ADHD),"
     Journal of the American Board of Family Medicine 23, no. 4 (2015): 461-70,
     https://doi.org/10.3122/jabfm.2015.04.140192.

7   Sabrina Rossi와 Alessio Pitidis, "Multiple Chemical Sensitivity Review of the State of the Art
     in Epidemiology, Diagnosis, and Future Perspectives,"
     Journal of Occupational and Environmental Medicine 60, no. 2 (2018): 138-46,
     https://doi.org/10.1097/JOM.0000000000001215.

8   Olav Albert Christophersen, "Should Autism Be Considered a Canary Bird Telling That
     Homo sapiens May Be on Its Way to Extinction?" *Microbial Ecology in Health & Disease* 23
     (2012): 19008, https://www.ncbi.nlm.nih.gov/pmc/articles/PMC3747741/.

9   Cynthia D. Nevison, "A Comparison of Temporal Trends in United States Autism Prevalence
     to Trends in Suspected Environmental Factors," *Environmental Health* 13 (2014): 73,
     https://doi.org/10.1186/1476-069X-13-73.

10   Romain Kroum Gherardi 외, "Biopersistence and Brain Translocation of Aluminum
     Adjuvants of Vaccines," *Frontiers of Neurology* 6 (2015): 4,
     https://doi.org/10.3389/fneur.2015.00004.

11   Lucio G. Costa와 Gennaro Giordano, "Developmental Neurotoxicity of Polybrominated
     Diphenyl Ether (PBDE) Flame Retardants," *Neurotoxicology* 28, no. 6 (2007): 1047-67,
     https://www.doi.org/10.1016/j.neuro.2007.08.007; Julie B. Herbstman과 Jennifer K. Mall,
     "Developmental Exposure to Polybrominated Diphenyl Ethers and Neurodevelopment,"
     Current Environmental Health Reports 1, no. 2 (2014): 101-12,
     https://doi.org/10.1007/s40572-014-0010-3.

12   S. Seneff 외, "Aluminum and Glyphosate Can Synergistically Induce Pineal Gland Pathology:
     Connection to Gut Dysbiosis and Neurological Disease," *Agricultural Sciences* 6 (2015): 42-70,
     https://doi.org/10.4236/as.2015.61005.

13   Anna Strunecka 외, "Immunoexcitotoxicity as the Central Mechanism of Etiopathology and
     Treatment of Autism Spectrum Disorders: A Possible Role of Fluoride and Aluminum,"
     Surgical Neurology International 9 (2018 April): article 74,
     https://doi.org/10.4103/sni.sni_407_17.

14   L. Tomljenovic, "Aluminum and Alzheimer's Disease: After a Century of Controversy, Is
     There a Plausible Link?" *Journal of Alzheimer's Disease* 23, no. 4 (2011): 567-98,
     https://doi.org/10.3233/JAD-2010-101494.

15   A. C. Alfrey 외, "Dialysis Encephalopathy Syndrome—Possible Aluminium Intoxication,"
     New England Journal of Medicine 294 (1976): 184-88,

https://doi.org/10.1056/NEJM197601222940402.

16 Matthew Mold 외, "Aluminium in Brain Tissue in Autism," *Journal of Trace Elements in Medicine and Biology* 46 (2018): 76-82, https://doi.org/10.1016/j.jtemb.2017.11.012.

17 Matthew Mold 외, "Intracellular Aluminium in Inflammatory and Glial Cells in Cerebral Amyloid Angiopathy: A Case Report," *International Journal of Environmental Research and Public Health* 16 (2019): 1459, https://doi.org/10.3390/ijerph16081459.

18 S. B. Lang 외, "Piezoelectricity in the Human Pineal Gland," *Bioelectrochemistry and Bioengineering* 41 (1996): 1915, https://doi.org/10.1016/S0302-4598(96)05147-1.

19 Stephanie Seneff 외, "Aluminum and Glyphosate Can Synergistically Induce Pineal Gland Pathology: Connection to Gut Dysbiosis and Neurological Disease," *Agricultural Sciences* 6 (2015): 42-70, https://doi.org/10.4236/as.2015.61005.

20 Pauline Chaste와 Marion Leboyer, "Autism Risk Factors: Genes, Environment, and Gene-Environment Interactions," *Dialogues in Clinical Neuroscience* 14, no. 3 (2012): 281-92, https://doi.org/i:10.31887/DCNS.2012.14.3/pchaste.

21 Leo Kanner, "Autistic Disturbances of Affective Contact," *Nervous Child* 2 (1943): 217-50.

22 James Lyons-Weiler, *The Environmental and Genetic Causes of Autism* (New York: Skyhorse Publishers, 2016).

23 Ondine S. von Ehrenstein 외, "Prenatal and Infant Exposure to Ambient Pesticides and Autism Spectrum Disorder in Children: Population Based Case-Control Study," *British Medical Journal* 364 (2019): l962, https://doi.org//10.1136/bmj.l962.

24 Jiaqiang Xu 외, "The Role of L-Type Amino Acid Transporters in the Uptake of Glyphosate across Mammalian Epithelial Tissues," *Chemosphere* 145 (2016): 487-94, https://doi.org/10.1016/j.chemosphere.2015.11.062.

25 Qian Wang과 Jeff Holst, "L-type Amino Acid Transport and Cancer: Targeting the mTORC1 Pathway to Inhibit Neoplasia," *American Journal of Cancer Research* 5, No 4 (2015): 1281-94.

26 Daiane Cattani 외, "Mechanisms Underlying the Neurotoxicity Induced by Glyphosate-Based Herbicide in Immature Rat Hippocampus: Involvement of Glutamate Excitotoxicity," *Toxicology* 320 (2014): 34-45, https://doi.org/10.1016/j.tox.2014.03.001.

27 Lola Rueda-Ruzafa 외, "Gut Microbiota and Neurological Effects of Glyphosate," *Neurotoxicology* 75 (2019): 1-8, https://doi.org/10.1016/j.neuro.2019.08.006.

28 Muhammad Irfan Masood 외, "Environment Permissible Concentrations of Glyphosate in Drinking Water Can Influence the Fate of Neural Stem Cells from the Subventricular Zone of the Postnatal Mouse," *Environmental Pollution* 270 (2021): 116179, https://doi.org/10.1016/j.envpol.2020.116179.

29 Ya-Xing Gui 외, "Glyphosate Induced Cell Death through Apoptotic and Autophagic Mechanisms," *Neurotoxicology and Teratology* 34, no. 3 (2012): 344-49, https://doi.org/10.1016/j.ntt.2012.03.005.

30 Lucia O. Sampaio 외, "Heparins and Heparan Sulfates. Structure, Distribution and Protein Interactions," 출처: *Insights into Carbohydrate Structure and Biological Function* Chapter 1, Hugo Verli 편집 (Kerala, India: Transworld Research Network, 2006), http://www.umc.br/_img/_noticias/755/artigo.pdf.

31 C. Pérez 외, "The Role of Heparan Sulfate Deficiency in Autistic Phenotype: Potential Involvement of Slit/Robo/srGAPs-Mediated Dendritic Spine Formation," *Neural Development* 11 (2016): 11, https://doi.org/10.1186/s13064-016-0066-x.

32 B. L. Pearson 외, "Heparan Sulfate Deficiency in Autistic Postmortem Brain Tissue from the Subventricular Zone of the Lateral Ventricles," *Behavioural Brain Research* 243 (2013): 138-45, https://doi.org/10.1016/j.bbr.2012.12.062.

33 F. Irie 외, "Autism-Like Socio-Communicative Deficits and Stereotypies in Mice Lacking Heparan Sulfate," *Proceedings of the National Academy of Sciences of the United States of America* 109, no. 13 (2012): 5052-56, https://doi.org/10.1073/pnas.1117881109.

34 P. J. Harrison 외, "Glutamate Receptors and Transporters in the Hippocampus in Schizophrenia," *Annals of the New York Academy of Sciences* 1003 (2003): 94-101, https://doi.org/10.1196/annals.1300.006.

35 Daiane Cattani 외, "Mechanisms Underlying the Neurotoxicity Induced by Glyphosate-Based Herbicide in Immature Rat Hippocampus: Involvement of Glutamate Excitotoxicity," *Toxicology* 320 (2014): 34-45, https://doi.org/10.1016/j.tox.2014.03.001.

36 L. A. Page 외, "*In Vivo* 1H-Magnetic Resonance Spectroscopy Study of Amygdala-Hippocampal and Parietal Regions in Autism," *American Journal of Psychiatry* 163 (2006): 2189-92, https://doi.org/10.1007/978-1-4939-7531-0_10.

37 C. Shimmura 외, "Alteration of Plasma Glutamate and Glutamine Levels in Children with High-Functioning Autism," *PLoS ONE* 6 (2011): e25340, https://doi.org/10.1371/journal.pone.0025340.

38 Daiane Cattani 외, "Mechanisms Underlying the Neurotoxicity Induced by Glyphosate-Based Herbicide in Immature Rat Hippocampus: Involvement of Glutamate Excitotoxicity," *Toxicology* 329 (2014): 34-45, https://doi.org/10.1016/j.tox.2014.03.001.

39 Daiane Cattani 외, "Developmental Exposure to Glyphosate-Based Herbicide and Depressive-Like Behavior in Adult Offspring: Implication of Glutamate Excitotoxicity and Oxidative Stress," *Toxicology* 387 (2017): 67-80, https://doi.org/10.1016/j.tox.2017.06.001.

40 Y. Bali 외, "Learning and Memory Impairments Associated to Acetylcholinesterase Inhibition and Oxidative Stress Following Glyphosate Based-Herbicide Exposure in Mice," *Toxicology* 415 (2019): 18-25, https://doi.org/10.1016/j.tox.2019.01.010.

41 L. Glusczak 외, "Effect of Glyphosate Herbicide on Acetylcholinesterase Activity and Metabolic and Hematological Parameters in Piava (*Leporinus obtusidens*)," *Environmental Toxicology and Pharmacology* 45 (2016): 41-44, https://doi.org/10.1016/j.ecoenv.2005.07.017.

42 A. Cieślińska 외, "Treating Autism Spectrum Disorder with Gluten-Free and Casein-Free Diet: The Underlying Microbiota-Gut-Brain Axis Mechanisms," *Journal of Clinical Immunology & Immunotherapy* 3 (2017): 009, https://doi.org/10.24966/CIIT-8844/100009.

43 Daniel C. Mathews 외, "Targeting the Glutamatergic System to Treat Major Depressive Disorder: Rationale and Progress to Date," *Drugs* 72, no. 10 (2012): 1313-33, https://doi.org/10.2165/11633130-000000000-00000.

44 Russell Blaylock, "Excitotoxins: The Taste That Kills," *Health Press* (1994).

45 Donald C. Rojas, "The Role of Glutamate and Its Receptors in Autism and the Use of Glutamate Receptor Antagonists in Treatment," *Journal of Neural Transmission* 121, no. 8 (2014): 891-905, https://doi.org/10.1007/s00702-014-1216-0.

46 Monika Krüger 외, "Field Investigations of Glyphosate in Urine of Danish Dairy Cows," *Journal of Environmental & Analytical Toxicology* 3 (2013): 5.

47 Lynn M. Kitchen 외, "Inhibition of δ-Aminolevulinic Acid Synthesis by Glyphosate," *Weed Science* 29, no 5 (1981): 571-77, https://doi.org/10.1017/S004317450006375X.

48 Yiting Zhang, "Decreased Brain Levels of Vitamin B12 in Aging, Autism and Schizophrenia," *PLoS ONE* 11, no. 1 (2016): e0146797, https://doi.org/10.1371/journal.pone.0146797.

49 Yiting Zhang 외, "Decreased Brain Levels of Vitamin B12 in Aging, Autism and Schizophrenia," *PLoS ONE* 11, no. 1 (2016): e0146797, https://doi.org/10.1371/journal.pone.0146797.

50 S. Jill James, "Metabolic Biomarkers of Increased Oxidative Stress and Impaired Methylation Capacity in Children with Autism," *American Journal of Clinical Nutrition* 80, no. 6 (2004): 1611-17, https://doi.org/10.1093/ajcn/80.6.1611.

51 K. L. Hung 외, "Cyanocobalamin, Vitamin B12, Depresses Glutamate Release through Inhibition of Voltage-Dependent Ca2+ Influx in Rat Cerebrocortical Nerve Terminals (Synaptosomes)," *European Journal of Pharmacology* 602, nos. 2-3 (2009): 230-37, https://doi.org/10.1016/j.ejphar.2008.11.059.

52 Sally M. Pacholok과 J. J. Stuart, *Could It Be B₁₂? An Epidemic of Misdiagnoses*, 2판. (Fresno, CA: Quill Driver Books, 2011).

53 S. Seneff와 G. Nigh, "Sulfate's Critical Role for Maintaining Exclusion Zone Water: Dietary Factors Leading to Deficiencies," *Water* 11 (2019): 22-42, https://doi.org/10.14294/WATER.2019.5.

54 S. Seneff와 G. Nigh, "Sulfate's Critical Role," 22-42.

55 David A. Menassa 외, "Primary Olfactory Cortex in Autism and Epilepsy: Increased Glial Cells in Autism," *Brain Pathology* 27, no. 4 (2016): 437-48, https://doi.org/10.1111/bpa.12415.

56 Latifa S. Abdelli 외, "Propionic Acid Induces Gliosis and Neuro-inflammation through Modulation of PTEN/AKT Pathway in Autism Spectrum Disorder," *Scientific Reports* 9 (2019): 8824, https://doi.org/10.1038/s41598-019-45348-z.

57 S. R. Shultz 외, "Intracerebroventricular Injection of Propionic Acid, an Enteric Bacterial Metabolic End-Product, Impairs Social Behavior in the Rat: Implications for an Animal Model of Autism," *Neuropharmacology* 54 (2008): 901-11, https://doi.org/10.1016/j.neuropharm.2008.01.013.

58 Michael D. Innis, "Autism—An Immune Complex Disorder Following MMR?" *British Medical Journal* 2002, 325:419.

59 S. Toyoshima 외, "Methylmalonic Acid Inhibits Respiration in Rat Liver Mitochondria," *Journal of Nutrition* 125, no. 11 (1995): 2846-50, https://doi.org/10.1093/jn/125.11.2846.

60 Lamis Yehia 외, "Distinct Alterations in Tricarboxylic Acid Cycle Metabolites Associate with Cancer and Autism Phenotypes in Cowden Syndrome and Bannayan-Riley-Ruvalcaba Syndrome," *American Journal of Human Genetics* 105, no. 4 (2019): 813-21, https://doi.org/10.1016/j.ajhg.2019.09.004.

61 Nora Benachour와 Gilles-Eric Séralini, "Glyphosate Formulations Induce Apoptosis and Necrosis in Human Umbilical, Embryonic, and Placental Cells," *Chemical Research in Toxicology* 22, no. 1 (2009): 97-105, https://doi.org/10.1021/tx800218n.

62 Christian W. Gruber, "Physiology of Invertebrate Oxytocin and Vasopressin Neuropeptides," *Experimental Physiology* 99 (2014): 55-56, https://doi.org/10.1113/expphysiol.2013.072561.

63 Karen J. Parker 외, "Intranasal Oxytocin Treatment for Social Deficits and Biomarkers of Response in Children with Autism," *Proceedings of the National Academy of Sciences of the United States of America* 114, no. 30 (2017): 8119-24, https://doi.org/10.1073/pnas.1705521114.

64 Srishti Shrestha 외, "Pesticide Use and Incident Hypothyroidism in Pesticide Applicators in

the Agricultural Health Study," *Environmental Health Perspectives* 126, no. 9 (2018): 097008, https://doi.org/10.1289/EHP3194.

65 Janaina Sena de Souza 외, "Perinatal Exposure to Glyphosate-Based Herbicide Alters the Thyrotrophic Axis and Causes Thyroid Hormone Homeostasis Imbalance in Male Rats," *Toxicology* 377 (2017): 25-37, https://doi.org/10.1007/s00204-018-2236-6.

66 Fabiana Manservisi 외, "The Ramazzini Institute 13-week Pilot Study Glyphosate-Based Herbicides Administered at Human-equivalent Dose to Sprague Dawley Rats: Effects on Development and Endocrine System," *Environmental Health* 2019, 18, article 15, https://doi.org/10.1186/s12940-019-0453-y.

67 G. C. Román 외, "Association of Gestational Maternal Hypothyroxinemia and Increased Autism Risk," *Annals of Neurology* 74, no. 5 (2013): 733-42, https://doi.org/10.1002/ana.23976.

10장 불행하고도 치명적인 자가면역

1 Sean P. Keehan 외, "National Health Expenditure Projections, 2019-28: Expected Rebound in Prices Drives Rising Spending Growth," *Health Affairs* 39, no. 4 (2020): 704-14, https://www.doi.org/10.1377/hlthaff.2020.00094.

2 The Commonwealth Fund(영연방 기금), "U.S. Health Care from a Global Perspective, 2019: Higher Spending, Worse Outcomes?" January 30, 2020, https://www.commonwealthfund.org/publications/issue-briefs/2020/jan/us-health-care-global-perspective-2019.

3 Centers for Disease Control and Prevention, "Health and Economic Costs of Chronic Diseases," November 17, 2020, https://www.cdc.gov/chronicdisease/about/costs/index.htm.

4 Gregg E. Dinse 외, "Increasing Prevalence of Antinuclear Antibodies in the United States," *Arthritis & Rheumatology* 72, no. 6 (2020): 1026-35, https://doi.org/10.1002/art.41214.

5 R. S. Gupta 외, "The Prevalence, Severity, and Distribution of Childhood Food Allergy in the United States," *Pediatrics* 128 (2011): e9-17, https://doi.org/10.1542/peds.2011-0204.

6 Kristen D. Jackson 외, "Trends in Allergic Conditions Among Children: United States, 1997-2011," Centers for Disease Control and Prevention, NCHS Data Brief No. 121, May 2013.

7 H. Okada 외, "The 'Hygiene Hypothesis' for Autoimmune and Allergic Diseases: an Update," *Clinical & Experimental Immunology* 160, no. 1 (2010): 1-9, https://doi.org/10.1111/j.1365-2249.2010.04139.x.

8 Michelle M. Stein 외, "Innate Immunity and Asthma Risk in Amish and Hutterite Farm Children," *New England Journal of Medicine* 375. no. 5 (2016) 411-21, https://doi.org/I: 10.1056/NEJMoa1508749.

9 Tamara Tuuminen과 Kyösti Sakari Rinne, "Severe Sequelae to Mold-Related Illness as Demonstrated in Two Finnish Cohorts," *Frontiers in Immunology* 8 (2017 April): 382, https://doi.org/10.3389/fimmu.2017.00382.

10 Abi Berger, "Th1 and Th2 Responses: What Are They?" *British Medical Journal* 321, no. 7258 (2000): 424, https://doi.org/10.1136/bmj.321.7258.424.

11 Hongtao Liu 외, "TNF-alpha-Induced Apoptosis of Macrophages Following Inhibition of NF-kappaB: A Central Role for Disruption of Mitochondria," *Journal of Immunology* 172 (2004): 1907-15, https://doi.org/10.4049/jimmunol.172.3.1907.

12 Yanjing Xiao 외, "Structure-Activity Relationships of Fowlicidin-1, a Cathelicidin Antimicrobial Peptide in Chicken," *FEBS Journal* 273 (2006): 2581-93, https://doi.org/10.1111/j.1742-4658.2006.05261.x.

13 S. Lata 외, "AntiBP2: Improved Version of Antibacterial Peptide Prediction," *BMC Bioinformatics* 11, Suppl 1 (2010): S19, https://doi.org/10.1186/1471-2105-11-S1-S19.

14 B. Brodsky와 A. V. Persikov, "Molecular Structure of the Collagen Triple Helix," *Advances in Protein Chemistry* 70 (2005): 301-39, https://doi.org/10.1016/S0065-3233(05)70009-7.

15 R. Sim 외, "C1q Binding and Complement Activation by Prions and Amyloids," *Immunobiology* 212 (2007): 355-62, https://doi.org/10.1016/j.imbio.2007.04.001.

16 Izma Abdul Zani 외, "Scavenger Receptor Structure and Function in Health and Disease," *Cells* 4 (2015): 178-201, https://doi.org/i: 10.3390/cells4020178.

17 S. Józefowski와 L. Kobzik, "Scavenger Receptor A Mediates H2O2 Production and Suppression of IL-12 Release in Murine Macrophages," *Journal of Leukocyte Biology* 76, no. 5 (2004): 1066-74, https://doi.org/10.1189/jlb.0504270.

18 D. M. Steel 외, "The Major Acute Phase Reactants: C-Reactive Protein, Serum Amyloid P Component and Serum Amyloid A Protein," *Immunology Today* 15 (1994): 81-88, https://doi.org/10.1016/0167-5699(94)90138-4.

19 Aparamita Pandey 외, "Inflammatory Effects of Subacute Exposure of Roundup in Rat Liver and Adipose Tissue," *Dose Response* 17, no. 2 (2019): 1559325819843380, https://doi.org/10.1177/1559325819843380.

20 Asmita Pathak과 Alok Agrawal, "Evolution of C-Reactive Protein," *Frontiers in Immunology* 10 (2019): 943, https://doi.org/10.3389/fimmu.2019.00943.

21 Alok Agrawal 외, "Pattern Recognition by Pentraxins," *Advances in Experimental Medicine and Biology* 653 (2009): 98-116, https://doi.org/10.1007/978-1-4419-0901-5_7.

22 Sarah E. Clark과 Jeffrey N. Weiser, "Microbial Modulation of Host Immunity with the Small Molecule Phosphorylcholine," *Infection and Immunity* 81, no. 2 (2013): 392-401, https://doi.org/10.1128/IAI.01168-12.

23 Debra Gershov 외, "C-Reactive Protein Binds to Apoptotic Cells, Protects the Cells from Assembly of the Terminal Complement Components, and Sustains an Anti-inflammatory Innate Immune Response: Implications for Systemic Autoimmunity," *Journal of Experimental Medicine* 192, no. 9 (2000): 1353-63, https://doi.org/10.1084/jem.192.9.1353.

24 Debra Gershov 외, "C-Reactive Protein Binds to Apoptotic Cells, Protects the Cells from Assembly of the Terminal Complement Components, and Sustains an Anti-inflammatory Innate Immune Response: Implications for Systemic Autoimmunity," *Journal of Experimental Medicine* 192, no. 9 (2000): 1353-63, https://doi.org/10.1084/jem.192.9.1353.

25 T. W. Faust 외, "Neurotoxic Lupus Autoantibodies Alter Brain Function through Two Distinct Mechanisms," *Proceedings of the National Academy of Sciences of the United States of America* 107, no. 43 (2010): 18569-74, https://doi.org/10.1073/pnas.1006980107.

26 Y. Li 외, "Monocyte and Macrophage Abnormalities in Systemic Lupus Erythematosus," *Archivum Immunologiae et Therapiae Experimentalis (Warsz)* 58, no. 5 (2010): 355-64, https://doi.org/q0.1007/s00005-010-0093-y.

27 Shaye Kivity 외, "Neuropsychiatric Lupus: A Mosaic of Clinical Presentations," *BMC Medicine* 13 (2015): 43.

28 Hui Gao 외, "Activation of the N-methyl-d-aspartate Receptor Is Involved in Glyphosate-

Induced Renal Proximal Tubule Cell Apoptosis," *Journal of Applied Toxicology* (2019): 1-12, https://doi.org/10.1002/jat.3795; Daiane Cattani 외, "Mechanisms Underlying the Neurotoxicity Induced by Glyphosate-Based Herbicide in Immature Rat Hippocampus: Involvement of Glutamate Excitotoxicity," *Toxicology* 320 (2014): 34-45, https://doi.org/10.1016/j.tox.2014.03.001; Daiane Cattani 외, "Developmental Exposure to Glyphosate-Based Herbicide and Depressive-Like Behavior in Adult Offspring: Implication of Glutamate Excitotoxicity and Oxidative Stress," *Toxicology* 387 (2017): 67-80, https://doi.org/10.1016/j.tox.2017.06.001.

29 D .A. Fraser와 A. J. Tenner, "Innate Immune Proteins C1q and Mannan Binding Lectin Enhance Clearance of Atherogenic Lipoproteins by Human Monocytes and Macrophages," *Journal of Immunology* 185 (2010): 3932-39, https://doi.org/10.4049/jimmunol.1002080.

30 T. Kawashima 외, "Impact of Ultraviolet Irradiation on Expression of SSA/Ro Autoantigenic Polypeptides in Transformed Human Epidermal Keratinocytes," *Lupus* 3, no. 6 (1994): 493-500, https://doi.org/10.1177/096120339400300612.

31 Rosanne A. van Schaarenburg 외, "C1q Deficiency and Neuropsychiatric Systemic Lupus Erythematosus," *Frontiers in Immunology* 7 (2016): 647, https://doi.org/10.3389/fimmu.2016.00647.

32 C. Esposito 외, "New Therapeutic Strategies for Coeliac Disease: Tissue Transglutaminase as a Target," *Current Medicinal Chemistry* 14, no. 24 (2007): 2572-80, https://doi.org/10.2174/092986707782023343; N. A. Molodecky 외, "Increasing Incidence and Prevalence of the Inflammatory Bowel Diseases with Time, Based on Systematic Review," *Gastroenterology* 142, no. 1 (2012): 46-54, https://doi.org/10.1053/j.gastro.2011.10.001.

33 A. Rubio-Tapia 외, "Increased Prevalence and Mortality in Undiagnosed Celiac Disease," *Gastroenterology* 137, no. 1 (2009): 88-93, https://doi.org/10.1053/j.gastro.2009.03.059.

34 George Janssen 외, "Ineffective Degradation of Immunogenic Gluten Epitopes by Currently Available Digestive Enzyme Supplements," *PLoS ONE* 10, no. 6 (2015): e0128065, https://doi.org/10.1371/journal.pone.0128065.

35 Kate Beaudoin과 Darryn S. Willoughby, "The Role of the Gluten-Derived Peptide Gliadin in Celiac Disease," *Journal of Nutritional Health & Food Engineering* 1, no. 6 (2014): 229-32, https://doi.org/10.15406/jnhfe.2014.01.00036.

36 T. Byun 외, "Synergistic Action of an X-Prolyl Dipeptidyl Aminopeptidase and a Non-Specific Aminopeptidase in Protein Hydrolysis," *Journal of Agricultural and Food Chemistry* 49, no. 4 (2001): 2061-63, https://doi.org/10.1021/jf001091m.

37 Fabienne Morel 외, "The Prolyl Aminopeptidase from *Lactobacillus delbrueckii* subsp. *bulgaricus* Belongs to the α/β Hydrolase Fold Family," *Biochimica et Biophysica Acta* 1429 (1999): 501-5, https://doi.org/10.1016/s0167-4838(98)00264-7.

38 Alberto Caminero 외, "Duodenal Bacterial Proteolytic Activity Determines Sensitivity to Dietary Antigen through Protease-Activated Receptor-2," *Nature Communications* 10 (2019): 1198, https://doi.org/10.1038/s41467-019-09037-9.

39 K. G. Kerr와 A. M. Snelling, "Pseudomonas aeruginosa: A Formidable and Ever-Present Adversary," *Journal of Hospital Infection* 73, no. 4 (2009): P338-344, https://doi.org/10.1016/j.jhin.2009.04.020.

40 Maria Laura Cupi 외, "Defective Expression of Scavenger Receptors in Celiac Disease Mucosa," *PLoS ONE* 9, no. 6 (2014): e100980, https://doi.org/10.1007/s00109-004-0623-3; Michele Boniotto 외, "Evidence of a Correlation between Mannose Binding Lectin and Celiac Disease: A Model for Other Autoimmune Diseases," *Journal of Molecular Medicine* 83, no. 4

(2005): 308-15, https://doi.org/10.1007/s00109-004-0623-3.

41 Jorge Escobedo-de la Peña 외, "Hypertension, Diabetes and Obesity, Major Risk Factors for Death in Patients With COVID-19 in Mexico," *Archives of Medical Research*, December 16, 2020 [인쇄 전 전자책], https://doi.org/10.1016/j.arcmed.2020.12.002.

42 Nancy L. Swanson 외, "Genetically Engineered Crops, Glyphosate and the Deterioration of Health in the United States of America," *Journal of Organic Systems* 9 (2014): 6-37.

43 Katarina Zimmer, "The Immune Hallmarks of Severe COVID-19," September 16, 2020, https://www.the-scientist.com/news-opinion/the-immune-hallmarks-of-severe-covid-19-67937; Shintaro Hojyo 외, "How COVID-19 Induces Cytokine Storm with High Mortality," *Inflammation and Regeneration* 40 (2020): 37, https://doi.org/10.1186/s41232-020-00146-3.

44 Mariam Ahmed Saad 외, "Covid-19 and Autoimmune Diseases: A Systematic Review of Reported Cases," *Current Rheumatology Reviews* 2020 Oct 29 [인쇄 전 전자책], https://doi.org/10.2174/1573397116666201029155856.

45 Jonas Blomberg 외, "Infection Elicited Autoimmunity and Myalgic Encephalomyelitis/Chronic Fatigue Syndrome: An Explanatory Model," *Frontiers in Immunology* 9 (2018): 22, https://doi.org/10.3389/fimmu.2018.0022.

46 H. D. Bremer, N. Landegren, R. Sjöberg 외, "ILF2 and ILF3 Are Autoantigens in Canine Systemic Autoimmune Disease," *Scientific Reports* 8, (2018): 4852, https://doi.org/10.1038/s41598-018-23034-w.

47 Heng L. Tham 외, "Autoimmune Diseases Affecting Skin Melanocytes in Dogs, Cats and Horses: Vitiligo and the Uveodermatological Syndrome: A Comprehensive Review," *BMC Veterinary Research* 15 (2019): 251, https://doi.org/10.1186/s12917-019-2003-9.

11장 건강한 미래를 향한 재부팅

1 Lisa Zimmermann 외, "Benchmarking the In Vitro Toxicity and Chemical Composition of Plastic Consumer Products," *Environmental Science & Technology* 53, no. 19 (2019) 11467 77, https://doi.org/10.1021/acs.est.9b02293.

2 Matjec Mikulic, "Global Pharmaceutical Industry—Statistics & Facts," Statista (November 5, 2008): https://www.statista.com/topics/1764/global-pharmaceutical-industry.

3 "Autoimmune Disease Treatment Market a $108 Billion Industry Much Bigger Than Cancer and Heart Disease—Forecast 2018-2023," Medgadget, 업데이트 날짜 October 5, 2018, https://www.medgadget.com/2018/10/autoimmune-disease-treatment-market-a-108-billion-industry-much-bigger-than-cancer-and-heart-disease-forecast-2018-2023.html.

4 Daniel McDonald 외, "American Gut: An Open Platform for Citizen Science Microbiome Research," *mSystems* 3, no. 3 (2018): e00031-18, https://doi.org/OI: 10.1128/mSystems.00031-18.

5 A. Tarozzi 외, "Sulforaphane as an Inducer of Glutathione Prevents Oxidative Stress-Induced Cell Death in a Dopaminergic-Like Neuroblastoma Cell Line," *Journal of Neurochemistry* 11, no. 5 (2009): 1161-71, https://doi.org/10.1111/j.1471-4159.2009.06394.x.

6 T. W. Sedlak 외, "Sulforaphane Augments Glutathione and Influences Brain Metabolites in Human Subjects: A Clinical Pilot Study," *Molecular Neuropsychiatry* 3 (2017): 214-22, https://doi.org/10.1159/000487639.

7 Ruhi Turkmen 외, "Antioxidant and Cytoprotective Effects of N-acetylcysteine against Subchronic Oral Glyphosate-Based Herbicide-Induced Oxidative Stress in Rats,"

Environmental Science and Pollution Research International 26, no. 11 (2019): 11427-37, https://doi.org/10.1007/s11356-019-04585-5.

8   Anke Bongers 외, "Prebiotics and the Bioavailability of Minerals and Trace Elements," *Reviews International* 19, no. 4 (2003): 397-422, https://doi.org/10.1081/FRI-120025482.

9   M. Ferrer 외, "Influence of Prebiotics, Probiotics and Protein Ingredients on Mycotoxin Bioaccessibility," *Food & Function* 6 (2015): 987-94, https://doi.org/10.1039/c4fo01140f.

10 Justin L. Carlson 외, "Health Effects and Sources of Prebiotic Dietary Fiber," *Current Developments in Nutrition* 2, no. 3 (2018): nzy005, https://doi.org/10.1093/cdn/nzy005.

11 Y. A. Dound 외, "The Effect of Probiotic Bacillus subtilis HU58 on Immune Function in Healthy Human," *The Indian Practitioner* 70, no. 9 (2017): 15-20.

12 Cindy Duysburgh 외, "A Synbiotic Concept Containing Spore-Forming Bacillus Strains and a Prebiotic T Fiber Blend Consistently Enhanced Metabolic Activity by Modulation of the Gut Microbiome *in Vitro*," *International Journal of Pharmaceutics X* 1 (2019): 100021, https://doi.org/10.1016/j.ijpx.2019.100021.

13 Khalid AlFaleh와 Jasim Anabrees, "Probiotics for Prevention of Necrotizing Enterocolitis in Preterm Infants," *Cochrane Database Systematic Reviews* 10, no. 4 (2014): CD005496, https://doi.org/10.1002/14651858.CD005496.pub4; Guillermo Bernaola Aponte 외, "Probiotics for Treating Persistent Diarrhoea in Children," *Cochrane Database Systematic Reviews* 10, no. 11 (2010): CD007401, https://doi.org/10.1002/14651858.CD007401.pub2; Joshua Z. Goldenberg 외, "Probiotics for the Prevention of Clostridium difficile—Associated Diarrhea in Adults and Children," *Cochrane Database Systematic Reviews* 12, no. 12 (2017): CD006095, https://doi.org/10.1002/14651858.CD006095.pub4.

14 James A. McCubrey 외, "Effects of Resveratrol, Curcumin, Berberine and Other Nutraceuticals on Aging, Cancer Development, Cancer Stem Cells and MicroRNAs," *Aging (Albany NY)* 9, no. 6 (2017): 1477-536, https://doi.org/10.18632/aging.101250.

15 Haneen Amawi 외, "Polyphenolic Nutrients in Cancer Chemoprevention and Metastasis: Role of the Epithelial-to-Mesenchymal (EMT) Pathway," *Nutrients* 9 (2017): 911, https://doi.org/10.3390/nu9080911.

16 A. Kawasaki 외, "The Taurine Content of Japanese Seaweed," *Advances in Experimental Medicine and Biology* 975, Pt 2 (2017): 1105-12.

17 Sally Fallon Morell, "Dissecting Those New Fake Burgers," *Wise Traditions in Food, Farming, and the Healing Arts* 20, no. 3 (2019): 38-45, https://doi.org/10.1007/978-94-024-1079-2_88.

18 Eat Fit Go, "Bunless Beyond Burger—Vacuum Packed," 최종 접속일 December 3, 2020, https://www.eatfitgo.com/products/bunless-beyond-burger-vacuum-packed.

19 Zen Honeycutt, "GMO Impossible Burger Positive for Carcinogenic Glyphosate," Moms Across America, May 16, 2019, 최종 접속일 November 6, 2019, https://www.momsacrossamerica.com/gmo impossible burger positive for carcinogenic glyphosate.

20 David G. Hoel과 Frank R. de Gruijl, "Sun Exposure Public Health Directives," *International Journal of Environmental Research and Public Health* 15 (2018): 2794, https://doi.org/10.3390/ijerph15122794.

21 P. G. Lindqvist 외, "Avoidance of Sun Exposure is a Risk Factor for All-Cause Mortality: Results from the Melanoma in Southern Sweden Cohort," *Journal of Internal Medicine* 276, no. 1 (2014): 77-86, https://doi.org/10.1111/joim.12251.

22 Dr. Joseph Mercola, "The Fourth Phase of Water—What You Don't Know About Water, and

Really Should," August 18, 2013, https://articles.mercola.com/sites/articles/archive/2013/08/18/exclusion-zone-water.aspx; Xian He 외, "Effect of Spin Polarization on the Exclusion Zone of Water," *Journal of Physical Chemistry* B 122, no. 36 (2018): 8493-502, https://doi.org/10.1021/acs.jpcb.8b04118.

23 Stephanie Seneff 외, "Is Endothelial Nitric Oxide Synthase a Moonlighting Protein Whose Day Job Is Cholesterol Sulfate Synthesis? Implications for Cholesterol Transport, Diabetes and Cardiovascular Disease," *Entropy* 14 (2012): 2492-530.

24 Lauren A. Burt 외, "Effect of High-Dose Vitamin D Supplementation on Volumetric Bone Density and Bone Strength: A Randomized Clinical Trial," *Journal of the American Medical Association* 322, no. 8 (2019): 736-45, https://doi.org/10.1001/jama.2019.11889.

25 Vivek G. Patwardhan 외, "Randomized Control Trial Assessing Impact of Increased Sunlight Exposure versus Vitamin D Supplementation on Lipid Profile in Indian Vitamin D Deficient Men," *Indian Journal of Endocrinology and Metabolism* 21, no. 3 (2017): 393, https://pubmed.ncbi.nlm.nih.gov/28553593/.

26 Natalie H. Matthews 외, "Chapter 1: Epidemiology of Melanoma,"
출처: Cutaneous Melanoma: Etiology and Therapy, W. H. Ward와 J. M. Farma 편집, (Brisbane, Australia: Codon Publications, 2017).

27 Weisheng Lin 외, "Toxicity of Nano- and Micro-Sized ZnO Particles in Human Lung Epithelial Cells," *Journal of Nanoparticle Research* 11 (2009): 25-39, https://doi.org/10.1007/s11051-008-9419-7.

28 K. M. Hanson 외, "Sunscreen Enhancement of UV-Induced Reactive Oxygen Species in the Skin," *Free Radical Biology & Medicine* 41 (2006): 1205-12, https://doi.org/10.1016/j.freeradbiomed.2006.06.011.

29 S. Nicholson과 C. Exley, "Aluminum: A Potential Pro-oxidant in Sunscreens/Sunblocks?" *Free Radical Biology & Medicine* 43, no. 8 (2007): 1216-17, https://doi.org/10.1016/j.freeradbiomed.2007.07.010.

30 E. H. Winfried 외, "Does Soil Contribute to the Human Gut Microbiome?" *Microorganisms* 7 (2019): 287, https://doi.org/10.3390/microorganisms7090287.

31 Gaétan Chevalier 외, "Earthing: Health Implications of Reconnecting the Human Body to the Earth's Surface Electrons," *Journal of Environmental and Public Health* (2012): Article ID 291541, https://doi.org/10.1155/2012/291541.

32 Martin L. Pall, "Electromagnetic Fields Act via Activation of Voltage-Gated Calcium Channels to Produce Beneficial or Adverse Effects," *Journal of Cellular and Molecular Medicine* 17, no. 8 (2013): 958-65, https://doi.org/10.1111/jcmm.12088.

33 P. L. Eberbach와 L. A. Douglas, "Persistence of Glyphosate in a Sandy Loam," *Soil Biology and Biochemistry* 15, no. 4 (1983): 485-87, https://doi.org/10.1016/0038-0717(83)90016-0.

34 Jingwen Xu 외, "Glyphosate Contamination in Grains and Foods: An Overview," *Food Control* 106 (2019): 106710, https://doi.org/10.1016/j.foodcont.2019.106710; Paul Sprankle 외, "Adsorption, Mobility, and Microbial Degradation of Glyphosate in the Soil," *Weed Science* 23, no. 3 (1975): 229-34.

35 Hui Zhan 외, "Recent Advances in Glyphosate Biodegradation," *Applied Microbiology and Biotechnology* 102, no. 12 (2018): 5033-43, https://doi.org/10.1007/s00253-018-9035-0.

36 X. M. Yu 외, "Glyphosate Biodegradation and Potential Soil Bioremediation by *Bacillus subtilis* Strain Bs-15," *Genetics and Molecular Research* 14, no. 4 (2015): 14717-30, https://doi.org/10.4238/2015.November.18.37.

37   A. N. Moneke 외, "Biodegradation of Glyphosate Herbicide *in Vitro* Using Bacterial Isolates from Four Rice Fields," *African Journal of Biotehcnology* 9, no. 26 (2010): 4067-74.

38   Geoffrey Davies 외, "Humic Acids: Marvelous Products of Soil Chemistry," *Journal of Chemical Education* 78, no. 12 (2001): 1609, https://doi.org/10.1021/ed078p1609.

39   BioAg Europe, "Glyphosate and the Neutralizing Effect of Humic Acid," https://www.bioag.eu/en/glyphosate-and-the-neutralizing-effect-of-humic-acid/.

40   Monika Krüger 외, "Glyphosate Suppresses the Antagonistic Effect of *Enterococcus* spp. on *Clostridium botulinum, Anaerobe* 20 (2013): 74-78, https://doi.org/10.1016/j.anaerobe.2013.01.005; Henning Gerlach 외, "Oral Application of Charcoal and Humic Acids to Dairy Cows Influences Clostridium botulinum Blood Serum Antibody Level and Glyphosate Excretion in Urine," *Journal of Clinical Toxicology* 4 (2014): 2; Awad A. Shehata 외, "Neutralization of the Antimicrobial Effect of Glyphosate by Humic Acid in Vitro," *Chemosphere* 104 (2014): 258-61, https://doi.org/10.1016/j.chemosphere.2013.10.064; Monika Krüger 외, "Field Investigations of Glyphosate in Urine of Danish Dairy Cows," *Journal of Environmental & Analytical Toxicology* 3 (2013): 5, http://dx.doi.org/10.4172/2161-0525.1000186.

41   Henning Gerlach 외, "Oral Application of Charcoal and Humic acids to Dairy Cows Influences *Clostridium botulinum Blood Serum Antibody Level and Glyphosate Excretion in Urine,"* Journal of Clinical Toxicology* 4 (2014): 2.

42   Awad A. Shehata 외, "Neutralization of the Antimicrobial Effect of Glyphosate by Humic Acid *in Vitro,"* Chemosphere* 104 (2014): 258-61, https://doi.org/10.1016/j.chemosphere.2013.10.064.

43   Olga V. Koroleva 외, "The Role of White-rot Fungi in Herbicide Transformation," 출처: Herbicides, Physiology of Action and Safety (London: Intech, 2015) Chapter 9, http://dx.doi.org/10.5772/61623.

44   Naomi Farragher, "Degradation of Pesticides by the Ligninolytic Enzyme Laccase," master's thesis, Swedish University of Agricultural Sciences, 2013.

45   Leticia Pizzul 외, "Degradation of Glyphosate and Other Pesticides by Ligninolytic Enzymes," *Biodegradation* 20 (2009): 751, https://doi.org/10.1007/s10532-009-9263-1.

46   Naomi Farragher, "Degradation of Pesticides by the Ligninolytic Enzyme Laccase," master's thesis, Swedish University of Agricultural Sciences, 2013.

47   United States Environmental Protection Agency, "National Primary Drinking Water Regulations," https://www.epa.gov/ground-water-and-drinking-water/national-primary-drinking-water-regulations#Organic.

48   Thomas F. Speth, "Glyphosate Removal from Drinking Water," *Journal of Environmental Engineering* 119, no. 6 (1993): 1139-57.

49   Jörgen Jönsson 외, "Removal and Degradation of Glyphosate in Water Treatment: A Review," *AQUA* 62, no. 7 (2013): 395-408, https://doi.org/10.2166/aqua.2013.080.